Leitfäden der angewandten Informatik

Bauknecht/Zehnder: **Grundzüge der Datenverarbeitung.**
3. Aufl. 293 Seiten. DM 36,–

Beth / Heß / Wirl: **Kryptographie**
205 Seiten. Kart. DM 26,80

Bunke: **Modellgesteuerte Bildanalyse**
309 Seiten. Geb. DM 48,–

Craemer: **Mathematisches Modellieren dynamischer Vorgänge**
288 Seiten. Kart. DM 38,–

Frevert: **Echtzeit-Praxis mit PEARL**
2. Aufl. 216 Seiten. Kart. DM 34,–

Gorny/Viereck: **Interaktive grafische Datenverarbeitung**
256 Seiten. Geb. DM 52,–

Hofmann: **Betriebssysteme: Grundkonzepte und Modellvorstellungen**
253 Seiten. Kart. DM 36,–

Holtkamp: **Angepaßte Rechnerarchitektur**
233 Seiten. DM 38,–

Hultzsch: **Prozeßdatenverarbeitung**
216 Seiten. Kart. DM 28,80

Kästner: **Architektur und Organisation digitaler Rechenanlagen**
224 Seiten. Kart. DM 28,80

Kleine Büning/Schmitgen: **PROLOG**
2. Aufl. 311 Seiten. DM 36,–

Meier: **Methoden der grafischen und geometrischen Datenverarbeitung**
224 Seiten. Kart. DM 36,–

Meyer-Wegener: **Transaktionssysteme**
242 Seiten. DM 38,–

Mresse: **Information Retrieval – Eine Einführung**
280 Seiten. Kart. DM 38,–

Müller: **Entscheidungsunterstützende Endbenutzersysteme**
253 Seiten. Kart. DM 32,–

Mußtopf / Winter: **Mikroprozessor-Systeme**
302 Seiten. Kart. DM 34,–

Nebel: **CAD-Entwurfskontrolle in der Mikroelektronik**
211 Seiten. Kart. DM 34,–

Retti et al.: **Artificial Intelligence – Eine Einführung**
2. Aufl. X, 228 Seiten. Kart. DM 36,–

Schicker: **Datenübertragung und Rechnernetze**
2. Aufl. 242 Seiten. Kart. DM 32,–

Schmidt et al.: **Digitalschaltungen mit Mikroprozessoren**
2. Aufl. 208 Seiten. Kart. DM 28,80

Schmidt et al.: **Mikroprogrammierbare Schnittstellen**
223 Seiten. Kart. DM 34,–

Schneider: **Problemorientierte Programmiersprachen**
226 Seiten. Kart. DM 28,80

Schreiner: **Systemprogrammierung in UNIX**
Teil 1: Werkzeuge. 315 Seiten. Kart. DM 52,–
Teil 2: Techniken. 408 Seiten. Kart. DM 58,–

Fortsetzung auf der 3. Umschlagseite

 B. G. Teubner Stuttgart

Leitfäden der angewandten Informatik

H. Kleine Büning/S. Schmitgen
PROLOG

Leitfäden der angewandten Informatik

Unter beratender Mitwirkung von

Prof Dr. Hans-Jürgen Appelrath, Oldenburg
Dr. Hans-Werner Hein, St. Augustin
Prof. Dr. Rolf Pfeifer, Zürich
Dr. Johannes Retti, Wien
Prof. Dr. Michael M. Richter, Kaiserslautern

Herausgegeben von

Prof. Dr. Lutz Richter, Zürich
Prof. Dr. Wolffried Stucky, Karlsruhe

Die Bände dieser Reihe sind allen Methoden und Ergebnissen der Informatik gewidmet, die für die praktische Anwendung von Bedeutung sind. Besonderer Wert wird dabei auf die Darstellung dieser Methoden und Ergebnisse in einer allgemein verständlichen, dennoch exakten und präzisen Form gelegt. Die Reihe soll einerseits dem Fachmann eines anderen Gebietes, der sich mit Problemen der Datenverarbeitung beschäftigen muß, selbst aber keine Fachinformatik-Ausbildung besitzt, das für seine Praxis relevante Informatikwissen vermitteln; andererseits soll dem Informatiker, der auf einem dieser Anwendungsgebiete tätig werden will, ein Überblick über die Anwendungen der Informatikmethoden in diesem Gebiet gegeben werden. Für Praktiker, wie Programmierer, Systemanalytiker, Organisatoren und andere, stellen die Bände Hilfsmittel zur Lösung von Problemen der täglichen Praxis bereit; darüber hinaus sind die Veröffentlichungen zur Weiterbildung gedacht.

PROLOG

Grundlagen und Anwendungen

Von Dr. rer. nat. Hans Kleine Büning
Professor an der Universität-GH-Duisburg

und Dipl.-Wi.-Ing. Stefan Schmitgen
Universität-GH-Duisburg

2., überarbeitete und erweiterte Auflage
Mit zahlreichen Abbildungen, Tabellen
und Programmbeispielen

B. G. Teubner Stuttgart 1988

Prof. Dr. rer. nat. Hans Kleine Büning

1948 geboren in Innsbruck. Von 1970 bis 1975 Studium der Mathematik und Mathematischen Logik in Münster; 1977 Promotion in Mathematischer Logik bei Prof. Dr. D. Rödding. Von 1976 bis 1982 wiss. Assistent am Institut für Mathematische Logik und Grundlagenforschung der Universität Münster. 1981 Habilitation im Fach Mathematik. Von 1982 bis 1987 Professor für Angewandte Informatik an der Universität Karlsruhe. Seit 1987 Professor für Praktische Informatik an der Universität-GH-Duisburg.

Dipl.-Wi.-Ing. Stefan Schmitgen

1961 geboren in Heidelberg. Von 1981 bis 1986 Studium des Wirtschaftsingenieurwesens an der Universität Karlsruhe; 1986 Diplom in Wirtschaftsingenieurwesen. Von 1986 bis 1987 wiss. Mitarbeiter am Institut für Angewandte Informatik und Formale Beschreibungsverfahren der Universität Karlsruhe. Seit 1987 wiss. Angestellter im Fachgebiet Praktische Informatik, Fachbereich Mathematik, an der Universität-GH-Duisburg.

CIP-Titelaufnahme der Deutschen Bibliothek

Kleine Büning, Hans:
PROLOG : Grundlagen u. Anwendungen / von Hans Kleine Büning u. Stefan Schmitgen. – 2., überarb. u. erw. Aufl. – Stuttgart : Teubner, 1988
  (Leitfäden der angewandten Informatik)
  ISBN-13: 978-3-519-12484-9   e-ISBN-13: 978-3-322-89542-4
  DOI: 10.1007/978-3-322-89542-4
NE: Schmitgen, Stefan:

Das Werk einschließlich aller seiner Teile ist urheberrechtlich geschützt. Jeder Verwertung außerhalb der engen Grenzen des Urheberrechtsgesetzes ist ohne Zustimmung des Verlages unzulässig und strafbar. Das gilt besonders für Vervielfältigungen, Übersetzungen, Mikroverfilmungen und die Einspeicherung und Verarbeitung in elektronischen Systemen.

© B. G. Teubner Stuttgart 1988

Gesamtherstellung: Zechnersche Buchdruckerei GmbH, Speyer
Umschlaggestaltung: M. Koch, Reutlingen

Vorwort

Die Programmiersprache PROLOG hat in den letzten Jahren, nicht zuletzt durch zahlreiche Anwendungen im Bereich der Expertensysteme und der natürlichsprachlichen Verarbeitung, immer mehr an Bedeutung gewonnen. Gegenüber prozeduralen Programmiersprachen, wie z.B. Pascal, in denen Verfahren zur Lösung eines Problems programmiert werden müssen, besteht Programmieren in PROLOG im Prinzip aus einer Beschreibung des Problems. Daraus ergeben sich natürlich ganz andere Methoden und Schwierigkeiten beim Entwurf eines Programms.

Dieses Buch ist aus Vorlesungen an der Universität Karlsruhe entstanden. Aus den dabei gemachten Erfahrungen resultiert auch der Aufbau des Buches. Zuerst werden einfache Programme und Konstrukte in Prolog vorgestellt, um den Leser mit der Vorgehensweise bei der Programmierung in PROLOG vertraut zu machen. Nach einem Exkurs über Grundlagen der Logik schließt sich ein Kapitel über die Syntax der Sprache an, wobei wir uns an der Syntax von C-Prolog orientiert haben. Bevor dann eine ausführliche Darstellung der wichtigsten Built-in-Prädikate mit Beispielen stattfindet, wird auf den Ablauf bei der Lösungssuche in PROLOG eingegangen.

Die Anwendungen sind in zwei Bereiche aufgeteilt. Zum einen werden relativ kurze Beispiele über Mengen, Parser, Spiele, Logik und Mathematik vorgestellt, und zum anderen ist den Expertensystemen ein ganzes Kapitel gewidmet. Hierbei geht es weniger um eine Vorstellung und allgemeine Diskussion solcher Systeme, sondern um die Entwicklung einer Shell für die Implementation von Expertensystemen. Im Anhang befindet sich dann, bis auf ein Modul für die Wissenserfassung, das vollständige Programm für diese Entwicklungsumgebung.

Wir haben uns entschlossen, einen Exkurs über die elementare Prädikatenlogik mit aufzunehmen, um zu verdeutlichen, warum PROLOG als Abkürzung für PROgramming in LOGic steht. Ferner zeigt unsere Erfahrung, daß ein gewisses Maß an Kenntnissen der Logik für die Umsetzung eines Problems in ein Programm sehr hilfreich sein kann.

Die in diesem Buch enthaltenen Beispiele und Programme sind in C-Prolog, Version 1.5 Aug.85 des Instituts für Informatik I der Universität Karlsruhe, unter UNIX auf einem NCR-Tower 1632 geschrieben worden. In anderen PROLOG-Versionen und unter anderen Betriebssystemen wird das eine oder andere etwas geändert werden müssen. Soweit es eben ging, haben wir dies in den Beispielen deutlich gemacht.

Zum Abschluß gilt unser Dank Frau M. Stanzel und Herrn St. Ciecior für das Erstellen der Druckvorlage in TeX, Herrn Th. Lettmann für die hilfreichen Kommentare und Herrn A. Flögel für die kritische Durchsicht des Manuskripts.

Karlsruhe, im März 1986

H. Kleine Büning   S. Schmitgen

Vorwort zur 2. Auflage

Bei der zweiten Auflage haben wir den weiteren Erfahrungen aus eigenen Vorlesungen und Kursen über Prolog Rechnung getragen. Dementsprechend sind einige kleine Umstellungen vorgenommen worden. So ist vor das Kapitel über die Lösungssuche und die Einbettung der prozeduralen Elemente in die Lösungssuche ein Kapitel über einfache Built-in-Prädikate aus den Bereichen Input/Output, Arithmetik und Vergleich gerückt. Dadurch wird zum einen die Erweiterung des reinen Prolog um prozedurale Elemente besser motiviert und zum anderen kann dieser Sachverhalt wesentlich einfacher anhand von Beispielen aus diesen Bereichen erläutert werden.

Außerdem haben wir das ehemals ziemlich umfangreiche Kapitel über Built-in-Prädikate in mehrere kleinere Kapitel zu bestimmten Themenbereichen aufgespalten. Dies erleichtert dem Leser die Orientierung innerhalb des Buchs.

Eine inhaltliche Überarbeitung haben wir bei den Kapiteln über die Grundlagen der Prädikatenlogik und der Anwendung aus dem Bereich Expertensysteme vorgenommen. Bei der Behandlung der theoretischen Grundlagen sind wir nun stärker auf die Beziehung zwischen Logik und Prolog eingegangen, um die Einbettung dieses Exkurs innerhalb des Buchs noch deutlicher werden zu lassen. Im Kapitel über die Anwendung im Bereich Expertensysteme haben wir verstärkt herausgestellt, in wie weit das Programm als Prototyp für ein Produktionsregelsystem aufgefaßt werden kann. Dazu sind auch einige kleine Änderungen am Programm selbst vorgenommen worden.

In diesem Zusammenhang haben wir auch getestet, wie einfach es ist, ein in C-Prolog erstelltes Programm in einen anderen Prolog-Dialekt zu übertragen. Bei der Portierung nach Arity-Prolog (lauffähig auf PC unter DOS) konnten wir dabei das komplette Programm bis auf kleine Änderungen im Bereich Bildschirmsteuerung übernehmen. Auch darin sehen wir die Bestätigung, daß sich der in diesem Buch vorgestellte Sprachumfang von Prolog immer mehr als Kern eines Quasi-Standard durchsetzt.

Ansonsten sind gegenüber der 1. Auflage einige Beispiele ergänzt und die Druckfehler verbessert worden.

Für die Anregungen und Kommentare, die zu den Veränderungen in der 2. Auflage beigetragen haben, danken wir insbesonders allen Mitarbeitern und den kritischen Lesern des Buchs.

Unser besonderer Dank gilt Frau Petra Frank, welche die Veränderungen der Druckvorlage in TEX vorgenommen hat.

Duisburg, im März 1988

H. Kleine Büning   S. Schmitgen

Inhaltsverzeichnis

1	Einführung	13
2	Einfache Konstrukte und Programme in Prolog	16
	2.1 Fakten	17
	2.2 Fragen	20
	2.3 Regeln	28
	2.4 Exkurs : Arbeiten mit einem Prolog-Interpreter	32
3	Elementare Prädikatenlogik	36
	3.1 Aussagenlogik	36
	3.1.1 Begriffe	36
	3.1.2 Der semantische Folgerungsbegriff	39
	3.1.3 Der syntaktische Folgerungsbegriff	40
	3.1.4 Äquivalenz von Syntax und Semantik	42
	3.1.5 Normalformen	44
	3.1.6 Resolution	46
	3.1.7 Prolog-Algorithmus	50
	3.2 Prädikatenlogik	57
	3.2.1 Syntax	57
	3.2.2 Semantik	59
	3.2.3 Äquivalenz von Syntax und Semantik	61
	3.2.4 Normalformen	63
	3.2.5 Resolution	66
4	Die Syntax von Prolog	72
	4.1 Die Beschreibung der Metasprache	72
	4.2 Prolog-Datentypen	73
	4.2.1 Atome	74
	4.2.2 Zahlentypen	75
	4.2.3 Variablen	76
	4.3 Strukturen	76
	4.4 Prolog-Programm	78
	4.5 Die Datentypen Term und Liste	79
5	Einfache Built-in-Prädikate	81
	5.1 Input/Output	81
	5.1.1 Output	82
	5.1.2 Input	84
	5.2 Arithmetik	89

	5.3	Vergleich	95
	5.3.1	Vergleich von Termen	95
	5.3.2	Vergleich von Zahlen	99
6	Ablauf der Lösungssuche in Prolog		102
	6.1	Lösungsverfahren	102
	6.2	Trace, Boxenmodell	108
	6.3	Rekursion	111
	6.4	Besonderheiten bei einigen prozeduralen Built-in-Prädikaten	113
	6.5	fail	116
	6.6	true	116
	6.7	repeat	117
	6.8	not	118
	6.9	Der Cut	120
7	Listen und Listenmanipulation		126
	7.1	Notation	126
	7.2	Built-in-Prädikate für Listen	130
	7.3	Kleine Programme mit Listen	136
	7.4	Sortieren von Listen	142
	7.5	ASCII-Listen	145
8	Terme, Strukturen und Operatoren		149
	8.1	Termklassifizierung	149
	8.2	Aufbau von Strukturen, Definition von Operatoren	151
	8.3	Definition von Operatoren	157
9	Programmkontrolle		165
	9.1	Ablaufsteuerung	165
	9.2	Debugger	167
10	Filehandling		172
	10.1	Schreiben auf Dateien	172
	10.2	Lesen von Dateien	174
	10.3	Allgemeine Prädikate zur Dateibearbeitung	176
11	Manipulieren der Datensammlung		178
	11.1	Programm-Datensammlung	178
	11.2	Inhalt der Programm-Datensammlung	184

11.3	Interne Datensammlung	187
11.4	Programmstatus	192

12 Sonstige Built-in-Prädikate — 195
12.1 Sammeln von Antworten — 195
12.2 Benutzen von Betriebssystembefehlen — 201

13 Anwendungen — 204
13.1 Mengen — 204
13.2 Parser — 207
13.3 Spiele — 212
  13.3.1 Nimm — 212
  13.3.2 Siebzehn und Vier — 214
13.4 Logik — 220
  13.4.1 Transformation in Prolog-Form — 220
  13.4.2 Syntaktische Transformation — 221
  13.4.3 Beschränkte Quantoren — 230
  13.4.4 Query und Insert für Teile der Aussagenlogik — 232
  13.4.5 Erkennen von Zyklen — 235
13.5 Mathematik — 237
  13.5.1 Differenzieren — 237
  13.5.2 Umwandlung der p-adischen Zahlendarstellung in die Dezimaldarstellung — 238

14 Expertensysteme — 240
14.1 Der Begriff des Expertensystems — 240
14.2 Die Struktur eines Expertensystems — 241
  14.2.1 Komponenten eines Expertensystems — 241
  14.2.2 Realisierungsmöglichkeiten — 243
14.3 Die Realisierung eines Expertensystems in Prolog — 245
  14.3.1 Struktur und Aufbau — 245
  14.3.2 Merken von Antworten, Lösungsweg und benutzten Regeln — 247
  14.3.3 Die Fragekomponente — 249
    14.3.3.1 Das Grundgerüst der Fragekomponente — 249
    14.3.3.2 Hilfefunktionen der Fragekomponente — 251
    14.3.3.3 Rückgängigmachen einer Antwort — 254
  14.3.4 Die Wissensrepräsentation — 256
    14.3.4.1 Besonderheiten bei möglichen Mehrfachlösungen — 259
  14.3.5 Die Erklärungskomponente — 261
    14.3.5.1 Ausgabe aller Fragen und Antworten — 261
    14.3.5.2 Ausgabe aller getesteten und erfolgreichen Regeln — 262

14.3.5.3	Ausgabe der falsifizierten Regeln	263
14.3.5.4	Warum eine mögliche Lösung keine Lösung ist	264
14.3.6	Der Rahmen für die einzelnen Komponenten	266
14.3.7	Einbinden von Datenbankaufrufen und Programmen	272
14.3.8	Abänderungen und Erweiterungsmöglichkeiten	274

Anhang 275

A Die Syntax von Prolog 275

B Built-in-Prädikate 278

C Realisierung eines Expertensystems 282
C.1 Die Schale des Expertensystems 282
C.2 Beispiel "Autosuche" 293

D Anpassung von Regeln an die Schale des Expertensystems 299
D.1 Die Regeldatei 300
D.2 Die Datei mit den Erklärungen 302

Literaturverzeichnis 303

Stichwortverzeichnis 304

1 Einführung

Es gibt sicherlich nicht nur einen Grund für die immer größer werdende Popularität der Programmiersprache Prolog, die um 1970 entwickelt worden ist. Dazu gehört wohl der zunehmende Anteil nichtnumerischer Problemstellungen, sowie die Bereiche der Expertensysteme und der natürlichsprachlichen Verarbeitung, an die viele Hoffnungen geknüpft werden und die sich in Prolog relativ gut realisieren lassen. Die Nähe zu relationalen Datenbanken mag ein weiterer Grund sein. Nicht zuletzt als eine der Sprachen im Forschungsbereich der "Künstlichen Intelligenz" findet Prolog immer mehr Verbreitung. Dies äußert sich auch darin, daß heutzutage für fast alle Computersysteme Interpreter zur Verfügung stehen und für einige auch schon Compiler existieren.

Der Unterschied zwischen Prolog und prozeduralen Sprachen besteht im wesentlichen darin, daß wir keinen Algorithmus zur Lösung eines Problems angeben. Die Idee der Sprache ist es, Bereiche und Sachverhalte zu beschreiben und dann Fragen nach Folgerungen aus dieser Beschreibung zu stellen. Die Beantwortung der Fragen durch das System geschieht dann durch ein Resolutionsverfahren. Die Sprache könnten wir somit erst einmal als eine deskriptive Programmiersprache auffassen, doch stimmt dies nicht ganz mit der Realität überein. So spielt die Reihenfolge, in der die Zusammenhänge beschrieben worden sind, für das Ergebnis eine große Rolle. Wir kommen also nicht umhin, uns mit dem Verfahren der Lösungssuche in Prolog vertraut zu machen, zumal wir auch noch die Möglichkeit haben, in dieses Verfahren einzugreifen.

Die wachsende Beliebtheit von Prolog hängt sicherlich auch mit dem deskriptiven Charakter der Sprache zusammen, da sich eine Reihe von Problemen relativ leicht durch Fakten und Regeln, dies sind "wenn – dann" – Beziehungen, beschreiben lassen. Dabei muß keine Mühe auf Variablendeklaration oder ähnliches verwandt werden.

In Kapitel 2 stellen wir deshalb zunächst einfache Konstrukte zur Beschreibung von Problemen sowie die prinzipielle Struktur von Prolog–Programmen vor. In diesem Abschnitt wird dann auch an einfachen Beispielen die Vorgehensweise von Prolog bei der Lösungssuche erklärt. Dadurch soll der Leser von Anfang an mit der Arbeitsweise von Prolog vertraut werden, denn ohne die Arbeitsweise von Prolog bei der Lösungssuche verstanden zu haben, wird man nicht in der Lage sein, Programme zu schreiben, die das erwünschte Resultat liefern.

In einem Exkurs in Kapitel 3 werden die theoretischen Hintergründe zu Prolog behandelt. Dort werden entsprechend die wichtigsten Grundlagen der Aussagen- und Prädikatenlogik vorgestellt. Besonderes Gewicht wird dabei auf die Ergebnisse gelegt, welche die Grundlagen für das Lösungsverfahren von Prolog bilden, um den Zusammenhang zwischen Logik und Prolog zu verdeutlichen. Das Kapitel ist keine Voraussetzung für den restlichen Teil des Buchs, trägt aber zu einem besseren Verständnis des Lösungsverfahrens bei. So zeigt unsere Erfahrung, daß Kenntnisse der Logik hilfreich bei der Programmierung in Prolog sein können. Die Umsetzung von Problembeschreibungen in ein Programm bedarf doch der Fähigkeit, Probleme abstrakt zu beschreiben und sich der Bedeutung von Quantoren, Implikationen etc. bewußt zu sein.

In Kapitel 4 ist die Syntax von Prolog beschrieben. Obwohl kein Standard für die Syntax von Prolog existiert, ist die dort beschriebene Syntax weit verbreitet. Die angegebene Syntax von C-Prolog ist kompatibel mit vielen anderen Dialekten, beispielsweise mit dem auf PC's weit verbreiteten Dialekt Arity-Prolog, und nicht zuletzt mit der Syntax, wie sie von Clocksin/Mellish [4] vorgestellt wurde.

Anschließend werden in Kapitel 5 die ersten sogenannten Built-in Prädikate vorgestellt. Darunter können wir uns Module vorstellen, in denen Zusammenhänge beschrieben sind, welche wir in unsere Programme übernehmen können. In diesem Kapitel gehen wir auf solche vorgegebenen Ausdrucksmittel zu den Bereichen Input/Output, Arithmetik und Vergleich ein. Dabei wird auch schon deutlich, daß es sich bei den Built-in-Prädikaten um Elemente handelt, die prozeduralen Charakter haben können. Wir können dementsprechend einen Teil der Built-in-Prädikate als eine Erweiterung des reinen Prolog um prozedurale Elemente auffassen und müssen deshalb auch auf die Einbettung in das Lösungsverfahren von Prolog eingehen.

Aus diesem Grund schließt sich das Kapitel 6 an. Hier wird nochmals das Lösungsverfahren des reinen Prolog, welches schon in Kapitel 2 erläutert worden ist, aufgegriffen. Nun werden aber auch Programmiertechniken wie die Rekursion vorgestellt und auf die Einbettung prozeduraler Elemente eingegangen. Schließlich stellen wir auch Built-in-Prädikate vor, die in direktem Zusammenhang zum Lösungsverfahren von Prolog stehen, bis hin zu der Möglichkeit die Lösungssuche zu beeinflußen, dem Cut.

In den folgenden Kapiteln 7 bis 12 werden nacheinander unter bestimmten thematischen Oberbegriffen die wichtigsten Built-in-Prädikate vorgestellt. Dabei wird auf Bereiche wie Listenverarbeitung, Terme, Strukturen und Operatoren, die Programmkontrolle, das Filehandling und das Manipulieren der Datensammlung eingegangen. Jedes neu eingeführte Built-in-Prädikat wird jeweils ausführlich beschrieben und durch Beispiele erläutert. Da Built-in-Prädikate sozusagen das "Handwerkszeug" für die spätere Arbeit mit Prolog darstellen, haben wir in den Anhang eine Übersicht über alle vorgestellten Built-in-Prädikate zusammen mit einer Kurzbeschreibung sowie einem Verweis auf die ausführliche Beschreibung aufgenommen.

Die letzten beiden Kapitel 13 und 14 befassen sich mit Anwendungen, soweit sie nicht schon in früheren Beispielen vorgestellt worden sind. Mit dem Spiel "17 und 4" geben wir ein Programm an, das seine Spielweise selbst verbessert. Ein weiterer Abschnitt beschäftigt sich mit Parsern, die im Compilerbau und in der natürlichsprachlichen Verarbeitung Verwendung finden. Aus dem Bereich der Logik zeigen wir, wie man in manchen Fällen aus einer Problembeschreibung in Logik durch Transformation der Formel ein Prolog-Programm erhalten kann und wie man beschränkte Quantoren, die sehr häufig in Problembeschreibungen auftreten, programmieren kann. Außerdem besprechen wir das Erkennen von Zyklen, ein Problem, welches unter anderem in der Graphentheorie auftritt, zwei kleine Probleme aus der Mathematik und die Behandlung von Mengen.

In einem eigenen Kapitel befassen wir uns dann mit Expertensystemen. Zuerst wird der Aufbau von Expertensystemen skizziert und die Anforderungen an solche Systeme, wie Hilfestellung bei Fragen an den Benutzer, Erklärungen zu Lösungen und Rücksetzmöglichkeiten durch den Benutzer herausgearbeitet. Man sieht sehr schnell, daß es nicht genügt, das Wissen in Form von Regeln und Fakten einfach hinzuschreiben, sondern es muß ein Rahmen für das Wissen implementiert werden. Wir zeigen, wie eine solche Umgebung in Prolog unter Ausnutzung des Prolog-Lösungsalgorithmus realisiert werden kann. Mit den sich dabei ergebenden Programmen kann man sehr einfach zumindest Prototypen von Expertensystemen implementieren. Hierbei ist auf die Entwicklung einer solchen Umgebung Wert gelegt worden. Dies soll den Leser in die Lage versetzen, seine eigene Umgebung zu programmieren. Der vollständige Rahmen, bis auf die Wissenserfassungskomponente, ist dann im Anhang mit einem zusätzlichen Beispiel noch einmal angegeben.

2 Einfache Konstrukte und Programme in Prolog

In Prolog werden Probleme beschrieben. In diesem Kapitel werden wir darstellen, welches die wichtigsten Konstrukte bei der Beschreibung der Probleme sowie der gewünschten Lösungen sind. Dabei werden wir hier weniger auf formale Feinheiten eingehen, sondern mehr ein Gefühl dafür schaffen, was Programmieren in Prolog beinhaltet.

Daher überlegen wir uns zunächst, wie wir normalerweise Probleme beschreiben. Um jemandem eine Fragestellung zu erläutern, müssen wir zuerst das Umfeld angeben. Dazu stellen wir einen Ausschnitt der realen Welt dar, indem wir verschiedene Dinge definieren bzw. Gesetzmäßigkeiten und Zusammenhänge beschreiben. Danach formulieren wir unser Problem. Dies kann eine Frage nach der Gültigkeit einer Feststellung sein oder auch die Frage nach Personen oder Dingen, die verschiedene Forderungen erfüllen.

Betrachten wir die Beschreibung des Umfelds eines Problems genauer, so stellen wir fest, daß wir zwischen zwei verschiedenen Arten von Aussagen unterscheiden können :

- Aussagen, die Beziehungen zwischen Objekten oder Eigenschaften von Objekten definieren. Beispielsweise ist

    Thilo ist Student.

  eine Aussage, mit der definiert wird, daß das Objekt Thilo die Eigenschaft hat, Student zu sein. Genauso können wir die Aussage machen

    Thilo interessiert sich für Informatik.

  Allerdings haben wir nun zwei Objekte, nämlich Thilo und Informatik und eine Beziehung zwischen diesen Objekten, nämlich "interessiert".
  Wir könnten auch sagen, mit dieser Art von Aussagen definieren wir *Fakten*, die im Umfeld unseres Problems Gültigkeit haben.

- Aussagen, mit denen Gesetzmäßigkeiten dargestellt werden. Wir beschreiben damit Beziehungen zwischen verschiedenen Fakten, z.B.

    Wenn jemand Student ist und sportlich ist,
    dann fährt er Ski.

  Auf diese Weise können wir definieren, wie wir Folgerungen aus gewissen Gegebenheiten ableiten können. In unserem Beispiel wäre eine mögliche Schlußfolgerung Thilo fährt Ski, falls wir wüßten, daß Thilo studiert und sportlich ist.
  Mit solchen Aussagen definieren wir also *Regeln*, die im Bereich unserer Problemstellung Gültigkeit haben.

Nachdem wir nun unser gesamtes Wissen über den Bereich eines Problems als Sammlung von Fakten und Regeln dargestellt haben, können wir unsere Fragestellung formulieren und uns dann überlegen, ob wir die Frage mit Hilfe des formalisierten Wissens beantworten können. Mögliche Fragestellungen wären beispielsweise

Interessiert sich Thilo für Informatik ?

Fährt Nicol Ski ?

Wer ist Student ?

Je nach dem Wissensstand, den wir haben, können wir dann antworten :

- Ja, ich weiß es.

- Nein, davon ist mir nichts bekannt.

Bei der dritten Frage sollten wir allerdings im Fall ja noch zusätzlich mindestens einen Namen angeben, um die Frage auch vollständig zu beantworten.

Mit den drei Konstrukten *Faktum*, *Regel* und *Frage* haben wir die wesentlichen Elemente eines Prolog-Programmes kennengelernt. Im Grunde bedeutet nämlich Programmieren in Prolog nichts anderes, als einen Problemkreis durch die Darstellung des Umfeldes mit Hilfe von Fakten und Regeln, sowie die eigentlich interessierende Problemstellung durch eine Frage zu formalisieren. Prolog liefert dann automatisch auf Grund der festgelegten Fakten und Regeln die Antwort zu einer gestellten Frage.

In diesem Kapitel wollen wir uns ansehen, wie man Fakten, Regeln und Fragen in Prolog programmiert, und skizzieren, wie Prolog bei der Suche nach einer Antwort vorgeht.

2.1 Fakten

Die Verwandschaft zwischen Fakten und Relationen ist offensichtlich. Wir können jedes Faktum auch als Relation schreiben und als eine Zeile im Relationenschema auffassen.

Beispiel 2.1 :

a) Betrachten wir verschiedene Fakten, mit denen wir beschreiben, daß eine bestimmte Person Student ist. Dies können wir als eine Relation 'student' auffassen :

student	Name
	Thilo
	Martina
	Thomas
	Sibylle

b) Betrachten wir als zweites Beispiel Fakten, mit denen wir das Interesse einer bestimmten Person für ein bestimmtes Fach definieren. Auch dies können wir als Relation auffassen. Da nun zwei Objekte vorhanden sind, hat die Relation entsprechend zwei Attribute :

interesse	Name	Fach
	Thilo	Informatik
	Martina	BWL
	Thomas	VWL
	Sibylle	Informatik

Wir wollen zuerst die Relationen aus Beispiel 2.1 als Prolog-Programm formulieren, um dann anhand dieses Beispiels die Syntax von Fakten grob zu skizzieren.

Beispiel 2.2 :
Als Prolog-Programm erhalten wir für die Relationen aus Beispiel 2.1 :

student(thilo).

student(martina).

student(thomas).

student(sibylle).

interesse(thilo, informatik).

interesse(martina, bwl).

interesse(thomas, vwl).

interesse(sibylle, informatik).

Wir sehen, daß jede Zeile aus der Darstellung in Relationenform als ein Faktum dargestellt wird. Dabei beginnen alle Fakten, die zur selben Relation gehören, mit denselben Namen, der in Prolog *Prädikatsname* genannt wird. In Klammern folgen dann die jeweiligen Ausprägungen der Attribute, in Prolog als *Argumente* des Prädikats bezeichnet. Die Anzahl der Attribute nennen wir auch die *Stelligkeit* des Prädikats. In unserem Beispiel haben wir also das 1-stellige Prädikat 'student' sowie das 2-stellige Prädikat 'interesse'.

Bei der Programmierung von Fakten müssen wir verschiedene formale Dinge beachten :

1. Die Namen von Prädikaten und konstanten Argumenten müssen mit einem Kleinbuchstaben beginnen.

2. Der Prädikatsname steht stets am Anfang, danach folgen in Klammern die Argumente.

3. Die Argumente werden durch Kommata getrennt.

4. Die Anzahl der Argumente ist beliebig und kann insbesondere auch null sein. Es gibt also auch 0-stellige Prädikate.

5. Jedes Faktum muß mit einem *Punkt* abgeschlossen werden.

6. Fakten gleichen Namens, aber unterschiedlicher Stelligkeit sind verschiedenen Prädikaten zugeordnet.

Beispiel 2.3 :
Betrachten wir folgende Fakten :

  student(thilo).   % *Thilo ist Student*

  student(nicol).   % *Nicol ist Student*

  student(thilo, karlsruhe).   % *Thilo studiert in Karlsruhe*

  student(nicol, mannheim).   % *Nicol studiert in Mannheim*

Mit diesen vier Fakten sind zwei verschiedene Prädikate definiert. Nämlich das 1-stellige Prädikat 'student' sowie das 2-stellige Prädikat 'student'. Im folgenden werden wir dafür kürzer **student/1** sowie **student/2** schreiben. Allerdings sollte beim Programmieren in Prolog der Klarheit wegen vermieden werden, Prädikate gleichen Namens, aber unterschiedlicher Stelligkeit zu verwenden.

Außerdem erkennen wir an diesem Beispiel, daß Prolog-Programme durch Kommentare verdeutlicht werden können. Durch das Prozent-Zeichen wird festgelegt, daß der nun folgende Rest der Zeile als Kommentar aufzufassen ist.

Ein weiterer Grund, sich stets des Sinns eines Prädikats bewußt zu sein, ist, daß die Reihenfolge der Argumente von Bedeutung ist. So bezeichnen wir mit folgenden zwei Fakten *nicht* dasselbe :

  interesse(martina, bwl).

  interesse(bwl, martina).

Das erste Faktum bedeutet, wenn wir den Sinn entsprechend dem Beispiel 2.2 festlegen, Martina interessiert sich für BWL; das zweite Faktum dagegen : Die BWL interessiert sich für Martina, was wohl keinen Sinn machen würde. Entsprechend werden diese zwei Fakten auch von Prolog als verschieden interpretiert.

In unseren bisherigen Beispielen waren alle Argumente der Fakten Konstanten. Es ist aber auch möglich, Variablen als Argumente zu verwenden. Dies ist dann notwendig, wenn wir Aussagen der folgenden Art programmieren wollen :

  Alle interessieren sich für Prolog.

Wollen wir vermeiden, dieses Faktum mit unendlich vielen Personennamen zu programmieren, so müssen wir für die Person einen Platzhalter, also eine Variable verwenden.

Als Variablen werden in Prolog alle Namen aufgefaßt, die mit einem Großbuchstaben beginnen. Damit können wir die obige Aussage nun auch programmieren :

interesse(Alle, prolog).

Wir haben nun ein Faktum mit zwei Argumenten, wobei eines variabel und das andere konstant ist.

2.2 Fragen

Eine Sammlung von Wissen, wie wir sie eben gezeigt haben und mit der wir einen Ausschnitt der Realität beschreiben, nennen wir Datensammlung. Sie besteht vorerst nur aus Fakten, später wird sie dann auch Regeln enthalten. Nachdem wir unseren Problemkreis mit Hilfe einer Datensammlung beschrieben haben, formulieren wir unser eigentliches Problem als eine Frage und erhalten dann eine Antwort vom System.

Fragen nach Fakten mit Konstanten

Wir betrachten in diesem Abschnitt nur Fragen nach der Gültigkeit eines Faktums, welches als Argumente *nur Konstanten* hat bzw. 0-stellig ist. Damit können wir Fragen der folgenden Art programmieren :

    Ist Thomas Student ?

    Interessiert sich Nicol für Informatik ?

In Prolog wird eine Frage durch Voranstellen der Zeichenkombination aus Fragezeichen und Bindestrich vor das zu fragende Faktum kenntlich gemacht. Die beiden Fragen sehen dann folgendermaßen aus :

    ?- *student(thomas).*

    ?- *interesse(nicol, informatik).*

Zu beachten ist, daß auch eine Frage mit einem *Punkt* abgeschlossen wird. Beim Arbeiten mit einem Prolog-Interpreter wird das vorangestellte '?-' als Prompt vom System vorgegeben, da es sich hierbei um einen Dialog mit ständigem Frage-Antwort-Spiel handelt.

Nachdem wir nun eine Frage gestellt haben, sucht Prolog nach einer Antwort. Dabei geht Prolog nach einem bestimmten Schema vor, welches wir nun nach und nach näher erklären wollen, um die Antworten bzw. die Reihenfolge der Antworten zu verstehen.

Wenn wir eine Frage nach einem Faktum stellen, sucht Prolog nach einem Prädikat gleichen Namens und gleicher Stelligkeit, bei dem sich *alle* Argumente entsprechen. Der Ablauf der Suche erfolgt dabei von oben nach unten in der Datensammlung. Ist die Suche erfolgreich, so sagen wir, das Faktum in der Datensammlung *resolviert* mit dem Faktum der Frage. Prolog beantwortet die Frage dann mit 'yes', da das Faktum gültig ist. Kann kein entsprechendes Faktum in der Datensammlung gefunden werden, so lautet die Antwort 'no'.

Beispiel 2.4 :
Das folgende Beispiel soll die Vorgehensweise verdeutlichen. Nehmen wir an, unsere Datensammlung enthalte die folgenden Fakten :

student(thilo).

student(sibylle).

student(bernhard).

student(thomas).

Nun stellen wir zu diesem Ausschnitt der Realwelt verschiedene Fragen :

?- *student(thomas).*

yes

?- *student(gerd).*

no

?- *student(sibylle).*

yes

Um den Dialogcharakter hervorzuheben, sind die Eingaben des Benutzers an das System jeweils fett gedruckt, während die Antworten des Systems normal gedruckt sind.

Fragen nach Fakten mit variablen Argumenten

Nun lassen wir zu, daß das gefragte Faktum auch Variablen als Argumente enthält. Wir stellen also eine Frage, die einen oder mehrere Platzhalter enthält, und wollen demnach im Falle der Antwort yes auch den- oder dasjenige wissen, wofür die Platzhalter stehen. Wir können jetzt beispielsweise folgende Frage stellen :

Wer ist Student ?

Wer interessiert sich für Psychologie ?

Im Gegensatz zu vorher fragen wir nun nicht mehr nur nach der Gültigkeit eines bestimmten Faktums. Dementsprechend erhalten wir dann als Antwort auch die entsprechenden Namen, falls ein entsprechendes Faktum in der Datensammlung enthalten ist.

Zunächst wollen wir aber den Begriff der Variablen in Prolog noch näher erläutern. Als Variablennamen werden alle Namen aufgefaßt, die mit einem Großbuchstaben beginnen. Beispiele für Variablen sind also :

X, WER, Wer, Irgendwas

Eine Variablendeklaration entfällt in Prolog. Der Gültigkeitsbereich einer Variablen erstreckt sich über ein Faktum bzw. über eine Regel oder eine Frage. Innerhalb des

Gültigkeitsbereiches steht eine Variable gleichen Namens immer für dasselbe Objekt, außerhalb des Gültigkeitsbereiches, also in einem anderen Faktum (Regel, Frage) kann eine Variable gleichen Namens dagegen für ein ganz anderes Objekt stehen.

Unterschieden werden muß ferner zwischen gebundenen und ungebundenen Variablen. Beim Programmieren ist jede Variable zunächst ungebunden, das heißt sie steht *nicht* für einen bestimmten Wert. Während der Lösungssuche kann es jedoch vorkommen, daß, infolge des Resolvierens mit einem anderen Faktum (Regel), eine Variable den Wert einer bestimmten Konstanten repräsentiert. Die Variable ist dann gebunden, und zwar innerhalb ihres gesamten Gültigkeitsbereichs. Genauso kann die Variable wieder während der Lösungssuche von der Konstanten gelöst werden. Diesen Vorgang nennen wir Freisetzen der Variablen. Im Beispiel 2.5 werden wir diese Vorgänge ausführlich erläutern.

Für die beiden obigen Fragen schreiben wir in Prolog :

    ?- *student(X)*.

    ?- *interesse(WER, psychologie)*.

Stellen wir beispielsweise die erste Frage, so sucht Prolog in der Datensammlung nach dem einstelligen Prädikat *student* und resolviert ein möglicherweise vorhandenes zu diesem Prädikat gehörendes Faktum mit dem Faktum der Frage. Dadurch wird die Variable X an den Wert des Arguments des Faktums gebunden und dieses Argument als Antwort ausgegeben.

Mögliche weitere Antworten erhalten wir durch Eingabe eines Semikolons und <return>. Dadurch wird die Variable wieder freigesetzt und die Lösungssuche fortgesetzt. Wollen wir keine weiteren Antworten, so können wir nach Eingabe lediglich von <return> weitere Fragen an das System stellen.

Beispiel 2.5 :
An diesem Beispiel wird die Lösungsuche sowie das Binden und Freisetzen von Variablen demonstriert. Als Datensammlung sei diesmal vorausgesetzt :

    interesse(thilo, informatik).

    interesse(martina, bwl).

    interesse(sibylle, informatik).

    interesse(nicol, psychologie).

Unsere Fragestellung zu dieser kleinen "Prolog-Welt" ist nun :

    Wer interessiert sich für Informatik ?

Stellen wir die entsprechende Frage, so läuft folgender Dialog ab :

?- *interesse(X, informatik)*.

X = thilo;

X = sibylle;

no

Dazu wollen wir nun die Vorgänge betrachten, die bei der Lösungssuche ablaufen.

Analog wie bei Fragen nach Fakten mit konstanten Argumenten sucht Prolog in der Datensammlung von oben nach unten ein Faktum, welches mit interesse(X, informatik) zu resolvieren ist.

1. Versuch : interesse(thilo, informatik).
Es ist möglich dieses Faktum mit der Frage zu resolvieren, da Prädikatsnamen, Stelligkeit und das konstante Argument identisch sind. Die Variable X wird an thilo gebunden, die Antwort ausgegeben und eine Marke an dieser Stelle in der Datensammlung gesetzt.

Durch die Eingabe des Semikolons wird nun eine weitere Suche initiiert. Dazu wird die Variable wieder freigesetzt und ab der Stelle, die in der Datensammlung markiert wurde, weitergesucht.

2. Versuch : interesse(martina, bwl).
Ein Resolvieren ist nicht möglich, da die jeweiligen zweiten Argumente bwl und informatik nicht übereinstimmen.

3. Versuch : interesse(sibylle, informatik).
Diesmal ist die Suche erneut erfolgreich. Es läuft der analoge Vorgang wie beim 1. Versuch ab, die Antwort wird ausgegeben.
Durch das Semikolon wird die Suche erneut fortgesetzt.

4. Versuch : interesse(nicol, psychologie).
Ein Resolvieren ist nicht möglich, da psychologie nicht mit informatik übereinstimmt. Eine weitere Suche ist auch nicht mehr möglich, da die Datensammlung keine weiteren Daten mehr enthält. Deshalb wird die Antwort 'no' ausgegeben und die Abarbeitung der Frage ist beendet.

Fragen nach mehreren Fakten

Nun stellen wir Fragen nach der gleichzeitigen Gültigkeit mehrerer Fakten. Wir verbinden also mehrere Teilfragen durch eine 'und'-Verknüpfung zu einer einzigen Frage, beispielsweise : Wer ist Student *und* interessiert sich für Informatik ?

Zunächst müssen wir eine Notation für die 'und' -Verknüpfung, die Konjunktion, einführen. Diese wird in Prolog durch ein Komma dargestellt. Wir können damit beliebige verschiedene einzelne Fragen (auch Ziele genannt) zu einer Frage zusammenfassen. Diese wird dann mit 'yes' beantwortet, wenn alle einzelnen Ziele erfüllt sind, d.h. alle Teilfragen aufgrund der in der Datensammlung enthaltenen Daten mit 'yes' beantwortet werden können.

24 Einfache Konstrukte und Programme in Prolog

Beispiel 2.6 :
Beispiele für Fragen mit Konjunktionen und ihre jeweilige Darstellung in Prolog sind :

a) Wer ist Student und interessiert sich für Informatik?

   ?- student(X), interesse(X, informatik).

b) Wer ist Student, wohnt in Karlsruhe und fährt Ski ?

   ?- student(X), wohnen(X, karlsruhe), ski(X).

Hier gestaltet sich die Suche nach einer Antwort etwas schwieriger, da jetzt mehrere Teilantworten gesucht werden müssen. Die Strategie, nach der Prolog vorgeht, richtet sich nach folgenden Grundsätzen :

a) Die Teilziele einer Frage werden von links nach rechts zu beantworten versucht. Erst wenn ein Teilziel mit ja beantwortet ist, wird zum nächsten Teilziel übergegangen. Wird bei der Beantwortung eines Teilziels eine Variable gebunden, so ist die Variable gleichen Namens auch in den restlichen Teilzielen an denselben Wert gebunden.

b) Die Lösungssuche nach jedem einzelnen Teilziel geschieht in der Datensammlung von oben nach unten.

c) Kann ein Teilziel nicht mit ja beantwortet werden, so wird die Lösungssuche nach der Strategie des Backtracking fortgesetzt. Dies bedeutet, daß Prolog zum vorangehenden Teilziel zurückgeht, bei der Beantwortung dieses Teilziels gebundene Variablen wieder freisetzt und nach einer anderen Lösung für dieses Teilziel sucht. Existiert diese, so wird wieder versucht, das nächste Teilziel zu beantworten, falls nicht, wird ein weiterer Schritt des Backtracking durchgeführt.

d) Gibt der Benutzer nach einer Frage mit Variablen und deren Beantwortung durch Prolog ein Semikolon ein, um weitere Antworten zu erhalten, so entspricht dies einem vom Benutzer initiierten Backtracking vom letzten Teilziel der Frage aus.

Beispiel 2.7 :
Dieses Vorgehen wollen wir uns nun an einem Beispiel anschauen. Dazu stellen wir bei jedem Schritt die Datensammlung und die Frage dar.

Durch einen Pfeil vom Faktum der Frage zum Faktum der Datensammlung wird dabei angedeutet, daß diese miteinander resolviert werden. Markierte Stellen in der Datensammlung werden durch Fettdruck verdeutlicht. Welche Variablen ungebunden sind und welche gerade an Werte gebunden sind, notieren wir uns durch Pfeile auf die entsprechenden Werte.

Gegeben sei folgende Datensammlung :

student(thilo).
student(nicol).
student(sibylle).
interesse(nicol, psychologie).
interesse(thilo, informatik).
interesse(sibylle, informatik).

Nun stellen wir folgende Frage :

?- *student(X), interesse(X, informatik)*.

Der Ablauf der Lösungssuche gestaltet sich wie folgt :

1. Das erste Teilziel soll wahr gemacht werden. Dazu sucht Prolog in der Datensammlung von oben nach unten. Als erstes wird das Faktum student(thilo) gefunden, damit ist das erste Teilziel wahr, X wird an thilo gebunden.

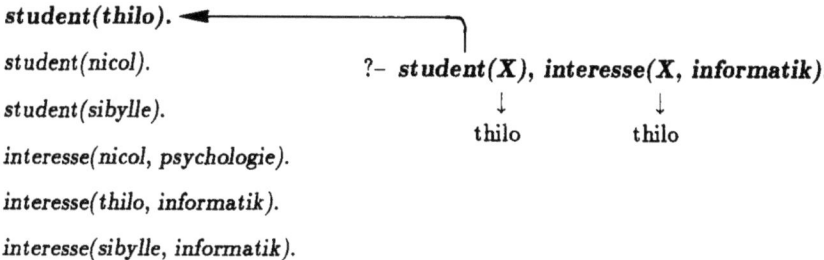

2. Nun muß das zweite Teilziel erfüllt werden. Das erste Faktum gleichen Namens und gleicher Stelligkeit (interesse(nicol, psychologie)) kann aber nicht resolviert werden, da beide Argumente nicht übereinstimmen. Der nächste Versuch ist dann erfolgreich. Damit hat Prolog eine Antwort auf die Frage gefunden.

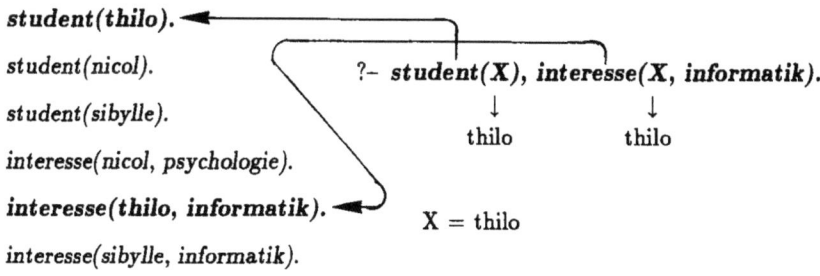

26 Einfache Konstrukte und Programme in Prolog

3. Durch die Eingabe eines Semikolon initiieren wir ein Backtracking, um weitere Lösungen zu erhalten.

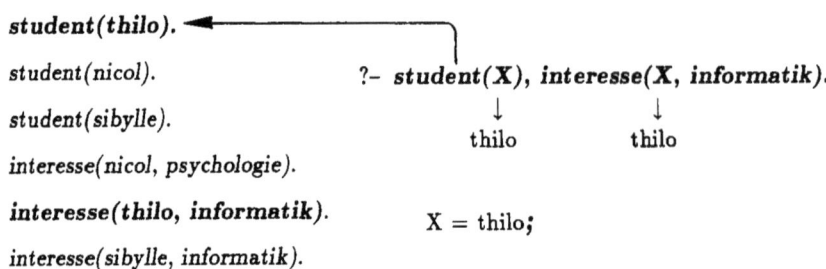

4. Prolog sucht nun nach weiteren Möglichkeiten, das zweite Teilziel zu erfüllen. Allerdings wird nun die gesamte Datensammlung von der markierten Stelle ab durchlaufen und kein weiteres Faktum gefunden, welches resolviert werden kann. Es folgt ein weiteres Backtracking zum ersten Teilziel, die gebundene Variable wird freigesetzt:

student(thilo).
student(nicol).   ?- *student(X), interesse(X, informatik).*
student(sibylle).
interesse(nicol, psychologie).
interesse(thilo, informatik).   X = thilo;
interesse(sibylle, informatik).

5. Dann wird das erste Teilziel mit dem Faktum student(nicol) resolviert und damit X an nicol gebunden.

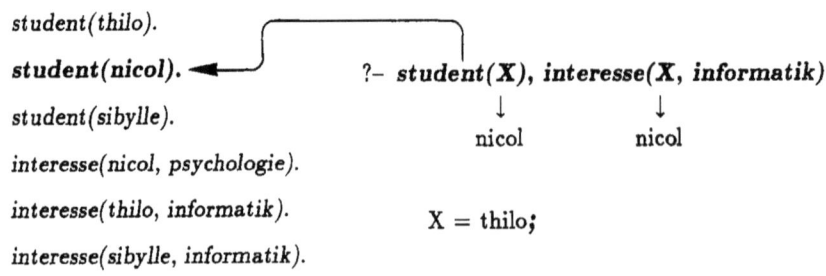

6. Der Versuch, das zweite Teilziel zu erfüllen, schlägt fehl, da kein entsprechendes Faktum für interesse(nicol, informatik) in der Datensammlung enthalten ist. Dadurch erfolgt ein erneutes Zurücksetzen zum ersten Teilziel :

student(thilo).

student(nicol).   ?- *student(X), interesse(X, informatik).*

student(sibylle).

interesse(nicol, psychologie).

interesse(thilo, informatik).   X = thilo;

interesse(sibylle, informatik).

7. Von der markierten Stelle an wird nun nach einer weiteren Lösung für das erste Teilziel gesucht, student(X) mit student(sibylle) resolviert und damit X an sibylle gebunden :

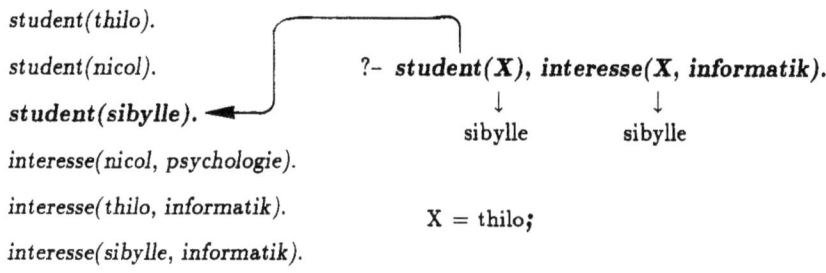

8. Ein Faktum, welches das zweite Teilziel erfüllt, ist diesmal wieder in der Datensammlung enthalten und wir erhalten eine zweite gültige Antwort :

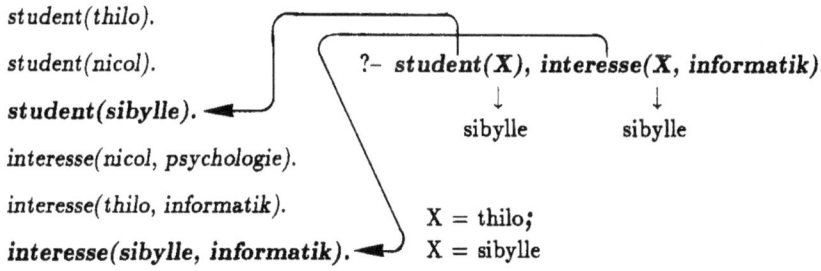

28   Einfache Konstrukte und Programme in Prolog

9. Durch Eingabe eines weiteren Semikolons wird nun erneut ein Backtracking initiiert. Wie man sich aber leicht verdeutlichen kann, wird damit keine weitere Lösung gefunden. Prolog liefert daraufhin also die Antwort 'no'.

Es mag vielleicht verwundern, weshalb die Lösungssuche so ausführlich dargestellt wurde. Dies deshalb, weil die Vorgänge des Bindens und Freisetzens von Variablen sowie das Backtracking für das Verständnis von Prolog von größter Bedeutung sind und man sich dieser Vorgehensweisen bei der Programmierung in Prolog stets bewußt sein sollte.

2.3 Regeln

Bisher können wir also mit Hilfe von Fakten Objekte und deren Eigenschaften bzw. Beziehungen zwischen Objekten beschreiben und Fragen zu einer Datensammlung stellen. Nehmen wir nun an, es sei folgende Aussage in einem Prolog-Programm darzustellen :

    Jeder Student interessiert sich für Informatik.

Mit den bisherigen Möglichkeiten müßten wir dazu jedes Mal, wenn wir einen neuen Studenten in die Datensammlung einschreiben, auch sein Interesse für Informatik als Faktum definieren. Diese umständliche Vorgehensweise kann durch die Verwendung von Regeln umgangen werden. Formuliert man die obige Aussage etwas um, so erhalten wir eine Regel :

    Jemand interessiert sich für Informatik, falls er Student ist.

Prolog bietet uns die Möglichkeit, Aussagen dieser Art als Regel darzustellen. Dazu wird als Symbol für das 'falls' ein Doppelpunkt und Bindestrich verwendet. In Prolog schreiben wir also für diese Regel :

    interesse(Jemand, informatik) :- student(Jemand).

Zu beachten ist, daß auch eine Regel mit einem *Punkt* abgeschlossen wird. Als Argument wird eine Variable verwendet, da damit eine allgemeingültige Aussage gemacht wird, die Regel also für beliebige Konstanten Gültigkeit haben kann.

Wie wir an dem obigen Beispiel erkennen, besteht eine Regel aus zwei Teilen. Den Teil vor dem durch das Symbol ' :- ' dargestellte 'falls' nennen wir den *Kopf* einer Regel, den Teil danach den *Rumpf* einer Regel. Der Kopf bezeichnet das Prädikat, welches durch die Regel erklärt wird. Er kann also stets nur aus einem Ziel bestehen. Im Rumpf wird erklärt, welche Bedingungen erfüllt werden müssen, damit der Kopf wahr wird. Der Rumpf kann also aus mehreren Teilzielen bestehen.

Die meisten Regeln beinhalten Variablen, da mit ihnen allgemeingültige Sachverhalte dargestellt werden. Bei der Programmierung von Variablen müssen wir aber immer den Gültigkeitsbereich beachten. Dieser bezieht sich stets auf *eine* Regel. Das bedeutet, daß alle Vorkommen einer Variablen gleichen Namens innerhalb einer Regel, also in Kopf und Rumpf, als Platzhalter für dasselbe Objekt angesehen werden. Damit ist auch klar, daß, falls eine Variable gebunden ist, sie bei allen Vorkommen in der Regel an denselben Wert gebunden ist. Außerhalb einer Regel kann eine Variable gleichen Namens allerdings Platzhalter für ein ganz anderes Objekt sein und wird dementsprechend dann auch nicht gebunden.

Beispiel 2.8 :
Wir wollen noch zwei weitere Beispiele für Regeln in Prolog zeigen :

a) Zu programmieren sei die Aussage :
"Jemand fährt Ski, falls er studiert und sportlich ist".
In Prolog können wir das folgendermaßen formulieren :

$ski(X) :- student(X), sportlich(X).$

In dieser Regel besteht der Rumpf aus mehreren Teilzielen, die durch eine Konjunktion miteinander verbunden sind.

b) Betrachten wir einen binären Baum. Darin besteht folgende Beziehung :
Zwei Knoten sind benachbart, wenn sie denselben Vater haben.
Programmieren wir diese Regel in Prolog :

$benachbart(K1, K2) :- vater(K1, P), vater(K2, P).$

An dieser Regel erkennen wir, daß es erlaubt ist, im Rumpf Variablen zu verwenden, die nicht als Argumente im Kopf auftreten. Insbesondere könnte auch der Kopf keine Variablen enthalten und trotzdem im Rumpf Variablen verwendet werden.

Wir haben nun also zwei Möglichkeiten zur Beschreibung eines Sachverhalts : Fakten und Regeln. Dabei können wir einen Sachverhalt, der in Prolog einem Prädikat entspricht, auch mit einer Mischung aus Fakten und Regeln beschreiben. Alle Fakten und Regeln, die dann ein Prädikat mit bestimmtem Namen und bestimmter Stelligkeit beschreiben, nennen wir die *Prolog-Klauseln* für dieses Prädikat. Im folgenden werden wir dafür auch einfach *Klauseln* sagen.

Beispiel 2.9 :
Eine Beschreibung durch Fakten und Regeln ist bei dem schon mehrfach verwendeten Prädikat *interesse/2* denkbar. Gegeben sei folgende Situation :

a) Gerd interessiert sich für Informatik.

b) Jeder Student interessiert sich für Informatik.

c) Nicol ist zwar Studentin, interessiert sich aber auch für Psychologie.

Um diese Situation zu beschreiben, benötigen wir folgende Klauseln für das Prädikat *interesse/2* :

    interesse(gerd, informatik).

    interesse(X, informatik) :- student(X).

    interesse(nicol, psychologie).

Das Prädikat wird also durch zwei Fakten und eine Regel definiert.

Wir wollen uns nun überlegen, was sich an der Strategie der Lösungssuche ändert, falls Fragen nach Prädikaten gestellt werden, die durch Regeln definiert sind.

Grundsätzlich bleiben alle Punkte der Strategie der Lösungssuche erhalten, die bei Fakten dargestellt wurden. Zusätzlich kann es nun allerdings sein, daß ein Teilziel einer Frage als Regel in der Datensammlung definiert ist. Dies bedeutet, daß dieses Teilziel in die im Rumpf der Regel enthaltenen Unterziele aufgeteilt wird. Diese müssen alle erfüllt sein, damit das Teilziel wahr wird und mit dem nächsten Teilziel fortgefahren werden kann. Möglich ist natürlich auch, daß eines der Unterziele wieder als Regel dargestellt ist. Dann setzt sich der Vorgang entsprechend fort. Wir erhalten damit also als zusätzlichen Punkt bei der Lösungssuche das Prinzip der Depth-first-search Strategie.

Beispiel 2.10 :
Betrachten wir folgende Datensammlung :

    student(thilo).   % Zeile 1

    student(nicol).   % Zeile 2

    student(sibylle).   % Zeile 3

    interesse(X, informatik) :- student(X).   % Zeile 4

    interesse(gerd, informatik).   % Zeile 5

    sportlich(nicol).   % Zeile 6

    sportlich(thilo).   % Zeile 7

    ski(X) :- sportlich(X), student(X).   % Zeile 8

Dazu wollen wir zu zwei Fragen die Antwort von Prolog untersuchen.

a)   ?- *interesse(X, informatik)*.

   X = thilo;

   X = nicol;

   X = sibylle;

   X = gerd;

   no

   Dabei liegt folgende Vorgehensweise zu Grunde :
   1. Prolog sucht von oben nach unten die erste Klausel für *interesse/2* und findet die Regel in der 4. Zeile. Demnach muß nun das Unterziel student(X) erfüllt werden. Die Suche in der Datensammlung liefert als erstes Ergebnis X = thilo.
   2. Durch Eingabe des Semikolons wird X wieder freigesetzt. Dies entspricht der Strategie des Backtracking, da die zuletzt getroffenen Entscheidung rückgängig gemacht wird und an dieser Stelle die Suche fortgesetzt wird. Prolog sucht also nach der nächsten Klausel, die mit student(X) resolviert werden kann. Wir finden student(nicol) und erhalten entsprechend die Antwort X = nicol.
   3. Derselbe Vorgang wiederholt sich nochmals, wir erhalten als Antwort X = sibylle.
   4. Zuerst sucht Prolog nun nach einer weiteren Klausel, die mit student(X) resolviert werden kann. Da aber keine solche Klausel mehr enthalten ist, wird student(X) in der Regel in Zeile 4 falsch und damit ein weiterer Schritt des Backtracking eingeleitet. Prolog sucht nun von Zeile 4 ab nach einer weiteren Klausel, für *interesse/2* und findet das Faktum interesse(gerd, informatik). Es wird also die Antwort X = gerd ausgegeben.
   5. Die Suche nach einer weiteren Klausel für interesse/2 bleibt erfolglos, deshalb antwortet Prolog mit 'no'.

b)   ?- *ski(nicol)*.

   yes

   Auch hier wollen wir die Lösungssuche näher betrachten :
   1. Prolog sucht nach einer Klausel, die mit ski(nicol) zu resolvieren ist und findet die Regel in Zeile 8. Damit wird die Variable X an nicol gebunden und zwar bei jedem Vorkommen in dieser Regel.
   2. Prolog sucht nach einer Klausel, die mit dem ersten Unterziel, nämlich sportlich(nicol) zu resolvieren ist, und findet das entsprechende Faktum in Zeile 6. Das erste Unterziel ist damit erfüllt.
   3. Prolog sucht nach einer Klausel, die mit dem zweiten Unterziel, nämlich

student(nicol) zu resolvieren ist, und findet das entsprechende Faktum in Zeile 2. Damit ist das zweite und letzte Unterziel erfüllt und somit auch ski(nicol) wahr. Die Antwort 'yes' wird ausgegeben.

An diesem Beispiel können wir uns auch nochmal den Geltungsbereich von Variablen verdeutlichen. In der Datensammlung wird in zwei verschiedenen Regeln eine Variable gleichen Namens verwendet, nämlich X. Dabei steht X in Zeile 4 für ein anderes Objekt als in Zeile 8. Dies wird auch oben im Schritt 1. deutlich : Alle Vorkommen von X in der Regel in Zeile 8 werden an nicol gebunden, die Vorkommen von X in der Regel in Zeile 4 bleiben dagegen ungebunden.

2.4 Exkurs : Arbeiten mit einem Prolog – Interpreter

Ein Arbeiten mit einem Prolog – Interpreter und damit die Möglichkeit, Beispiele an einem System nachzuvollziehen, ist nur möglich, wenn auch Daten in die Datensammlung eingeschrieben werden. Deshalb wollen wir in einem Exkurs darstellen, wie dies bewerkstelligt werden kann. Wir zeigen dies anhand von C–Prolog. Bei Verwendung von anderen Dialekten von Prolog können sich kleine Unterschiede ergeben, die dann den jeweiligen Handbüchern entnommen werden müssen.

Bei der Eingabe von Daten in die Datensammlung müssen zwei Vorgehensweisen unterschieden werden :

1. Wir editieren zuerst eine Datei, in die das Programm eingeschrieben wird, und laden dieses Programm dann während eines Interpreterlaufs in die Datensammlung.

2. Wir geben während des Interpreterlaufs Daten direkt von der Tastatur in die Datensammlung ein.

Bei beiden Verfahren werden allerdings dieselben Built-in-Prädikate benutzt. Unter dem Begriff *Built-in-Prädikat* verstehen wir solche Prädikate, die vom System zur Verfügung gestellt werden, ohne daß sie explizit definiert werden müssen. Sie sind also nach dem Start des Interpreters automatisch in einer (für den Benutzer unsichtbaren) Datensammlung vorhanden. In den späteren Kapiteln werden wir noch näher auf den Begriff des Built-in-Prädikates eingehen und die wichtigsten von ihnen erläutern.

Für das Laden von Daten sind folgende zwei Prädikate vorhanden :
$$consult(<datei>).$$
$$reconsult(<datei>).$$

consult : Mit consult werden alle Daten, die auf einer Datei vorliegen oder von der Tastatur eingegeben werden, *ohne* Berücksichtigung eines evtl. bereits vorhandenen Inhalts der Datensammlung *zusätzlich* in die Datensammlung aufgenommen. Dabei wird ein Syntax-Test vorgenommen und Fakten, Regeln oder Fragen mit fehlerhafter Syntax mit einer entsprechenden Fehlermeldung abgewiesen.

reconsult : Bei Verwendung von reconsult werden dagegen die bereits in der Datensammlung vorhandenen Klauseln, d.h. Fakten und Regeln berücksichtigt. Reconsult entfernt vor dem Einschreiben einer neuen Klausel *alle* bereits vorhandenen Klauseln mit *gleichem Namen und gleicher Stelligkeit*. Damit eignet sich reconsult vor allem zum Verbessern fehlerhafter Einträge in die Datensammlung.

Wie wir die beiden Prädikate zum Laden einer Datei bzw. von Daten über die Tastatur verwenden, wird an den Beispielen 2.11. bzw 2.12. demonstriert.

Beispiel 2.11   Laden von Daten, die in einer Datei stehen :

Gehen wir davon aus, daß wir eine Datei mit Namen *studium* und folgendem Inhalt editiert haben.

Inhalt von *studium* :

> student(nicol).
>
> student(bernie).
>
> interesse(nicol, psychologie).
>
> interesse(bernie, statistik).
>
> interesse(X, informatik) :- student(X).

Nun wollen wir diese Daten in die Datensammlung schreiben. Dies können wir durch eine Frage nach dem Prädikat consult bewirken. Nachdem der Interpreter aufgerufen wurde, stellen wir also folgende Frage :

> ?- **consult(studium)**.
>
> yes

Damit ist die Frage erfüllt, und gleichzeitig sind die Daten der Datei *studium* in die Datensammlung eingeschrieben worden. Wir können also Fragen dazu stellen :

> ?- **student(nicol)**.
>
> yes

Sind in einer Datei außer Fakten und Regeln auch Fragen enthalten, was auch erlaubt ist, so werden an dieser Stelle Fragen als "Seiteneffekt" während des Ladevorgangs beantwortet. Eine solche Programmierung wird allerdings nur selten sinnvoll erscheinen und sollte deswegen auch vermieden werden.

Mit Hilfe von reconsult können wir nun auch die Daten in der Datensammlung verbessern. Nehmen wir an, es stehe eine zweite Datei mit Namen *studium_2* und folgendem Inhalt zur Verfügung.

Inhalt von *studium_2* :

student(thilo).

Damit können wir ohne Unterbrechung des Interpreterlaufs unsere Datensammlung verbessern, indem wir die Frage nach reconsult stellen.

?- **reconsult(studium_2)**.

yes

Danach hat die Datensammlung folgenden Inhalt :

student(thilo).

interesse(nicol, psychologie).

interesse(bernie, statistik).

interesse(X, informatik) :- student(X).

Bemerkung : Den Inhalt der Datensammlung kann man sich durch folgende Frage auf dem Bildschirm anzeigen lassen (vgl. Kap. 11.2) :

?- **listing**.

Entsprechend der Wirkungsweise von reconsult wurden vor dem Eintragen von student(thilo) alle Klauseln mit Namen student und Stelligkeit 1 aus der Datensammlung entfernt, also student(nicol) und student(bernie). Die Klauseln für *interesse/2* bleiben dagegen von dem Vorgang unberührt, da in *studium_2* keine Klauseln mit entsprechendem Namen und Stelligkeit enthalten sind.

Im Falle einer *leeren* Datensammlung zeigen die Prädikate consult und reconsult also dieselbe Wirkung.

Beispiel 2.12   Einschreiben von Daten über die Tastatur :
Beim Einschreiben direkt von der Tastatur ergeben sich keine großen Unterschiede, da die Tastatur vom System als Datei mit dem vordefinierten Namen *user* aufgefaßt wird. Wir stellen also lediglich die Frage nach consult(user) und erhalten anschließend vom System das Prompt, das zur Eingabe auffordert. Danach können wir ein Prolog–Programm eingeben. Das Ende der Eingabe wird durch gleichzeitiges drücken der Tasten 'control' und 'd' angezeigt :

?- *consult(user)*.

: *student(nicol).*

: *student(martina).*

: <ctrl − d>

yes

Nun enthält die Datensammlung die beiden Fakten student(nicol) und student(martina).

In analoger Weise könnten wir nun Verbesserungen mit der Frage nach reconsult(user) eingeben.

Im allgemeinen ist aber die Eingabe mit Hilfe einer Datei vorzuziehen. Lediglich zum Austesten kleiner Probleme sollte die Eingabe von der Tastatur benutzt werden. Man nimmt dabei nämlich folgende Nachteile in Kauf :

- Nach Beendigung des Interpreterlaufs stehen die Daten nicht mehr zur Verfügung, da der Inhalt der Datensammlung beim Verlassen des Interpreters gelöscht wird.
- Bei syntaktischen Fehlern in einer Klausel muß die gesamte Klausel erneut eingegeben werden.

Zum Verlassen des Interpreters dient das Built-in-Prädikat *halt*.

Wollen wir den Interpreterlauf beenden, so müssen wir also die Frage nach diesem Prädikat stellen :

    ?- **halt**.

3 Elementare Prädikatenlogik

Vom Ansatz und der Idee ist Prolog eine Programmiersprache, in der die vorliegenden Probleme in der Sprache der Logik beschrieben werden. Die positive Beantwortung einer Frage ist dann nichts anderes als die Feststellung, daß der gefragte Sachverhalt aus der Programmformel folgt. Diese Idee spiegelt sich wieder in dem Namen PROLOG als eine Abkürzung für PROgramming in LOGic.

Es hat sich gezeigt, daß einerseits bestimmte Formeln aus der Logik, z.B. Horn-Formeln, zusammen mit der Resolutionsregel gut zu verarbeiten sind und sich andererseits viele praktische Probleme mit diesen Strukturen leicht beschreiben lassen.

Heutzutage enthält Prolog aber auch viele Konstrukte, die in der Prädikatenlogik kaum oder nur sehr schwer erklärbar sind. Dazu gehören prozedurale Elemente oder auch Built-in-Prädikate, mit denen man ein Programm während der Verarbeitung verändern kann. Wir wollen in diesem Kapitel nicht versuchen, alle Konstrukte von Prolog durch die Logik zu erklären, sondern für einen Kern von Prolog die Struktur und die Lösungsmethode aus der Sicht der Prädikatenlogik vorstellen.

Im Rahmen dieses Buches wollen und können wir natürlich keine vollständige Behandlung der Prädikatenlogik vornehmen. Die Bearbeitung dieses Kapitels ist auch keine notwendige Voraussetzung, um Programme in Prolog schreiben zu können. Die Erfahrung zeigt aber, daß ein gewisses Maß an Kenntnissen der Logik sehr hilfreich bei dem Entwurf von Programmen ist.

Im ersten Abschnitt beschränken wir uns auf die Aussagenlogik, in der viele grundsätzliche Gedanken recht einfach dargelegt werden können. Im zweiten Teil gehen wir dann auf die Prädikatenlogik 1.Stufe ein, die wir einfach als Prädikatenlogik bezeichnen.

3.1 Aussagenlogik

In der Aussagenlogik befassen wir uns mit Elementaraussagen, die wahr oder falsch sein können, und deren Verknüpfung durch logische Operationen wie "und", "nicht" und "oder". Wir werden zuerst die Syntax und Semantik vorstellen und deren Äquivalenz zeigen. Bevor wir dann auf die Resolution und die Verarbeitung aussagenlogischer Prolog-Programme eingehen, betrachten wir Normalformen mit dem Ziel, die Struktur von Programmen zu verdeutlichen.

3.1.1 Begriffe

Zunächst müssen wir genau festlegen, mit welchen Arten von Aussagen wir uns in der Aussagenlogik beschäftigen wollen. Faßt man diese Aussagen wie in einer natürlichen Sprache als Sätze auf, so ist festzulegen, wie die Wörter, der Zeichenvorrat und die Grammatik, nach der die Sätze gebildet werden, aussehen.

Der Zeichenvorrat der Sprache der Aussagenlogik besteht zum einen aus *Atomen*, die wir mit Wörtern über kleinen Buchstaben a, b, c, $\cdots$ bezeichnen, und zum anderen aus den logischen Operationen $\vee$, $\wedge$ und $\neg$. Zusätzlich stehen uns noch die Klammern "(", ")" zur Verfügung.

Die Sprache der Aussagenlogik, deren Elemente wir *Formeln* nennen, ist definiert durch:

1. Jedes Atom ist eine Formel.
2. Ist α eine Formel, dann ist auch $\neg \alpha$ eine Formel.
3. Falls α und β Formeln sind, dann auch $(\alpha \vee \beta)$.
4. Falls α und β Formeln sind, dann auch $(\alpha \wedge \beta)$.
5. Nur so gebildete Zeichenketten sind Formeln.

Die sehr häufig benutzte Implikation $\alpha \leftarrow \beta$ ist eine Abkürzung für $\alpha \vee \neg \beta$ und $\alpha \leftrightarrow \beta$ ist eine Abkürzung für $(\alpha \leftarrow \beta) \wedge (\beta \leftarrow \alpha)$, wobei die griechischen Buchstaben hier für Formeln stehen.

Aus Gründen der Klammererersparnis sollen noch die folgenden Bindungsregeln gelten:

$\neg$ bindet stärker als $\wedge$

$\wedge$ bindet stärker als $\vee$

Beispiel 3.1:

$$\neg a \vee b \approx (\neg a) \vee b$$
$$a \wedge b \vee c \approx (a \wedge b) \vee c$$

Bisher haben wir noch nicht über "wahr" und "falsch" im Zusammenhang mit den Formeln gesprochen. Ordnen wir den Atomen (Elementaraussagen) Wahrheitswerte zu, so müssen wir festlegen, wie der Wahrheitswert einer Formel entsprechend den logischen Verknüpfungen berechnet werden soll.

Zu jeder Formel α sei atom(α) die Menge der in α vorkommenden Atome. Eine *Bewertung* B für eine Formel α ist dann eine Abbildung B : atom(α) $\to$ {wahr, falsch}.
Wie üblich schreiben wir für wahr die 1 und für falsch die 0. Die Bewertung wird dann durch die folgende Definition auf Formeln erweitert:

$$B(\alpha \vee \beta) = \begin{cases} 1, & \text{falls } B(\alpha) = 1 \text{ oder } B(\beta) = 1 \\ 0, & \text{sonst} \end{cases}$$

$$B(\alpha \wedge \beta) = \begin{cases} 1, & \text{falls } B(\alpha) = B(\beta) = 1 \\ 0, & \text{sonst} \end{cases}$$

$$B(\neg \alpha) = \begin{cases} 1, & \text{falls } B(\alpha) = 0 \\ 0, & \text{sonst} \end{cases}$$

Die erweiterte Bewertung wird wieder mit B bezeichnet. Im folgenden meinen wir in der Regel mit dem Begriff "Bewertung für eine Formel" die gerade beschriebene induzierte

Bewertungsfunktion, die einen Wahrheitswert von α angibt. Eine Bewertung ist also eine Art der Interpretation einer Formel.

Beispiel 3.2 :

Sei $B(a) = B(b) = 1$ und $B(c) = 0$, dann gilt :

$$B\big((\neg a \vee b \vee c) \wedge (c \vee b) \wedge \neg c\big) = 1$$

Wir sagen, eine Formel α ist *erfüllbar* (satisfiable) genau dann, wenn es eine Bewertung B für α gibt mit $B(\alpha) = 1$, d.h. die Formel α kann durch eine geeignete Bewertung der Atome wahr gemacht werden.

Beispiel 3.3 :

$$(a \vee b) \wedge \neg b \quad \text{ist erfüllbar,}$$
$$\neg a \wedge (a \vee b) \wedge \neg b \quad \text{ist nicht erfüllbar.}$$

Ein zweiter wichtiger Begriff ist der der *Tautologie*. Eine Formel α ist eine Tautologie genau dann, wenn für jede Bewertung B von α gilt : $B(\alpha) = 1$.

Die beiden Begriffe "Erfüllbarkeit" und "Tautologie" hängen natürlich sehr eng zusammen, wie das folgende leicht zu beweisende Lemma zeigt.

Lemma 3.1 : Sei α eine Formel, so gilt :
α ist nicht erfüllbar gdw $\neg \alpha$ eine Tautologie ist.

Anstelle von "nicht erfüllbar" sagen wir auch *widerspruchsvoll*, denn wenn eine Formel für alle Bewertungen falsch ist, so muß sie Widersprüche enthalten.

Wenn zwei Formeln α und β für alle Bewertungen den gleichen Wert annehmen, so heißen α und β *äquivalent*. Wir schreiben dann $\alpha \equiv \beta$. Dabei kann es natürlich vorkommen, daß die Atommengen von α und β verschieden sind.

Mit Hilfe dieses Äquivalenzbegriffs lassen sich dann einige Umformungsgesetze zeigen :

Negation $\quad\neg\neg\alpha \equiv \alpha$

Idempotenz $\quad\alpha \vee \alpha \equiv \alpha$
$\alpha \wedge \alpha \equiv \alpha$

Kommutativität $\quad \alpha \vee \beta \equiv \beta \vee \alpha$
$\alpha \wedge \beta \equiv \beta \wedge \alpha$

Assoziativität $\quad (\alpha \vee \beta) \vee \sigma \equiv \alpha \vee (\beta \vee \sigma)$
$(\alpha \wedge \beta) \wedge \sigma \equiv \alpha \wedge (\beta \wedge \sigma)$

Distributivität $\quad (\alpha \wedge \beta) \vee \sigma \equiv (\alpha \vee \sigma) \wedge (\beta \vee \sigma)$
$(\alpha \vee \beta) \wedge \sigma \equiv (\alpha \wedge \sigma) \vee (\beta \wedge \sigma)$

De Morgan $\quad \neg(\alpha \wedge \beta) \equiv \neg\alpha \vee \neg\beta$
$\neg(\alpha \vee \beta) \equiv \neg\alpha \wedge \neg\beta$

3.1.2 Der semantische Folgerungsbegriff

In Prolog wie auch in der Logik ist man insbesondere daran interessiert, ob aus gewissen Aussagen eine oder mehrere andere Aussagen gefolgert werden können.

Hierzu präzisieren wird den Folgerungsbegriff wie folgt : Aus einer Menge $\alpha_1, \cdots \alpha_n$ von Formeln *folgt* die Formel β gdw für alle Bewertungen B mit $B(\alpha_1) = \cdots = B(\alpha_n) = 1$ auch $B(\beta) = 1$ gilt.

Die übliche Schreibweise hierfür ist $\alpha_1, \cdots \alpha_n \models \beta$.

Den wichtigen aber sehr einfach zu beweisenden Zusammenhang zwischen Folgerung, Tautologie und Erfüllbarkeit zeigt die folgende Äquivalenz.

Lemma 3.2 : Seien $\alpha_1, \cdots, \alpha_n$ Formeln, so sind die folgenden Aussagen äquivalent :
(i) $\quad \alpha_1, \cdots, \alpha_n \models \beta$
(ii) $\quad (\alpha_1 \wedge \cdots \wedge \alpha_n) \to \beta$ ist Tautologie
(iii) $\quad (\alpha_1 \wedge \cdots \wedge \alpha_n \wedge \neg\beta)$ ist widerspruchsvoll.

Beweis : Gelte $\alpha_1, \cdots, \alpha_n \models \beta$, dann folgt aus der Definition von $\models$:

(∗) $\qquad \forall$ Bewertungen B : $(B(\alpha_1) = \cdots = B(\alpha_n) = 1 \Rightarrow B(\beta) = 1)$.

Es gilt :
$$(\alpha_1 \wedge \cdots \wedge \alpha_n) \to \beta \equiv \neg(\alpha_1 \wedge \cdots \wedge \alpha_n) \vee \beta$$
$$\equiv \neg \alpha_1 \vee \cdots \vee \neg \alpha_n \vee \beta$$

Wegen (*) ist dann $\neg \alpha_1 \vee \cdots \vee \neg \alpha_n \vee \beta$ für alle Bewertungen wahr, also eine Tautologie.
Weiterhin gilt : $\neg(\neg \alpha_1 \vee \cdots \neg \alpha_n \vee \beta) \equiv \alpha_1 \wedge \cdots \wedge \alpha_n \wedge \neg \beta$. Da $\neg \alpha_1 \vee \cdots \vee \neg \alpha_n \vee \beta$
Tautologie ist, erhalten wir sofort $\alpha_1 \wedge \cdots \wedge \alpha_n \wedge \neg \beta$ ist nicht erfüllbar.
Wenn $\alpha_1 \wedge \cdots \wedge \alpha_n \wedge \neg \beta$ nicht erfüllbar ist, so gilt :
$\forall$ Bewertungen B $(B(\alpha_1 \wedge \cdots \wedge \alpha_n \wedge \neg \beta) = 0)$ und damit auch :
$\forall$ Bewertungen B $(B(\alpha_1) = \cdots = B(\alpha_n) = 1 \Rightarrow B(\neg \beta) = 0)$.
Nach der Definition von $\models$ erhalten wir also $\alpha_1, \cdots, \alpha_n \models \beta$.

q.e.d.

Die Menge der Formeln, die wir ohne Voraussetzung folgern können, ist somit die Menge der Tautologien. α heißt also *Tautologie* genau dann, wenn $\models \alpha$.

Beispiel 3.4 :
Es gilt : $a \wedge (a \to b) \models b$.
Damit ist $(a \wedge (a \to b)) \to b$ eine Tautologie,
und die Formel $a \wedge (a \to b) \wedge \neg b$ widerspruchsvoll.

3.1.3 Der syntaktische Herleitungsbegriff

Das Ziel dieses Abschnitts ist es, genau die Menge der Tautologien durch Axiome (Anfangsformeln) und Anwendungen einer einzigen Regel syntaktisch zu erzeugen.

Wie aus Beispiel 3.4 zu ersehen ist, folgt aus a und $a \to b$ die Formel b. Diesen Sachverhalt führen wir als Regel ein, um aus α und $\alpha \to \beta$ die Formel β zu erzeugen. Die Regel wird MODUS PONENS genannt.

$$\frac{\alpha, \alpha \to \beta}{\beta} \quad (MP)$$

Die Regel ist so zu verstehen, daß, wenn die Formeln oberhalb der Linie schon erzeugt worden sind, wir durch Anwendung der Regel (MP) die unten stehende Formel erhalten können. Nun benötigen wir noch Anfangsformeln, die wir auch als *Axiome* bezeichnen.

Seien α, β, und σ Formeln :

(A0) $\alpha \to \alpha$
(A1) $(\alpha \vee \alpha) \to \alpha$
(A2) $\alpha \to (\alpha \vee \beta)$
(A3) $(\alpha \vee \beta) \to (\beta \vee \alpha)$
(A4) $(\alpha \to \beta) \to ((\sigma \to \alpha) \to (\sigma \to \beta))$
(A5) $(\alpha \to (\sigma \to \beta)) \to (\sigma \to (\alpha \to \beta))$

Der syntaktische Herleitungsbegriff ist dann definiert durch :

1. Eine Formel α ist *herleitbar* ($\vdash \alpha$) gdw α mit den Axiomen und der Regel (MP) hergeleitet werden kann.
2. Sei M eine Menge von Formeln, so ist β aus M *herleitbar* (M $\vdash \beta$) gdw β aus den Axiomen und den Formeln aus M mit Hilfe der Regel (MP) hergeleitet werden kann.

Wir können dabei M als eine zusätzliche Axiomenmenge auffassen.

Als Voraussetzung für spätere Sätze und zur Verdeutlichung der Arbeitsweise mit den Axiomen und Regeln beweisen wir nun eine Hilfsregel, nämlich den Kettenschluß (KS).

(KS)   Aus (1) $\vdash \sigma \to \alpha$ und (2) $\vdash \alpha \to \beta$ folgt $\vdash \sigma \to \beta$.

Herleitung:
Mit dem Axiom (A4) erhalten wir

(3) $$\vdash (\alpha \to \beta) \to ((\sigma \to \alpha) \to (\sigma \to \beta)).$$

Die Regel (MP) auf (2) und (3) angewandt liefert

(4) $$\vdash (\sigma \to \alpha) \to (\sigma \to \beta).$$

Noch einmal (MP) auf (1) und (4) angewandt ergibt

(5) $$\vdash \sigma \to \beta.$$

Der folgende Satz besagt, daß eine Implikation $\alpha \to \beta$ aus M hergeleitet werden kann, in dem wir α zu M hinzunehmen und dann β herleiten. Dies entspricht in gewissem Sinne auch der Intuition, nämlich falls α wahr ist, so muß auch β wahr sein.

<u>Satz 3.1</u>   (Deduktionstheorem)

$$M \cup \{\alpha\} \vdash \beta \text{ gdw } M \vdash \alpha \to \beta.$$

Beweis : Der Beweis beruht auf der Idee, eine Herleitung von $M \cup \{\alpha\} \vdash \beta$ in eine Herleitung von $M \vdash \alpha \to \beta$ umzuformen. Es bietet sich dabei an, über die Länge der Herleitung zu argumentieren, d.h. einmal die Axiome und anschließend die Anwendung der Regel (MP) zu betrachten. Wir wollen das Theorem mit einer Induktion über die Länge der Herleitung von β aus $M \cup \{\alpha\}$ beweisen.

  a) Ist β ein Axiom oder ist $\beta \in M$, dann gilt :

    (1) $M \vdash \beta$.

  Aus den Axiomen A2 und A3 erhalten wir

    (2) $M \vdash \beta \to (\beta \vee \neg \alpha)$

(3) $M \vdash (\beta \vee \neg\alpha) \to (\neg\alpha \vee \beta)$

Durch die Anwendung der Hilfsregel (KS) auf (2) und (3) ergibt sich dann

(4) $M \vdash \beta \to (\neg\alpha \vee \beta)$

und die Regel (MP) angewandt auf (1) und (4) impliziert

(5) $M \vdash \neg\alpha \vee \beta$ oder anders geschrieben

(6) $M \vdash \alpha \to \beta$

b) β sei α, dann gilt $\vdash \neg\alpha \vee \alpha$ mit Axiom (A0) und damit $M \vdash \alpha \to \alpha$.

c) β entstehe aus der Anwendung der Regel (MP) aus

$$\frac{\sigma, \sigma \to \beta}{\beta} \quad (MP)$$

Nach Induktionsvoraussetzung, denn $M \cup \{\alpha\} \vdash \sigma$ und $M \cup \{\alpha\} \vdash \sigma \to \beta$ haben eine kürzere Herleitung, gilt :

(1) $M \vdash \alpha \to \sigma$

(2) $M \vdash \alpha \to (\sigma \to \beta)$

Aus dem Axiom (A5) und der Hilfsregel (KS) folgt dann sofort

(3) $M \vdash \sigma \to (\alpha \to \beta)$

und eine erneute Anwendung der Hilfsregel (KS) auf (1) und (3) liefert

(4) $M \vdash \alpha \to (\alpha \to \beta)$.

Zum Schluß wenden wird die Regel (MP) noch einmal auf $M \vdash \alpha$ (Fall b) und (4) an und erhalten

(5) $M \vdash \alpha \to \beta$.

Die umgekehrte Richtung läßt sich mit einer Anwendung der Regel (MP) beweisen und sei dem Leser zur Übung überlassen. q.e.d.

3.1.4 Äquivalenz von Syntax und Semantik

Der folgende Satz besagt nun, daß Formeln, die "inhaltlich" wahr sind (Tautologien), durch rein syntaktische Mittel (Axiome und Regel) generiert werden können und umgekehrt.

Satz 3.2

Für alle Formeln α gilt : $\vdash \alpha$ gdw $\models \alpha$.

Wir zerlegen den Beweis in zwei Teile. Zuerst wollen wir den Korrektheitssatz beweisen.

Satz 3.3 (Korrektheitssatz)

Jede herleitbare Formel ist "inhaltlich" korrekt :

$$\text{Aus } \vdash \alpha \text{ folgt } \models \alpha.$$

Beweis : Nehmen wir $\vdash \alpha$ an, so müssen wir zeigen : $\forall \, B : B(\alpha) = 1$. Dies läßt sich wieder durchführen mit einer Induktion über die Länge der Herleitung von α .

1. α sei ein Axiom, dann folgt sofort $\forall \, B : B(\alpha) = 1$.
2. Wenn α kein Axiom ist, so kann α nur durch die Anwendung der Regel (MP) entstanden sein.

$$\frac{\sigma, \sigma \to \alpha}{\alpha}$$

Nach Induktionsvoraussetzung können wir annehmen $\vdash \sigma, \models \sigma, \vdash \sigma \to \alpha, \models \sigma \to \alpha$. Es gilt also $\forall \, B : B(\sigma) = 1$ und $\forall \, B : B(\sigma \to \alpha) = 1$. Damit erhalten wir sofort $\forall \, B : B(\alpha) = 1$ und haben gezeigt, daß α eine Tautologie ist. q.e.d

Der zweite Satz ist vom Beweis her komplizierter. Wir wollen daher den Gang nur skizzieren. Ausführlich ist der Beweis z.B. in [1] zu finden.

Satz 3.4 (Vollständigkeitssatz)

Jede "inhaltlich" korrekte Formel ist herleitbar :

$$\text{Aus } \models \alpha \text{ folgt } \vdash \alpha.$$

Beweis : Sei M eine Menge von Formeln, für die es eine Formel β gibt, die nicht aus M folgt (M $\nvdash \beta$). Dann sind alle $\sigma \in$ M erfüllbar, d.h. $\exists$ Bewertung $B : B(\sigma) = 1$.
Dies ist bisher nur eine Behauptung, die wir später noch zeigen müssen.

Nehmen wir nun an, es gebe ein $\alpha : \models \alpha$ und $\nvdash \alpha$.

Dann folgt sofort $\{\neg \alpha\} \nvdash \alpha$, denn andernfalls würde mit dem Deduktionstheorem $\vdash \neg \alpha \to \alpha$ gelten, also $\vdash \alpha$.

Wir wissen also mit der obigen Behauptung $\exists$ Bewertung $B : B(\neg \alpha) = 1$ und damit $\exists$ Bewertung $B : B(\alpha) = 0$.

Nach Voraussetzung ist aber α eine Tautologie, d.h. $\forall$ Bewertungen $B : B(\alpha) = 1$. Aus diesem Widerspruch erhalten wir dann $\vdash \alpha$.

Nun zum ausgesparten Beweis der Behauptung am Anfang des obigen Beweises. Wir sagen, eine Menge M von Formeln ist kontradiktorisch (kd M), falls $\forall \alpha : M \vdash \alpha$.

Sei M eine nicht-kontradiktorische Formelmenge, d.h. $\exists \, \beta$ mit M $\nvdash \beta$. Wir nehmen nun zu M alle Formeln in einer festen Reihenfolge hinzu, so daß die resultierende Menge nicht-kontradiktorisch bleibt.

Dazu seien alle Formeln durchnumeriert : $\alpha_0, \alpha_1, \alpha_2 \cdots$.

Sei $M_0 := M$, dann sei

$$M_{n+1} := \begin{cases} M_n, & \text{falls kd } (M \cup \{\alpha_n\}) \\ M_n \cup \{\alpha_n\}, & \text{sonst} \end{cases}$$

$$M^* := \bigcup_{n \in \mathbb{N}} M_n$$

M^* ist dann dann eine maximal nicht kontradiktorische Menge, für die gilt :

(1) $\forall n : M_n \subseteq M^*$

(2) nicht kd (M_n)

(3) nicht kd (M^*)

(4) $\forall \alpha (\alpha \notin M^* \Rightarrow \text{kd}(M^* \cup \{\alpha\}))$

(5) $\forall \alpha (\alpha \in M^* \text{ gdw } M^* \vdash \alpha)$

(6) $\forall \alpha (\neg \alpha \in M^* \text{ gdw } \alpha \notin M^*)$

(7) $\forall \alpha, \beta ((\alpha \vee \beta) \in M^* \text{ gdw } (\alpha \in M^* \text{ oder } \beta \in M^*))$

Definieren wir $B(a) = 1$ gdw $a \in M^*$ für alle Atome a, dann ist B eine Bewertung von M wegen (6) und (7). \hfill q.e.d.

3.1.5 Normalformen

In vielen praktischen Anwendungen, wie z.B. Prolog, besitzen Formeln eine bestimmte syntaktische Struktur. Wir wollen nun eine Reihe von Normalformen vorstellen, um zum Schluß Prolog-Programme als Formeln einer bestimmten Form zu charakterisieren. Dazu benötigen wir wieder einige neue Begriffe.

Ein *Literal* ist ein negiertes oder nichtnegiertes Atom. Eine *Klausel* (clause) ist eine Disjunktion von Literalen, z.B. $(a \vee b \vee \neg d)$.

Eine Formel α ist nun in *konjunktiver Normalform* (KNF) genau dann, wenn α eine Konjunktion von Klauseln ist.

Beispiel 3.5 :

$(a \vee b \vee c) \wedge (\neg a \vee c) \wedge (d \vee \neg c \vee b)$ ist in KNF.

Jede Formel läßt sich nun in eine äquivalente Formel in konjunktiver Normalform umformen. Dazu geben wir einen Algorithmus an, der in Kapitel 13 als Prolog-Programm realisiert ist.

Algorithmus "KNF" :

a) eliminiere $\leftrightarrow$:
   ersetze $\alpha \leftrightarrow \beta$ durch $(\alpha \rightarrow \beta) \wedge (\beta \rightarrow \alpha)$;

b) eliminiere $\rightarrow$:
   ersetze $\alpha \rightarrow \beta$ durch $\neg \alpha \vee \beta$;

c) ziehe die Negation nach innen :
   ersetze $\neg(\alpha \wedge \beta)$ durch $\neg \alpha \vee \neg \beta$;
   ersetze $\neg(\alpha \vee \beta)$ durch $\neg \alpha \wedge \neg \beta$;
   ersetze $\neg(\neg \alpha)$ durch α ;

d) multipliziere aus (Distributivgesetz) :
   wende das Distributivgesetz an
   $(\alpha \wedge \beta) \vee \sigma \equiv (\alpha \vee \sigma) \wedge (\beta \vee \sigma)$.

Analog zur konjunktiven Normalform definieren wir die disjunktive Normalform (DNF). Eine Formel α ist in *disjunktiver Normalform* genau dann, wenn α eine Disjunktion von Konjunktionen ist.

Beispiel 3.6 :

$$(a \wedge b) \vee (\neg a \wedge d \wedge \neg f) \vee g \quad \text{ist in DNF.}$$

In Hinblick auf Prolog schränken wir die Struktur der Formeln noch weiter ein.
Eine Formel α ist in *Horn-Form* genau dann, wenn α in konjunktiver Normalform ist und jede Klausel höchstens ein nichtnegiertes Literal enthält.

Beispiel 3.7 :

$$(a \vee \neg b \vee \neg c) \wedge (\neg a \vee b \vee \neg e) \quad \text{ist in Horn − Form,}$$
$$(\neg a \vee \neg b) \wedge (a \vee \neg c \vee f) \quad \text{ist nicht in Horn − Form.}$$

Erinnern wir uns an die Struktur der Fakten und Regeln in Prolog. Ein aussagenlogisches Faktum ist ein Atom und eine Regel $A \leftarrow B_1, \cdots, B_n$ ist eine Klausel $A \vee \neg B_1 \vee \cdots \vee \neg B_n$.

Eine Hornformel enthält maximal ein nichtnegiertes Literal, kann aber auch aus negierten Literalen allein bestehen, z.B. $\neg a \vee \neg b \vee \neg c$.

Deshalb sagen wir eine Formel α besteht aus *Programm-Klauseln* genau dann, wenn α in Horn-Form ist und jede Klausel ein nichtnegiertes Literal enthält. Für den Begriff Programm-Klausel wird in der Literatur häufig auch die Bezeichnung *definite Horn-Klausel* verwandt.

Das nichtnegierte Literal in der Klausel bezeichnen wir als *Kopf* der Klausel und den Rest als *Rumpf*.

46 Elementare Prädikatenlogik

Nehmen wir zu einer Prolog-Formel α die Frage a hinzu, so gilt : $\alpha \models$ a gdw $(\alpha \wedge \neg a)$ widerspruchsvoll ist.

$\neg$ a ist nach unserer Definition eine Horn-Klausel, aber keine Programm-Klausel. Horn-Klauseln ohne ein nichtnegiertes Literal bezeichnen wir auch als *Ziel-Klauseln*.

3.1.6 Resolution

Wie kann man nun mit syntaktischen Mitteln feststellen, ob $\alpha \models$ a gilt ?
Für praktische Anwendungen wählen wir nicht die Regel (MP), sondern benutzen die sogenannte Resolution.

Gegeben seien zwei Klauseln $\alpha_1 \vee$ a und $\alpha_2 \vee \neg$a , dann ist die Regel *Resolution (Res)* definiert durch :

$$\frac{(\alpha_1 \vee a) , (\alpha_2 \vee \neg a)}{(\alpha_1 \vee \alpha_2)} \quad (Res)$$

Die aus $(\alpha_1 \vee$ a) und $(\alpha_2 \vee \neg$ a) mit Hilfe der Regel (Res) gewonnene Klausel $(\alpha_1 \vee \alpha_2)$ bezeichnen wir als *Resolvente*. Es gilt natürlich $(\alpha_1 \vee$ a$), (\alpha_2 \vee \neg$a$) \models (\alpha_1 \vee \alpha_2)$. Falls α_1 und α_2 leer sind, erhalten wir als Resolvente die *leere Klausel*, die wir im weiteren mit $\sqcup$ bezeichnen. Man erkennt sofort, daß die Resolution (Res) angewandt auf Horn-Klauseln wieder eine Horn-Klausel ergibt.

Als eine andere Darstellung von $\alpha_1 \wedge \cdots \wedge \alpha_n$ mit den Klauseln α_i $(1 \leq i \leq n)$ wird auch die Mengenschreibweise $\{\alpha_1, \cdots, \alpha_n\}$ benutzt. Im folgenden werden wir beide Notationen verwenden.

Durch Anwendung der Resolution erhalten wir ausgehend von einer Menge M von Klauseln neue Klauseln. Wir vereinbaren als Schreibweise M $\vdash_{Res} \beta$, falls wir mit Hilfe von Anwendungen der Resolution (Res) nach endlich vielen Schritten, ausgehend von M, die Formel β erhalten können.

Ein wichtiger Satz besagt nun, daß eine Menge von Klauseln genau dann widerspruchsvoll ist, wenn die Resolution angewandt auf M zur leeren Klausel $\sqcup$ führt.

<u>Satz 3.5</u>

Sei F eine Menge von Klauseln, dann gilt :
F $\models$ b gdw widerspruchsvoll (F$\wedge \neg$ b) gdw F $\vdash_{Res} \sqcup$.

Beweis : Es bleibt zu zeigen : Widerspruchsvoll (F $\wedge \neg$ b) gdw F $\vdash_{Res} \sqcup$, wegen Lemma 3.2. Es sei M := $\{F, \neg b\}$. Ist aus M die leere Klausel mit Hilfe der Resolution herleitbar, so kann dies nur über eine Anwendung der Resolution auf σ und $\neg \sigma$ gelungen sein, wobei σ nicht leer ist. Damit erhalten wir dann M $\models \sigma$ und M $\models \neg \sigma$. M ist also widerspruchsvoll.

Umgekehrt nehmen wir nun an, M sei widerspruchsvoll. Seien $a_1, \cdots, a_n$ die Atome von M. Dann definieren wir für $0 \leq j \leq n$:

$$E_j = \{\text{Klausel K} : \text{K enthält nur Literale } a_i \text{ oder } \neg a_i \ (1 \leq i \leq j)\}$$

Dann erhalten wir sofort $\exists\, m : M \cap E_m$ ist widerspruchsvoll.

Wir beweisen nun durch Induktion

$$\forall j (0 \leq j \leq m) \ \forall \text{ Bewertungen B } \exists \kappa \in E_j (M \vdash_{\overline{Res}} \kappa, B(\kappa) = 0)$$

Der Induktionsanfang $j = m$ folgt aus $M \cap E_m$ ist widerspruchsvoll. Die Induktion verläuft von m nach 0.

Wir zeigen die Induktion mit einem indirekten Beweis. Dazu nehmen wir an :

(*) $\qquad \exists j\ (0 \leq j \leq m)\ \exists$ Bewertungen B $\forall \kappa \in E_j (M \vdash_{\overline{Res}} \kappa$ und $B(\kappa) = 1)$

Die obige Bewertung B erweitern wir nun zu

$$B_1(a_{j+1}) = 1, \text{ sonst wie B}$$

$$B_0(a_{j+1}) = 0, \text{ sonst wie B}.$$

Nach Induktionsvoraussetzung gilt

$$\exists \kappa_0, \kappa_1 \in E_{j+1} (M \vdash_{\overline{Res}} \kappa_i, B_i(\kappa_i) = 0, i = 0, 1)$$

κ_0 und κ_1 müssen a_{j+1} oder $\neg a_{j+1}$ enthalten, da sonst $B_1(\kappa_1) = B(\kappa_1) = 1$ oder $B_0(\kappa_0) = B(\kappa_0) = 1$ gelten würde. Außerdem gilt :

$$(\alpha_1 \vee \neg a_{j+1}) \equiv \kappa_1, \text{ wegen } B_1(a_{j+1}) = 1 \text{ für ein } \alpha_1 \in E_j.$$
$$(\alpha_0 \vee a_{j+1}) \equiv \kappa_0, \text{ wegen } B_0(a_{j+1}) = 0 \text{ für ein } \alpha_0 \in E_j.$$

Wenden wir nun die Resolution auf κ_0 und κ_1 an, so erhalten wir

$$\frac{(\alpha_1 \vee \neg a_{j+1}), (\alpha_0 \vee a_{j+1})}{(\alpha_1 \vee \alpha_0)} \quad \text{(Res)}$$

$(\alpha_0 \vee \alpha_1) \in E_j$ und $B(\alpha_0 \vee \alpha_1) = 0$, wegen

$$B(\alpha_1) = B(\kappa_1) \text{ und } B(\alpha_0) = B(\kappa_0)$$

Das ist aber ein Widerspruch zur Annahme (*). Damit haben wir unsere Behauptung gezeigt. Für $j = 0$ erhalten wir dann $M \vdash_{\overline{Res}} \sqcup$. \hfill q.e.d.

Bevor wir genauer den Zusammenhang zwischen Prolog und Logik vorstellen, wollen wir noch näher auf verschiedene Varianten der Resolution eingehen.

Unit – Resolution :

Die Idee ist, eine Klausel nur mit einem Literal (Unit) zu resolvieren. Als Regel geschrieben

$$\frac{a, \ \alpha \vee \neg a \vee \beta}{\alpha \vee \beta} \quad (U-Res),$$

wobei a ein Literal und α, β Disjunktionen sind. Für Horn-Formeln kann man nun den einfach zu beweisenden Satz zeigen.

Satz 3.6

Sei α eine Menge von Horn-Klauseln und b ein Literal, dann gilt :

$$\alpha \models b \text{ gdw } \alpha \cup \{\neg b\} \vdash_{U-Res} \sqcup.$$

Die Anwendung der Unit-Resolution wollen wir an einem Beispiel verdeutlichen.

Beispiel 3.8 :
Sei $\alpha \equiv \{(a \vee \neg b), (b \vee \neg c), (f \vee \neg g), c\}$ und die Frage sei, ob $\alpha \models a$ gilt. Wir versuchen, mit Hilfe der Unit-Resolution aus $\alpha \cup \{\neg a\}$ die leere Klausel $\sqcup$ zu erzeugen. Eine mögliche Anwendungsfolge ist

$$\frac{\neg a, \ a \vee \neg b}{\frac{\neg b, \ b \vee \neg c}{\frac{\neg c, \ c}{\sqcup.}}}$$

Es gilt also $\alpha \models a$.

Interpretiert werden kann die Unit–Resolution auch als eine Vorgehensweise, mit Fakten (Units) solange zu kürzen, bis ein Widerspruch (leere Klausel) entsteht oder eine Kürzung nicht mehr möglich ist. Die Reihenfolge der Anwendungen spielt bis auf Effizienz keine Rolle.

Beispiel 3.9 :

$\alpha \equiv$					
t← b , c	t← b , c	t← b , c	t← b	t	
b← d	b← d	b	b	b	
d	d	d	d	d	$\sqcup$
c	c	c	c	c	
folgt t?	¬ t	¬ t	¬ t	¬ t	

$\alpha \models t$ gdw $\alpha \cup \{\neg t\} \vdash_{U-Res} \sqcup$.

Die zweite Spalte entsteht durch Hinzunahme von ¬ t zu α. Die dritte Spalte ist das Ergebnis der Unit-Resolution auf d und b ← d. Schließlich erhalten wir t und ¬ t und damit die leere Klausel.

Bemerkung: Die Beschränkung auf Horn-Formeln ist für die Unit-Resolution wesentlich, denn es gilt beispielsweise :

$$\{(a \lor b), (a \lor \neg b), (\neg a \lor b), (\neg a \lor \neg b)\} \models \{a, \neg a\} \models c \ , \ \text{aber}$$
$$\{(a \lor b), (a \lor \neg b), (\neg a \lor b), (\neg a \lor \neg b), \neg c\} \not\vdash_{U-Res} \sqcup.$$

SLD – Resolution :

Wie schon erwähnt hat eine Programm-Klausel die Form $a \leftarrow b_1, \ldots, b_n$, wobei evtl. $b_1, \ldots b_n$ fehlen können. Solche Klauseln werden als definite Horn-Klauseln bezeichnet.

Horn-Klauseln, die kein nichtnegiertes Literal enthalten, haben die Form $\neg a_1 \lor \ldots \lor \neg a_n$ und werden im weiteren $\leftarrow a_1, \ldots, a_n$ geschrieben. Diese Klauseln bezeichnen wir als Ziel-Klauseln.

Die SLD-Resolution ist dann das folgende Verfahren, das aus einer Programm-Klausel und einer Ziel-Klausel eine neue Ziel-Klausel erzeugt.

$$\frac{\leftarrow a_1, \ldots, a_i, \ldots, a_n \ , \ a_i \leftarrow b_1, \ldots, b_n}{\leftarrow a_1, \ldots, a_{i-1}, b_1, \ldots, b_n, a_{i+1}, \ldots, a_n} \quad \text{(SLD)}$$

In der obigen Regel ist das i-te Literal der Zielklausel resolviert werden.

Für Horn-Klauseln, d.h. Programm-Klauseln und Ziel-Klauseln, läßt sich die folgende Aussage beweisen.

Satz 3.7

Sei α eine Menge von Horn-Klauseln und b ein Literal, dann gilt :
$\alpha \models b$ gdw. $\alpha \cup \{\leftarrow b\} \vdash_{SLD-Res} \sqcup$.

Sei beispielsweise $\{f, d, (c \leftarrow f), (a \leftarrow c, d)\}$ ein Programm und wir fragen, ob a folgt, so können wir durch Anwendung der SLD-Resolution die leere Klausel erzeugen.

Die Frage nach a wird zum Ziel $\leftarrow a$.

$$\frac{\leftarrow a \ , \ (a \leftarrow c, d)}{\frac{(\leftarrow c, d) \ , \ (c \leftarrow f)}{\frac{(\leftarrow f, d) \ , \ d}{\frac{(\leftarrow f) \ , \ f}{\sqcup}}}}$$

a folgt also aus dem Programm.

Durch die SLD-Resolution ist nicht festgelegt worden, welche Klauseln in welcher Reihenfolge resolviert werden.

Der Prolog-Algorithmus versucht ausgehend vom Ziel die SLD-Resolution anzuwenden. Dabei wird jeweils das erste Literal der Zielklausel mit dem Kopf der obersten passenden Programm-Klausel resolviert und auf diese Weise versucht, die leere Klausel zu erzeugen.

Wollen wir also wissen, ob aus einem Programm α das Atom a folgt, so versucht der Prolog-Algorithmus durch die Anwendung der SLD-Resolution auf $\alpha \cup \{\leftarrow a\}$ mit dem Ziel $\leftarrow a$ die leere Klausel zu generieren.

Ist das Ergebnis die leere Klausel, so folgt a aus α und wir erhalten die Antwort *yes*. Bricht der Algorithmus ab, ohne die leere Klausel gefunden zu haben, so folgt a nicht aus α. Es sei an dieser Stelle schon erwähnt, daß der Prolog-Algorithmus in Schleifen geraten kann und damit keine Auskunft über die Folgerung liefert (siehe Beispiel 3.12). Ebenso ist die Reihenfolge der Programm-Klauseln von Bedeutung für die Antwort. Eine Permutation der Klauseln kann eine Schleife bewirken, wo früher ein *yes* oder *no* resultierte, es kann aber nicht vor der Vertauschung *yes* und nach der Vertauschung *no* erscheinen.

Es gilt somit für das Problem $\alpha \models a$?

- liefert der Prolog-Algorithmus *yes*, dann $\alpha \models \alpha$,
- erhalten wir *no*, dann $\alpha \not\models a$,
- läuft der Algorithmus in eine Schleife, so kann $\alpha \models a$ oder $\alpha \not\models a$ gelten.

Bemerkung : Die Ursache für diese Unvollständigkeit ist die Kontrollstrategie für die Auswahl der Klauseln und Ziele, wie wir sie im Prolog-Algorithmus vorfinden.

3.1.7 Prolog-Algorithmus

Wie wir gesehen haben, läßt sich der Prolog-Algorithmus folgendermaßen charakterisieren :

- Kalkül : Resolution
- Resolutionsverfahren : SLD-Resolution
- Kontrollstrategie : Depth-First-Search mit Backtracking.

Bei dem Versuch, die leere Klausel zu erzeugen, wird das erste Literal der Ziel-Klausel mit einer Klausel im Programm resolviert. Dazu wird die von oben gesehen erste mögliche Klausel ausgewählt. Dann wird mit der resultierenden Ziel-Klausel weitergearbeitet, also mit dem ersten Literal der neuen Ziel-Klausel. Ist dies nicht möglich oder führt dieser Weg nicht zum Ziel, der leeren Klausel, so wird anstelle der zuletzt gewählten Klausel die nächste Klausel versucht.

Wir suchen also nach einer Herleitung für die leere Klausel mit dem *Depth-first-search* Verfahren mit *Backtracking*.

Eine Möglichkeit, das Verfahren zu verdeutlichen, besteht in der Darstellung des *Entscheidungsbaumes*.

Alle Regeln seien durchnumeriert. An den Knoten des Baumes steht dann die jeweilige Ziel-Klausel. Der Baum wird nun mit dem Depth-first-search Verfahren abgearbeitet, d.h. von oben nach unten und dann von links nach rechts. Das erste Ziel in den Knoten wird dabei mit dem Kopf der entsprechenden Regel resolviert.

Beispiel 3.10 :

1 : d
2 : a ← c, b
3 : a ← f, g
4 : g
5 : c ← d
6 : f
?- a
yes

d
$a \lor \neg c \lor \neg b$
$a \lor \neg f \lor \neg g$
g
$c \lor \neg d$
f
$\neg a$
gdw widerspruchsvoll
gdw Resolution führt zur leeren Klausel

```
                         ← a
                       2/    \3
                   ← c,b      ← f,g
                  5/   \        \6
              ← d,b              ← g
              1/                   \4
            ← b                     ☐
  Keine Klausel für b           Leere Klausel
  deshalb Backtracking
```

52 Elementare Prädikatenlogik

Beispiel 3.11 :
Für das folgende Programm mit Frage nach a erhalten wir dann :

1 :   a ← c, b
2 :   b
3 :   c ← f
4 :   c ← d
5 :   d
      ?- a   (← a)

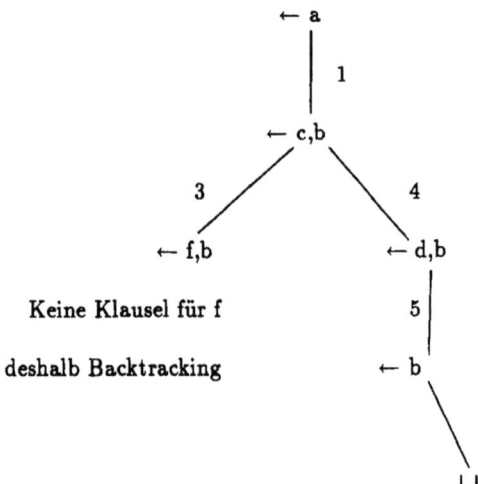

Am nächsten Beispiel sehen wir sofort, daß die Reihenfolge der Klauseln für dieses Verfahren von entscheidender Bedeutung sein kann.

Beispiel 3.12 :

1 :   a ← b
2 :   b ← a
3 :   b

      ?- a   (← a)

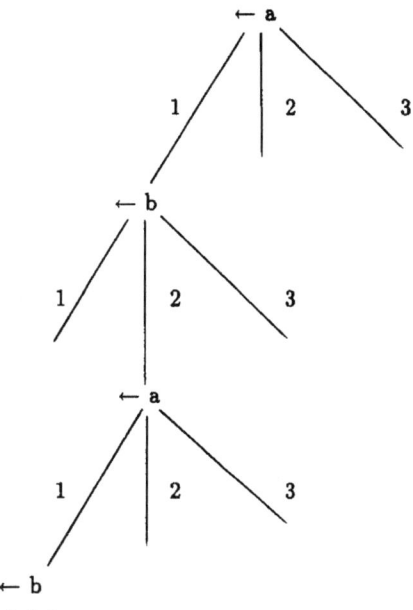

Der Entscheidungsbaum ist in diesem Fall nicht endlich. Der beschriebene Prolog-Algorithmus kommt aufgrund der Reihenfolge der Klauseln nicht zum Ziel.

Setzen wir dagegen das Faktum b an den Anfang der Formel, so erhalten wir nach zwei Schritten die leere Klausel, also die Antwort, daß a aus der Formel folgt.

Ein Pascal-Programm, welches einen Prolog-Interpreter für zyklenfreie aussagenlogische Programme simuliert, ist sehr schnell erstellt. Der Einfachheit halber haben wir uns auf Kleinbuchstaben als Bezeichner für die aussagenlogischen Variablen beschränkt. Als Datenstruktur haben wir Listen gewählt, in denen die einzelnen Klauseln abgespeichert sind. Diese Klausellisten sind dann an den Köpfen der Klauseln miteinander verbunden.

Für das Programm im Beispiel 3.11 erhalten wir dann die Struktur :

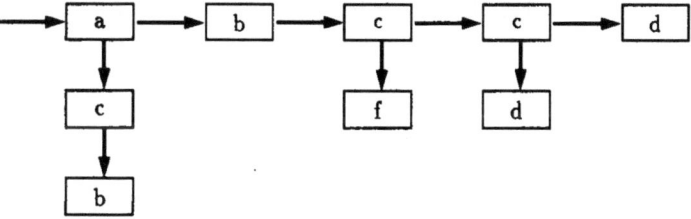

54 Elementare Prädikatenlogik

Hierfür werden im Pascal-Programm folgende Datenstrukturen vereinbart:

```
type regelzeiger = ^regel;              { Verweis auf eine Regel }
     rumpfzeiger = ^rumpfteil;          { Verweis auf einen Rumpfteil }
     regel       = record
                    kopf              : char;        { Aussagenlogische Variable
                                                       a .. z , stellt den Kopf
                                                       der Regel dar }
                    naechste_regel    : regelzeiger; { Verweis auf die naechste
                                                       Regel im Programm }
                    rumpfanfang       : rumpfzeiger; { Verweis auf das erste
                                                       Rumpfteil dieser Regel }
                   end;
     rumpfteil   = record
                    atom              : char;        { Aussagenlogische Variable
                                                       a .. z , stellt eine
                                                       Praemisse der Regel dar }
                    naechstes_rumpfteil : rumpfzeiger; { Verweis auf die
                                                         naechste Praemisse
                                                         der Regel }
                   end;
```

Das Kernstück des Programmes ist dann die folgende rekursive Funktionsprozedur, die wir *frage* genannt haben.

Die Parameter dieser Funktionsprozedur sind:

- Der gesuchte Regelkopf und damit zugleich die aussagenlogische Variable a .. z , die wir herleiten wollen.
- Ein Verweis auf die erste noch nicht bearbeitete Regel des Prolog-Programmes.
- Ein Verweis auf den Anfang, d.h. die erste Regel des Prolog-Programmes.

Das Ergebnis von *frage* ist dann *true*, falls sich in den noch nicht bearbeiteten Regeln eine Regel mit dem gesuchten Kopf befindet, deren Prämissen alle erfüllt sind.

Der Prolog-Frage

    ?- a.

entspricht dann also das Pascal-Programmstück

```
if frage('a', programmanfang, programmanfang)
  then writeln('yes')
  else writeln('no');
```

Das Prolog-Programm wird nun ab der ersten noch nicht bearbeiteten Regel nach einer passenden Regel durchsucht, d.h. einer Regel, deren Kopf gleich dem gesuchten Kopf ist. Wurde keine passende Regel gefunden, so bringt *frage* als Ergebnis false, sonst werden alle Prämissen der Regel mit der Funktionsprozedur *frage* auf ihre Erfüllbarkeit hin abgearbeitet, wobei wieder ab dem Programmanfang nach passenden Regeln für die jeweilige Prämisse gesucht wird. Wurden alle Prämissen erfolgreich abgefragt, so bringt *frage* das Ergebnis true. Dasselbe gilt natürlich auch, wenn es sich bei dieser Regel um ein Faktum handelt, also keine Prämissen abzufragen sind. War jedoch die Bearbeitung einer Prämisse nicht erfolgreich, so ist diese Regel nicht erfüllt und durch einen rekursiven Aufruf von *frage* wird getestet, ob hinter der gerade bearbeiteten Regel eine weitere passende Regel steht, deren Prämissen erfüllt sind.

Die rekursive Funktionsprozedur *frage*, die mit der oben angegebenen Datenstruktur arbeitet, sieht dann in Pascal folgendermaßen aus :

```
function frage (gesuchter_kopf : char;
                restliche_regeln, programmanfang : regelzeiger) : boolean;
{ Das Ergebnis von frage ist true, falls sich in den restlichen Regeln
  eine Regel mit dem gesuchten Kopf befindet, die erfolgreich ist. }
var    aktuelle_regel : regel_zeiger;    { Verweis auf die gerade aktuelle Regel }
       rumpfelement : rumpfzeiger;       { Verweis auf das aktuelle Rumpfelement }
       gefunden, erfolgreich : boolean;
begin
   aktuelle_regel := restliche_regeln;
   { Mit der ersten noch nicht abgearbeiten Regel wird begonnen }
   gefunden := false;

   { Die noch nicht abgearbeiteten Regeln werden nach der naechsten
     passenden Regel dursucht. }
   while (aktuelle_regel<>nil) and not gefunden do
      if  aktuelle_regel^.kopf = gesuchter_kopf
          then gefunden := true
          else aktuelle_regel := aktuelle_regel^.naechste_regel;

   if gefunden
      then { Es wurde eine passende Regel gefunden. }
      begin

         { Mit dem ersten Rumpfelement beginnend werden nun die einzelnen
           Teile des Rumpfes abgefragt }
         rumpfelement := aktuelle_regel^.rumpfanfang;
         erfolgreich := true;
```

```
            while (rumpfelement<>nil) and erfolgreich do
            begin
                erfolgreich := frage(rumpfelement^.atom, programmanfang,
                                    programmanfang);
                rumpfelement := rumpfelement^.naechstes_rumpfteil;
            end;

            if erfolgreich
                then
                    { Alle Rumpfteile wurden erfolgreich abgefragt }
                    frage := true
                else
                    { Diese Regel konnte nicht erfolgreich abgefragt werden, deshalb
                      wird frage auf die noch verbleibenden unbearbeiteten Regeln
                      angewandt }
                    frage := frage (gesuchter_kopf, aktuelle_regel^.naechste_regel,
                                    programmanfang);
        end
        else { Es wurde keine passende Regel gefunden }
            frage := false;
end;
```

3.2 Prädikatenlogik

Wir werden in diesem Abschnitt wieder so vorgehen wie in der Aussagenlogik. Zuerst geben wir die Syntax der Prädikatenlogik 1. Stufe an, anschließend stellen wir die Semantik vor. Im dritten Teil geben wir dann einige Resultate in Bezug auf Äquivalenz der Syntax und der Semantik, Modelleigenschaften und Komplexität an.

Schließlich gehen wir dann auf die Struktur von Programmen und deren Verarbeitung ein. Wir haben dabei weitgehend auf Beweise verzichtet. Der interessierte Le ser findet im Literaturverzeichnis eine Reihe von Büchern über Logik und Logik-Programmierung, in denen weiterreichende Untersuchungen und die Beweise enthalten sind.

3.2.1 Syntax

Der Zeichenvorrat der Prädikatenlogik besteht aus :

1. Individuenvariablen : $X, Y, Z, X_1, X_2, \cdots, Y_1, \cdots, Z_1, \cdots$

2. Individuenkonstanten : $a, b, c, a_1, \cdots, b_1, \cdots, c_1, \cdots$

3. Funktionssymbolen : $f, g, h, f_1, \cdots, g_1, \cdots, h_1, \cdots$

4. Prädikatssymbolen : $p, q, r, r_1, \cdots, q_1, \cdots, r_1, \cdots$

5. Negation : $\neg$

6. Disjunktion und Konjunktion : $\vee, \wedge$

7. Existenz-Quantor : $\exists$

8. All-Quantor : $\forall$

Im Gegensatz zur üblichen Notation haben wir in Anlehnung an Prologdie Variablen groß und die Prädikatssymbole klein geschrieben.

Terme, Primformeln und Formeln werden dann induktiv definiert durch :

Terme :

1. Jede Individuenvariable ist ein Term.

2. Jede Individuenkonstante ist ein Term.

3. $f(t_1, \cdots, t_n)$ ist ein Term, falls f ein n-stelliges Funktionssymbol ist und $t_1, \cdots, t_n$ Terme sind.

4. Nur so gebildete Zeichenketten sind Terme.

Primformeln :

1. $p(t_1, \cdots, t_n)$ ist eine Primformel, falls p ein n-stelliges Prädikatssymbol ist und $t_1, \cdots, t_n$ Terme sind.

Formeln :

1. Primformeln sind Formeln
2. $\neg \alpha$ ist eine Formel, falls α eine Formel ist.
3. $(\alpha \vee \beta)$ ist eine Formel, falls α und β Formeln sind.
4. $(\alpha \wedge \beta)$ ist eine Formel, falls α und β Formeln sind.
5. $\exists X \alpha$ ist eine Formel, falls α eine Formel und X eine Individuenvariable ist.
6. $\forall X \alpha$ ist eine Formel, falls α eine Formel und X eine Individuenvariable ist.
7. Nur so gebildete Zeichenketten sind Formeln.

Die Bindungsbereiche der Quantoren ergeben sich aus der in der Definition aufgrund von (3) und (4) verwendeten Klammerung.

Sind in einer Formel α alle Variablen durch Quantoren gebunden, gibt es also keine "freien" Variablen, dann wird α auch als *geschlossene Formel* bezeichnet.

Analog zur Aussagenlogik führen wir wieder einige Abkürzungen und Bindungsregeln ein :

$\alpha \rightarrow \beta$ bezeichnet $\neg \alpha \vee \beta$,

$\alpha \leftrightarrow \beta$ bezeichnet $(\alpha \rightarrow \beta) \wedge (\alpha \leftarrow \beta)$,

$\exists$ und $\forall$ binden stärker als $\neg$,

$\neg$ bindet stärker als $\wedge$,

$\wedge$ bindet stärker als $\vee$.

Die Aussagenlogik ist nicht explizit als Teil der Prädikatenlogik eingeführt worden. Dies ist auch nicht notwendig, denn die Teilsprache, die keine Funktionsymbole, keine Individuenkonstanten und –variablen und nur 0-stellige Prädikatssymbole enthält, ist gerade die Aussagenlogik. Die Quantoren sind in diesem Fall überflüssig.

Wir könnten jetzt wieder Axiome und Regeln für die Einführung eines syntaktischen Folgerungsbegriffs angeben. Für unsere späteren Untersuchungen sind diese Axiome und Regeln aber nicht von Bedeutung. Festzuhalten bleibt nur, daß analog zur Aussagenlogik ein natürlicher Herleitungsbegriff existiert. $M \vdash \alpha$ besagt dann, daß aus der Menge M von Formeln zusammen mit den Axiomen die Formel α durch Anwendung der Regeln syntaktisch erzeugt werden kann.

Analog gilt dann auch das Deduktionstheorem :

Satz 3.8 (Deduktionstheorem)

Sei α eine geschlossene Formel, dann gilt :

$$M \cup \{\alpha\} \vdash \beta \text{ gdw } M \vdash \alpha \rightarrow \beta$$

3.2.2 Semantik

Die Formeln sind bisher nichts anderes als Zeichenreihen ohne inhaltliche Bedeutung. Im Fall der Aussagenlogik wurde durch die Bewertung, der Zuordnung von wahr und falsch, eine Semantik erklärt. In der Prädikatenlogik müssen wir nun für die Prädikats- bzw. Funktionssymbole geeignete Relationen bzw. Funktionen über einem noch festzulegenden Bereich von Individuen finden.

Die Formel $\forall X\, \exists Y\, p(X,Y)$ könnten wir z.B. interpretieren, indem wir als Bereich die natürlichen Zahlen und als Relation $P = \{(x,y) : x = y + 1\}$ festlegen.

Im Folgenden legen wir nun fest, was wir unter einer Interpretation verstehen.

Sei L eine Teilsprache der Prädikatenlogik mit

Individuenkonstanten $a_1, \cdots, a_n$

Funktionssymbolen $f_1^{r_1}, \cdots, f_t^{r_t}$ mit Stelligkeiten $r_1, \cdots r_t$

Prädikatssymbolen $p_1^{l_1}, \cdots, p_m^{l_m}$ mit Stelligkeiten $l_1, \cdots, l_m$

Eine zu L *passende Algebra* $A = (\omega(A), a_1, \cdots, a_n, f_1^{r_1}, \cdots, f_t^{r_t}, p_1^{l_1}, \cdots, p_m^{l_m})$ besteht dann aus einem nichtleeren Bereich von

Individuen	$\omega(A)$
Konstanten	$a_1, \cdots, a_n \subseteq \omega(A)$
Abbildungen	$f_i^{r_i} : \omega(A)^{r_i} \to \omega(A) \quad (1 \leq i \leq t)$
Relationen	$p_j^{l_j} \subseteq \omega(A)^{l_j} \quad (1 \leq j \leq m)$

Eine Algebra A ist *passend* zu einer Sprache L, falls die Anzahl und die Stelligkeit der Symbole von L und der Algebra A in der entsprechenden Reihenfolge übereinstimmen.

Eine *Interpretation* $\Im$ der Sprache L in A ist dann eine Abbildung $\Im$ von L in die Algebra A :

1. Für alle Individuenvariablen $X : \Im(X) \in \omega(A)$.

2. Für alle Individuenkonstanten $a_i : \Im(a_i) = a_i \quad (1 \leq i \leq n)$.

3. $\Im(f_i^{r_i}) = f_i^{r_i} \quad (1 \leq i \leq t)$.

4. $\Im(p_j^{l_j}) = p_j^{l_j} \quad (1 \leq j \leq m)$.

Eine Interpretation läßt sich dann kanonisch zu einer Interpretation über Formeln mit Zeichen aus L erweitern.

1. $\forall f\ \forall t_1,\cdots,t_n:\quad \Im(f(t_1,\cdots t_n)) = \Im(f)(\Im(t_1),\cdots,\Im(t_n))$
2. $\forall p\ \forall t_1,\cdots,t_n:\quad \Im(p(t_1,\cdots t_n)) = $ wahr gdw $p(\Im(t_1),\cdots,\Im(t_n))$
3. $\Im((\alpha \wedge \beta)) = $ wahr gdw $\Im(\alpha) = \Im(\beta) = $ wahr
4. $\Im((\alpha \vee \beta)) = $ wahr gdw $\Im(\alpha) = $ wahr oder $\Im(\beta) = $ wahr
5. $\Im(\neg \alpha) = $ wahr gdw $\Im(\alpha) = $ falsch
6. $\Im(\exists X \alpha) = $ wahr gdw es existiert $x \in \omega(A): \Im_X^x(\alpha) = $ wahr
7. $\Im(\forall X \alpha) = $ wahr gdw für alle $x \in \omega(A): \Im_X^x(\alpha) = $ wahr

Hierbei bedeutet $\Im_X^x$, daß die Individuenvariable X als x interpretiert werden muß.

$$\Im_X^x(Y) = \Im(Y) \text{ für } Y \neq X \text{ und } \Im_X^x(X) = x.$$

Beispiel 3.13:

$\alpha \equiv \forall X\ \exists Y\ p(X,Y) \wedge \forall Z\ \big(p(Z,Z) \to p(Z,f(Z))\big) \wedge \neg p(a_1,a_1)$

Eine passende Algebra A ist $(\omega(A), 1, f, p)$ mit

$\omega(A) = \{1,2\}$,
$f(1) = 2,\quad f(2) = 1$,
$p = \{(1,2),(2,1)\}$

Dann gilt: $\Im(\alpha) = $ wahr gdw

1. $\Im(\forall X\ \exists Y\ p(X,Y)) = $ wahr

und

2. $\Im\big(\forall Z\ (p(Z,Z) \to p(Z,f(Z)))\big) = $ wahr

und

3. $\Im(\neg p(a_1,a_1)) = $ wahr

In der Algebra A gilt:

Ad 1: Für alle $x \in \{1,2\}$ existiert ein $y \in \{1,2,\}: (x,y) \in p$

Ad 2: Für alle $z \in \{1,2\}$ gilt: $(z,z) \in p \Rightarrow (z, f(z)) \in p$

Ad 3: Es gilt $(1,1) \notin p$

Mit dieser allgemeinen Form der Interpretation können wir nun einige zentrale Begriffe einführen.

Sei α eine Formel, so gibt es natürlich unendlich viele Sprachen, zu denen α gehört. Im weiteren bezeichne deshalb $L(\{\alpha\})$ die Sprache, die als Zeichenvorrat abgesehen von (5) bis (8) in der Angabe des Zeichenvorrats der Prädikatenlogik nur genau die Zeichen aus α enthält.

Prädikatenlogik 61

Wir definieren nun :

1. α ist *erfüllbar* in der zu $L(\{\alpha\})$ passenden Algebra A – $\mathrm{erf}_A(\alpha)$ – gdw es eine Interpretation $\Im$ von $L(\{\alpha\})$ in A gibt mit $\Im(\alpha) =$ wahr.

2. α ist *erfüllbar* – $\mathrm{erf}(\alpha)$ – gdw es eine zu $L(\{\alpha\})$ passende Algebra A mit $\mathrm{erf}_A(\alpha)$ gibt.

3. α ist *allgemeingültig* (valid) – $\mathrm{val}(\alpha)$ – gdw es für jede passende Algebra A und für jede Interpretation $\Im$ von $L(\{\alpha\})$ in A gilt : $\Im(\alpha) =$ wahr.

4. α heißt *widerspruchsvoll* gdw α nicht erfüllbar ist.

Für geschlossene Formeln ist nur die Algebra, aber nicht die Interpretation entscheidend. Denn alle Variablen sind durch Quantoren gebunden, und die Zuordnung zwischen Prädikats- bzw. Funktionssymbolen und den Relationen bzw. den Abbildungen ist durch die Algebra und die Sprache festgelegt .

Gilt $\mathrm{erf}_A(\alpha)$ für eine Formel α und eine passende Algebra A, so bezeichnen wir A auch als ein Modell von α.

Beispiel 3.14 :

$\mathrm{erf}_A\bigl(\forall X \ \exists Y \ p(X,Y)\bigr)$ mit $A = (\{1,2\},\mathbf{p})$ und $\mathbf{p} = \{(1,2),(2,1)\}$;

$\mathrm{erf}\bigl(\forall X \ \exists Y \ p(X,Y)\bigr)$, denn für die obige Algebra gilt $\mathrm{erf}_A\bigl(\forall X \ \exists Y \ p(X,Y)\bigr)$;

$\mathrm{valid}\Bigl(\forall X \ \bigl(p(X) \vee \neg p(X)\bigr)\Bigr)$;

$\mathrm{widerspruchsvoll}\Bigl(\exists X \ \bigl(p(X) \wedge \neg p(X)\bigr)\Bigr)$.

Schließlich legen wir den semantischen Folgerungsbegriff wie folgt fest :
Sei M eine Menge von Formeln und β eine Formel, so *folgt* β aus M ($M \models \beta$) gdw für jede Algebra A passend zu $L(M \cup \{\beta\})$ und für jede Interpretation $\Im$ von $L(M \cup \{\beta\})$ in A gilt : Aus $\Im(M) =$ wahr folgt $\Im(\beta) =$ wahr.

Als triviale, aber wichtige Folgerung erhalten wir :

Lemma 3.3 : Seien α und β Formeln, so gilt :
$$\mathrm{widerspruchsvoll} \ (\alpha \wedge \neg \beta) \ \ \mathrm{gdw} \ \ \alpha \models \beta.$$

3.2.3 Äquivalenz zwischen Syntax und Sematik

Wie in der Aussagenlogik gelten in der Prädikatenlogik auch der Vollständigkeits- und der Korrektheitssatz. Die Beweise verlaufen ähnlich, sind jedoch technisch aufwendiger. Aus diesem Grund verzichten wir hier auf deren Ausführung.

Satz 3.9 (Vollständigkeitssatz)

Sei M eine Menge geschlossener Formeln, dann gilt : Aus $M \models \alpha$ folgt $M \vdash \alpha$.

Satz 3.10 (Korrektheitssatz)

Sei M eine Menge geschlossener Formeln, dann gilt : Aus $M \vdash \alpha$ folgt $M \models \alpha$.

Um die Möglichkeiten und Grenzen der Prädikatenlogik zumindest anzudeuten, geben wir noch drei weitere wichtige Aussagen an.

Satz 3.11

Jede erfüllbare Formel hat ein abzählbares Modell.

Der Satz zeigt zum einen die Grenzen der Prädikatenlogik, und zum anderen ist er ein Hinweis darauf, daß bei der Konstruktion von Modellen abzählbare Strukturen ausreichen. So sind z.B. die reellen Zahlen als ein überabzählbarer Bereich zur Modellkonstruktion in keinem Fall notwendig. Zum anderen ist ein solcher Bereich nicht in der Sprache der Prädikatenlogik erster Stufe charakterisierbar, ebensowenig wie endliche Bereiche, wie der folgende Satz zeigt.

Satz 3.12

Es gibt keine Menge M von geschlossenen Formeln, so daß gilt :
$\forall$ Algebren A : $\text{erf}_A(M)$ gdw $\omega(A)$ endlich ist.

Die Endlichkeit (von Modellen) kann also in der Prädikatenlogik nicht axiomatisiert werden. Erweitert man die Sprache durch Quantoren über Prädikats- und Funktionssymbole zur Prädikatenlogik 2.Stufe, so ist eine Charakterisierung möglich, aber die Äquivalenz zwischen Syntax und Semantik geht dabei verloren.

Satz 3.13

1) Das Erfüllbarkeitsproblem der Prädikatenlogik ist unentscheidbar.
2) Das Erfüllbarkeitsproblem der Aussagenlogik ist NP-vollständig.

Es gibt also kein effektives Verfahren, welches für eine beliebige Formel α entscheidet, ob α erfüllbar ist. Für die Aussagenlogik reduziert sich die Komplexität auf die NP-Vollständigkeit. Schränken wir die Struktur der aussagenlogischen Formeln ein, z.B. auf Horn-Formeln, so ist das Erfüllbarkeitsproblem in quadratischer Zeit in Abhängikeit von der Länge der Formeln entscheidbar.

3.2.4 Normalformen

Gegenüber der Aussagenlogik müssen wir jetzt in unseren Normalformen auch die Quantoren miteinbeziehen.

Pränexe Normalform

Falls alle Quantoren einer Formel α am Anfang der Formel stehen und ein quantorenfreier Kern folgt, dann ist α in pränexer Normalform gegeben. Dies bedeutet :

$$\alpha \equiv Q_1 X_1 \cdots Q_n X_n \ \beta$$

wobei β quantorenfrei ist, $Q_i (1 \leq i \leq n)$ Quantoren aus $\{\exists, \forall\}$ und $X_1, \cdots, X_n$ Individuenvariablen sind.

Der nachfolgende Algorithmus "Pränex" transformiert eine Formel α in eine äquivalente pränexe Formel.

"Pränex"

Benenne alle Variablen um, so daß verschiedene Quantoren verschiedene Variablen besitzen, die alle von den in β frei vorkommenden Variablen verschieden sind. Dann wende die folgenden Regeln an, bis keine Regel mehr ausführbar ist :

1. Ersetze $(\exists X \alpha) \wedge \beta$ durch $\exists X (\alpha \wedge \beta)$
2. Ersetze $(\forall X \alpha) \wedge \beta$ durch $\forall X (\alpha \wedge \beta)$
3. Ersetze $(\exists X \alpha) \vee \beta$ durch $\exists X (\alpha \vee \beta)$
4. Ersetze $(\forall X \alpha) \vee \beta$ durch $\forall X (\alpha \vee \beta)$
5. Ersetze $\neg \exists X \alpha$ durch $\forall X \neg \alpha$
6. Ersetze $\neg \forall X \alpha$ durch $\exists X \neg \alpha$

Das entsprechende Prolog-Programm für die Umformung in eine pränexe Normalform steht in Kapitel 13.

Skolem Normalform

Wie wir noch sehen werden, sind Existenz-Quantoren für viele Bereiche sehr hinderlich. Indem wir die zugehörigen Existenz-Variablen durch neue Funktionssymbole ersetzen, werden die Quantoren überflüssig. Wir erhalten bei diesem Verfahren zwar eine Formel, die nicht notwendig äquivalent zur Ursprungsformel ist, aber zumindest bleibt die Formel erfüllbarkeitsäquivalent, d.h. die Ursprungsformel ist erfüllbar gdw die umgeformte Formel erfüllbar ist. Benannt ist dieses Verfahren nach dem norwegischen Mathematiker Skolem.

"Skolem"

Sei $\alpha \equiv Q_1 X_1 \cdots Q_n X_n \ \beta$ eine Formel in pränexer Normalform mit quantorenfreiem Kern β und Q_j sei der erste $\exists$-Quantor. Wir wählen dann ein j–1-stelliges neues Funktionssymbol f und ersetzen alle Vorkommen von X_j durch $f(X_1, \cdots, X_{j-1})$. Falls $j = 1$ sein sollte, so wählen wir eine neue Konstante (0–stelliges Funktionssymbol). Anschließend streichen wir $Q_j X_j$ aus der Quantorenfolge.

Dies führen wir solange aus, bis kein Existenz–Quantor mehr vorhanden ist. Die resultierende Formel besitzt dann keine Existenz–Quantoren mehr.

Beispiel 3.15 :
Die folgende Formel ist in pränexer Normalform :

$$\exists X \, \forall Y \, \exists Z \, p(X, Y, Z)$$

Wir erhalten dann mit einer neuen Konstanten c und einem neuen 1–stelligen Funktionssymbol f

$$\forall Y \, p(c, Y, f(Y))$$

als Formel in Skolem Normalform.

Elimination der Gleichheit

In der Definition der Syntax der Prädikatenlogik haben wir bewußt auf das Gleichheitszeichen verzichtet. Im Primformelbildungsprozeß hätten wir dann aufnehmen müssen, daß $t_1 = t_2$ eine Primformel ist, falls t_1 und t_2 Terme sind. Auch für diese Erweiterung läßt sich die Äquivalenz zwischen Syntax und Semantik zeigen.

Wie wir später noch sehen werden, ist die Gleichheit in Prolog als Zielprädikat verboten, d.h. $X = Y \leftarrow p(X, Y)$ ist nicht erlaubt. Dies ist nicht ohne Grund geschehen, denn die Gleichheit wirkt in diesem Fall rückwärts. Für $p(X, Y)$ sind nämlich nur solche Werte korrekt, für die $X = Y$ gilt. Das Gleichheitssymbol läßt sich zwar eliminieren, aber die Prolog–Struktur wird dabei entscheidend verletzt.

"Elimination der Gleichheit"

id sei ein neues 2–stelliges Prädikatssymbol, das in der Formel, die die Gleichheit enthält, nicht auftritt.

Als erstes erweitern wir die Formel um die folgenden Klauseln :
$\forall X \, id(X, X)$
$\forall X \, \forall Y \, \forall Z \, \big((id(X, Y) \land id(Y, Z)) \to id(X, Z)\big)$
$\forall X \, \forall Y \, (id(X, Y) \to id(Y, X))$

und für jedes n–stellige Prädikatssymbol p fügen wir hinzu
$\forall X_1 \cdots X_n Y_1 \cdots Y_n \, \big(id(X_1, Y_1) \land \cdots \land id(X_n, Y_n)\big) \to \big(p(X_1, \cdots, X_n) \leftrightarrow p(Y_1, \cdots, Y_n)\big)$

Anschließend ersetzen wir alle Vorkommen von $X = Y$ durch $id(X, Y)$ und alle Vorkommen von $f(X_1 \cdots X_n) = g(Z_1 \cdots Z_m)$ durch $id(f(X_1, \cdots, X_n), g(Z_1, \cdots, Z_m))$.

Engere Prädikatenlogik

Ebenso wie das Gleichheitssymbol können wir auch die Funktionssymbole ersetzen, indem wir die Graphen der Funktionen durch Prädikate beschreiben.

Sei f ein n-stelliges Funktionssymbol und G_f sei ein neues n+1-stelliges Prädikatssymbol, dann ersetzen wir zuerst

$p(X_1, \cdots, X_{i-1}, f(Z_1, \cdots, Z_n), X_{i+1}, \cdots, X_m)$ durch
$p(X_1, \cdots, X_{i-1}, Y, X_{i+1}, \cdots, X_m) \wedge Y = f(Z_1, \cdots, Z_n)$.

In Primformeln tritt das Funktionssymbol f nun nicht mehr auf. Das Funktionssymbol f liegt dann nur noch in Termgleichungen vor. Diese ersetzen wir nun durch den axiomatisierten Graphen der Funktion:

$\forall X_1 \cdots X_n \exists Y \; G_f(X_1, \cdots, X_n, Y)$,
$\forall X_1 \cdots X_n \; \forall Z \; \forall Y \; \Big((G_f(X_1, \cdots, X_n, Y) \wedge G_f(X_1, \cdots, X_n, Z)) \to Y = Z \Big)$

Prolog

Die prinzipielle Struktur eines Prolog-Programms ist durch die bisher vorgestellten Normalformen noch nicht charakterisiert. Dies soll nun mit Blick auf die in Kapitel 2 vorgestellten Fakten, Regeln und Fragen vorgenommen werden. Zuvor benötigen wir aber wieder etwas Terminologie.

Ein *Literal* besteht aus einer negierten oder nichtnegierten Primformel. Eine *Klausel* ist eine geschlossene Formel $\forall X_1 \cdots X_n (L_1 \vee \cdots \vee L_n)$ mit Literalen $L_1, \cdots, L_n$. Enthält eine Klausel höchstens ein nichtnegiertes Literal, so sprechen wir von einer *Horn-Klausel*.

Existiert in einer Horn-Klausel ein nichtnegiertes Literal, so bezeichnen wir die Klausel als *Programm-Klausel* oder als *definite Horn-Klausel*. Gegenüber den aussagelogischen Programm-Klauseln sind nun Prädikate erlaubt, deren Variablen aber durch All-Quantoren gebunden sein müssen.

Beispiel 3.16 :

$$\forall X \; \forall Y \big(p(X, Y) \vee \neg q(X) \vee \neg r(X, Y) \big)$$

$$\forall X \; p(X, a)$$

sind Programm-Klauseln.

Wie in einem Prolog-Programm schreiben wir für die obigen Klauseln

$$\forall X \; \forall Y \big(p(X, Y) \leftarrow q(X), r(X, Y) \big)$$

$$\forall X \; p(X, a).$$

Wenn wir nur über Programm-Klauseln reden, lassen wir oftmals die All-Quantoren weg.

$$p(X, Y) \leftarrow q(X), r(X, Y)$$

$$p(X, a)$$

Das nichtnegierte Literal wird wieder als *Kopf* und der Rest als *Rumpf* der Klausel bezeichnet. Ist der Rumpf leer, so handelt es sich um eine *Einheits-Klausel* (Unit-Klausel). Ein *Programm* ist dann eine Konjunktion von Programm-Klauseln.

Eine Frage an ein Programm hat die Struktur $\exists X_1 \cdots X_n \; (L_1 \wedge \cdots \wedge L_n)$ für Primformeln $L_1, \cdots, L_n$, ist also in dieser Form keine Programm-Klausel.

Wir kennen schon den Zusammenhang zwischen Folgerung und Inkonsistenz:
$\alpha \models \exists X_1 \cdots X_n (L_1 \wedge \cdots \wedge L_n)$ gdw
widerspruchsvoll$(\alpha \wedge \neg \exists X_1 \cdots X_n (L_1 \wedge \cdots \wedge L_n))$ gdw
widerspruchsvoll$(\alpha \wedge \forall X_1 \cdots X_n (\neg L_1 \vee \cdots \vee \neg L_n))$.

Die Frage wird also zu einer Horn-Klausel, die aber keine Programm-Klausel ist. Wir bezeichnen $\forall X_1 \cdots X_n \; (\neg L_1 \vee \cdots \vee \neg L_n)$ auch als *Ziel-Klausel* und schreiben dafür $\leftarrow L_1, \cdots, L_n$.

Allgemein betrachtet ist also bei der Frage an ein Programm die zugehörige Konjunktion von Horn-Klauseln auf einen Widerspruch zu überprüfen.

Die Vorgehensweise, wie sie in Prolog stattfindet, werden wir im nächsten Abschnitt untersuchen.

3.2.5 Resolution

Im Vergleich zur Aussagenlogik hat die Erweiterung auf die Prädikatenlogik neue Probleme geschaffen und zwar müssen wir uns Gedanken machen, wie die Variablen in den Prädikaten bei der Resolution behandelt werden sollen.

Beginnen wir mit dem kleinen Programm p(a, b) und mit der Frage ?- p(X, Y). Wir haben dann die Formel $\forall X \; \forall Y \; \neg p(X, Y) \wedge p(a, b)$ auf Widerspruch zu testen. Durch die Gleichsetzung von X = a und Y = b erreichen wir einen Widerspruch.

$$\frac{p(a, b), \neg p(X, Y)}{\sqcup} \qquad \text{für } X = a \text{ und } Y = b.$$

Gegenüber der Resolution in der Aussagenlogik müssen wir Variable bzw. Terme gleichsetzen, um zu einem Widerspruch zu gelangen. Die Gleichsetzung geschah in unserem Fall durch die Substitution der Variablen.

Eine *Substitution* $[X_1/t_1, \cdots X_n/t_n]$ für Variablen X_i und Terme t_i $(1 \leq i \leq n)$ ist eine simultane Ersetzung aller Vorkommen von X_i durch den Term t_i.

Beispiel 3.17 :
Die Substitution [X/f(a), Y/Z] angewandt auf p(X, Y) ← q(X, b)
ergibt dann p(f(a), Z) ← q(f(a), b).

Enthalten die Terme in der resultierenden Formel keine Variablen, so sprechen wir auch von einer *Grund-Substitution*. Die obige Substitution ist keine Grund-Substitution, da Z eine Variable ist.

Sei nun E eine endliche Menge von Literalen (negierte oder nichtnegierte Primformeln), dann heißt eine Substitution *sub* ein *Unifikator* für E, falls E *sub* (Substitution sub auf E angewandt) nur noch aus *einer einzigen* Primformel besteht.

Beispiel 3.18 :
E = {p(X, Y), p(f(a), Z), p(V, b)}
[X/f(a), V/f(a), Y/b, Z/b] ist ein Unifikator für E.

Ein Unifikator *sub* für E heißt *allgemeinster Unifikator* für E, falls es für jeden Unifikator sub_1 für E eine Substituiton sub_2 gibt : sub_1 = sub sub_2.

Beispiel 3.19 :
E = {p(X, Y), p(f(Z), b)}
sub = [X/f(Z), Y/b]
sub_1 = [X/f(b), Z/b, Y/b] = sub sub_2 mit sub_2 = [Z/b].

Für die Suche nach einem allgemeinsten Unifikator gibt es eine Reihe von Unifikationsalgorithmen. Einen der möglichen Algorithmen wollen wir hier vorstellen.

Unifikationsalgorithmus :
Sei E eine endliche Menge von Literalen. Wir setzen voraus, daß alle Literale variablenfremd sind. Falls dies nicht zutrifft, so benennen wir die Variablen um.
0. Enthält E eine nichtnegierte und eine negierte Primformel, dann ist E nicht unifizierbar.
   Beispiel : {p(X), ¬p(Y)}
1. Enthält E zwei verschiedene Prädikatssymbole, dann ist E nicht unifizierbar.
   Beispiel : {p(X), q(X)}
2. Sei i := 0 und sub_i die leere Substitution, dann gehe zu (3).
3. Falls |E sub_i| = 1, d.h. E sub_i besteht nur aus einem Element, dann ist E unifizierbar mit dem allgemeinsten Unifikator sub_i, ansonsten gehe zu (4).
4. Wähle zwei Literale L1 und L2 aus E sub_i. Besitzen L1 und L2 an der ersten Stelle, an der sie von links her ungleich sind, verschiedene Funktionssymbole, dann ist E

nicht unifizierbar, ansonsten gehe zu (5).
Beispiel : $\{p(X, f(Y)), p(X, g(Y))\}$ ist nicht unifizierbar.

5. Steht an der ersten Stelle von links gesehen eine Variable X und ein Term t, der X enthält, dann ist E nicht unifizierbar. Hier handelt es sich um einen occur–check.
Beispiel : $\{p(Y, X), p(Y, f(X))\}$ ist nicht unifizierbar.

6. Andernfalls definiere
$sub_{i+1} := sub_i$ [X/t] und $i := i + 1$ und gehe zu (3).

Wie man sich leicht überlegt, bricht der Algorithmus nach endlich vielen Schritten ab und liefert, falls E unifizierbar ist, den allgemeinsten Unifikator.

Beispiel 3.20 :
$E = \{p(X, a, f(g(Y))), p(b, Y, f(Z))\}$
sub_0 ist die leere Substituiton und $i = 0$;
$sub_1 = [X/b]$, $E\ sub_1 = \{p(b, a, f(g(Y))), p(b, Y, f(Z))\}$;
$sub_2 = [X/b][Y/a] = [X/b, Y/a]$, $E\ sub_2 = \{p(b, a, f(g(a))), p(b, a, f(Z))\}$;
$sub_3 = [X/b, Y/a, Z/g(a)]$, $E\ sub_3 = \{p(b, a, f(g(a)))\}$

Nun sei C eine Programm-Klausel $A \leftarrow B_1, \cdots, B_n$ und Z eine Ziel-Klausel $\leftarrow D_1, \cdots, D_n$. Die Ziel-Klausel kann in Prolog auch aus mehreren Literalen bestehen.

Nehmen wir nun weiter an, daß die Primformeln A und D_1 Prädikate mit gleichem Prädikatsnamen enthalten und die Ziel- und Prädikatsklausel variablenfremd sind. Andernfalls benennen wir die Variablen in den Klauseln um.

Sei $E = \{D_1, A\}$ unifizierbar mit dem allgemeinsten Unifikator sub. Die Resolution ist dann die folgende Regel :

$$\frac{\leftarrow D_1, \cdots, D_n, \quad A \leftarrow B_1, \cdots, B_n}{(\leftarrow B_1, \cdots, B_n, D_2, \cdots, D_n)sub} \quad (SLD-Res)$$

Beispiel 3.21 :

$C \equiv p(X, a) \leftarrow q(X, X), r(X, b)$
$Z \equiv\ \leftarrow p(d, Y), r(Z, Y)$
$sub = [X/d, Y/a]$ ist allgemeinster Unifikator

$$\frac{\leftarrow p(d, Y), r(Z, Y), \quad p(X, a) \leftarrow q(X, X), r(X, b)}{(\leftarrow q(X, X), r(X, b), r(Z, Y))sub}$$
$$\equiv\ \leftarrow q(d, d), r(d, b), r(Z, a)$$

Für die so eingeführte Resolutionsregel läßt sich dann analog der Aussagenlogik zeigen :

Satz 3.14

Sei α ein Programm und $\leftarrow \beta$ eine Ziel-Klausel, dann gilt :
$\alpha \cup \{\leftarrow \beta\}$ ist widerspruchsvoll gdw $\alpha \cup \{\leftarrow \beta\} \vdash_{\overline{SLD-Res}} \sqcup$.

3.2.6 Prolog-Algorithmus

Gegenüber aussagenlogischen Programmen hat sich die Kontrollstrategie nicht verändert. Die Auswahl der Literale und der Regeln des Programms, auf die die Resolution angewandt werden soll, ist vereinbart als das Depth-First-Search-Verfahren mit Backtracking. Die Resolution im aussagenlogischen Fall ist ersetzt worden durch die Regel (SLD-Res), dabei kann die aussagenlogische Regel (SLD-Res) als ein Spezialfall der Regel (SLD-Res) aufgefaßt werden.

Die Resolution wird also in Prolog versucht

- mit dem ersten Literal der Ziel-Klausel (von links nach rechts),
- wobei die Programm-Klauseln von oben nach unten ausgewählt werden.

Beispiel 3.22 :

0 : $r(a, b)$
1 : $p(X, Y) \leftarrow q(X, Z), r(Z, Y)$
2 : $q(a, b)$
3 : $r(b, d)$
4 : $p(a, a)$

Ziel : $\exists X_1 \exists Y_1 \, p(X_1, Y_1)$
Ziel-Klausel : $\leftarrow p(X_1, Y_1)$
Unifikator $[X_1/X, Y_1/Y]$

$$\frac{\leftarrow p(X_1, Y_1), \quad p(X, Y) \leftarrow q(X, Z), r(Z, Y)}{\leftarrow q(X, Z), r(Z, Y)} \quad \text{(Res)}$$

nächstes Literal : $q(X, Z)$
Unifikator : $[X/a, Z/b]$

$$\frac{(\leftarrow q(X, Z), r(Z, Y)), \quad q(a, b)}{\leftarrow r(b, Y)} \quad \text{(Res)}$$

nächstes Literal : r(b, Y)
(mit der 0-ten Regel nicht unifizierbar, aber mit der 3-ten Regel)
Unifikator : [Y/d]

$$\frac{\leftarrow r(b,Y), r(b,d)}{\square} \quad (\text{Res})$$

Außer der leeren Klausel besitzen wir auch das Ergebnis der Substitution :
    $[X_1/X, Y_1/Y] [X/a, Z/b] [Y/d] = [X_1/a, Z/b, Y_1/d]$.
Für $X_1 = a$ und $Y_1 = d$ folgt also das Ziel $p(X_1, Y_1)$ aus dem Programm.

Wie schon in der Aussagenlogik können wir die Abarbeitung an einem *Entscheidungsbaum* aufzeigen.

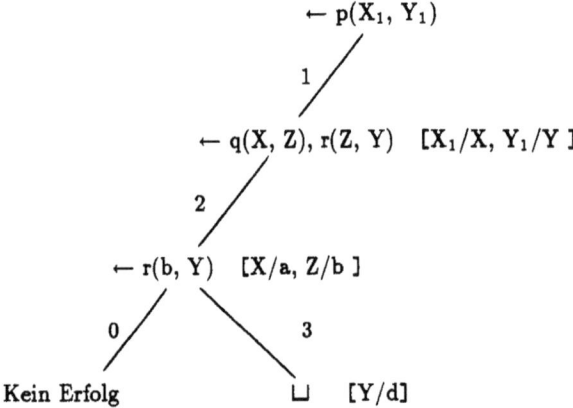

Selbst wenn es eine Resolutionsfolge zur leeren Klausel gibt, können bei der gewählten Suchstrategie Schleifen auftreten.

Beispiel 3.23 :
0 : $p(X) \leftarrow q(X)$
1 : $q(X) \leftarrow p(X)$
2 : $q(a)$
Ziel : $\leftarrow p(Y)$

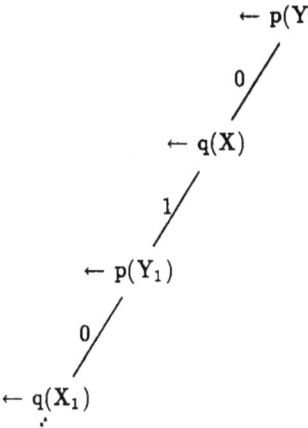

Y_1, X_1 entstehen durch Variablenumbenennung, sonst wäre der Unifikationsalgorithmus nicht anwendbar.

In diesem Beispiel hätten wir durch eine Vertauschung der Regeln 0 und 2 eine erfolgreiche Suche erhalten. Es gibt jedoch Programme, für die es eine Resolutionsfolge zur leeren Klausel gibt, die bei beliebiger, aber fester Reihenfolge der Regeln bei dem Depth-first-search Verfahren zu keinem Erfolg führen.

Dies zeigt das folgende Beispiel (vergl. [6]).

Beispiel 3.24 :
1 : $p(a, b)$
2 : $p(c, b)$
3 : $p(X, Z) \leftarrow p(X, Y), p(Y, Z)$
4 : $p(X, Y) \leftarrow p(Y, X)$
    ?- $p(a, c)$

Für eine beliebige, aber feste Reihenfolge der Klauseln und der Frage nach p(a, c) erhalten wir immer eine Endlosschleife. Aber aus (4) und (2) folgt p(b, c) und aus (1) und p(b, c) folgt dann mit (3) p(a, c).

4 Die Syntax von Prolog

Zur Zeit gibt es noch keine standardisierte Syntax von Prolog, trotzdem wollen wir an dieser Stelle die Beschreibung einer Syntax vornehmen. Wir beziehen uns dabei auf C-Prolog, einem Dialekt von Prolog, der weitgehend mit anderen Dialekten wie z.B. Arity-Prolog für PC kompatibel ist.

In prozeduralen Programmiersprachen wie Pascal gibt es eine Reihe von Schlüsselwörtern, z.B. if, then, while, die nicht als Namen benutzt werden dürfen. Bei Prolog kann man nicht so ohne weiteres die reservierten Wörter festlegen. Vergleichbar sind lediglich die Built-in-Prädikate. Die Namen dieser Prädikate sind reserviert und dürfen vom Benutzer nicht als Namen selbstdefinierter Prädikate verwendet werden. Allerdings gibt es keinen für alle Prolog-Versionen geltenden Katalog von Built-in-Prädikaten. So sind die Anzahl und die Namen von Built-in-Prädikaten von Version zu Version verschieden. Außerdem hat der Benutzer in vielen Fällen auch die Möglichkeit sich zusätzliche Built-in-Prädikate zu generieren. Schließlich existieren verschiedene Versionen mit unterschiedlichen Namen für das gleiche Built-in-Prädikat.

4.1 Die Beschreibung der Metasprache

Bei der Beschreibung der Syntax benutzen wir eine Metasprache, die sich an die Backus-Naur-Form anlehnt. Die Sprache enthält folgende Elemente:

a) Das Metasymbol ::= steht für die Definition eines Begriffs.

b) Der senkrechte Strich | steht für Alternativen. Begriffe, die wiederholt werden können, stehen in geschweiften Klammern $\{\ldots\}_a^b$ mit einem oberen und einem unteren Index. Dabei bedeutet $\{\ldots\}_a^b$, daß der in der Klammer stehende Begriff mindestens a-mal, aber höchstens b-mal vorkommt. Steht an Stelle von b ein *, so sind beliebig viele Wiederholungen erlaubt.

c) Als weitere Abkürzung, um z.B. Folgen getrennt durch Komma zu beschreiben, definieren wir $\{<\text{Konstrukt}>\ \{<\text{T}><\text{Konstrukt}>\}_0^*\}_a^1$ als äquivalent zu $\{<\text{Konstrukt}>\}_{(T)a}^*$.

d) Ein Begriff in eckiger Klammer <···> deutet daraufhin, daß dieser Begriff an anderer Stelle eingeführt wird.

4.2 Prolog–Datentypen

In Abb. 4.1 geben wir zuerst einen Überblick über die Gliederung der Datentypen.

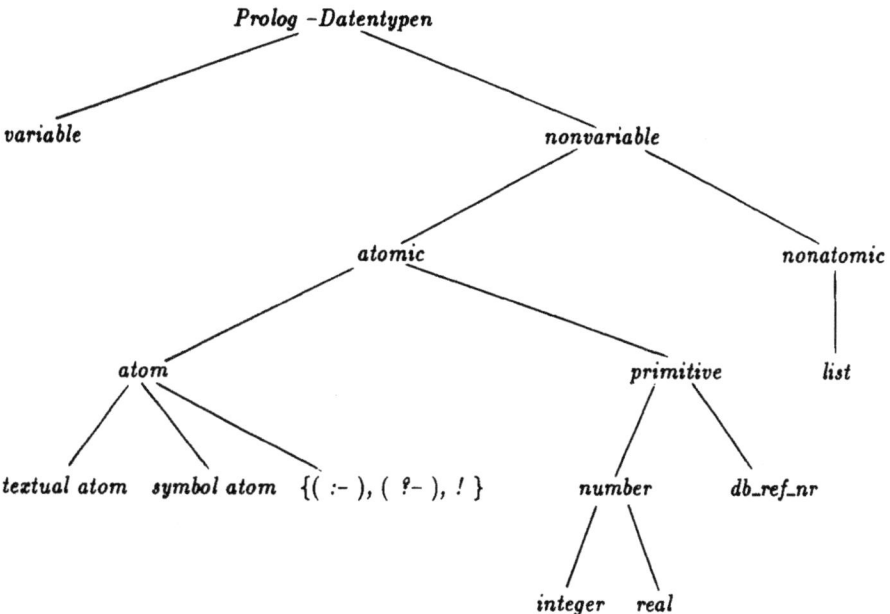

Abb. 4.1 Prolog–Datentypen

Alle Datentypen bestehen aus einzelnen Zeichen.

Der Zeichensatz, den wir dabei zur Verfügung haben, besteht aus

upper case letter ::= A |B |C |D |E |F |G |H |I |J |K |L |M |
N |O |P |Q |R |S |T |U |V |W |X |Y | Z

lower case letter ::= a |b |c |d |e |f |g |h |i |j |k |l |m |
n |o |p |q |r |s |t |u |v |w |x |y | z

digit ::= 0 |1 |2 |3 |4 |5 |6 |7 |8 |9

symbol ::= ! |# |$ |% |ˆ |& |* |(|) | - |+ |˜ |{ |
} | : |" |< |> |? | - |= |' |[|] |; |' |
, | | |. |/

Die *upper* und *lower case letter* fassen wir zusammen zu

   letter ::= <upper case letter>|<lower case letter>.

4.2.1 Atome

Die Menge der Atome, die im allgemeinen die Namen von Konstanten, Prädikaten etc. sein werden, ist definiert durch

   atom ::= <textual atom>|<symbol atom>| (:-) | (?-) | !

Die Menge der Textatome selber unterteilen wir in

   textual atom ::= <lower case letter>{<letter>|_|<digit>}$_0^*$ |
                    '{<letter>|<digit>|<symbol>}$_0^*$ '

Achtung : Es gibt Versionen, in denen ':-' und '?-' keine Atome sind.

Auf solche Zweifelsfälle können wir das einstellige Built-in-Prädikat **atom** anwenden, daß genau dann wahr ist, wenn das angegebene Argument ein Atom ist. Damit haben wir die Möglichkeit durch den Aufruf des Built-in-Prädikats **atom** zu prüfen, ob ein Ausdruck vom Typ *atom* ist.

Beispiel 4.1 :
Beispiele für *textual atoms* sind :
    anfg , aBcd , c_123asD ,
    d_fFF_ , '+acd# [cH' , 'aDs"gf' .
Für ein Hochkomma innerhalb einer Folge müßen zwei Hochkomma geschrieben werden.
Keine *textual atoms* sind :
    _er, Ghhj, 1ab und 'a'b'.

Im Unterschied zu den *textual atoms* sind *symbol atoms* nur aus Symbolen gebildet :

   symbol atom ::= {<symbol>}$_1^*$

Achtung : Es gibt Worte über Symbole, die keine Atome sind. Auch dieses hängt wieder von der Implementation ab. Hier empfiehlt sich wieder die Anwendung des Built-in-Prädikats **atom**.

4.2.2 Zahlentypen

In Prolog unterscheiden wir die Zahlentypen ganze Zahlen (*integer*) und die reellen Zahlen in Fließpunktdarstellung (*real*).

$$\textit{unsigned integer} ::= \{<digit>\}_1^*$$

$$\textit{integer} ::= \{+|-\}_0^1 <\textit{unsigned integer}>$$

$$\textit{real} \quad ::= \{+|-\}_0^1 <\textit{unsigned integer}>.<\textit{unsigned integer}>\{E<\textit{integer}>\}_0^1$$

Integer und Real werden zusammengefaßt zu

$$\textit{number} ::= <\text{integer}>|<\text{real}>$$

Beispiel 4.2 :
Beispiele für integer sind :
    5,   −13,   +24,   −110354

Beispiele für real sind :
    +1.27,   −0.35E3,   1.39E5,   0.0002

Weiterhin gibt es noch Database Reference Nummern. Man kann sich die Werte vom Typ *Database Reference Number*, abgekürzt durch *db_ref_nr*, als Adressen von internen Speicherplätzen vorstellen. Beispiele, die natürlich von der jeweiligen Implementation abhängen, sind a000df6b und a000df65.

Dieser Datentyp ist lediglich im Zusammenhang mit Built-in-Prädikaten zur Manipulation der internen Datenbasis von Interesse. Wir werden in Kapitel 11 noch näher darauf eingehen.

Zahlen und Database Reference Nummern ergeben

$$\textit{primitive} ::= <\textit{number}>|<\textit{db\_ref\_nr}>$$

Die bisher eingeführten Datentypen werden auch als vom Typ *atomic* bezeichnet.

$$\textit{atomic} ::= <\textit{atom}>|<\textit{integer}>|<\textit{real}>|<\textit{db\_ref\_nr}>$$

4.2.3 Variablen

Eine bedeutende Rolle spielen die Variablen. Wir unterscheiden zwischen der sogenannten anonymen Variablen und Variablen mit Namen. Die anonyme Variable, dargestellt durch den *underline* _ , wird dann eingesetzt, wenn es auf die entsprechenden Werte für die Variable nicht ankommt, sondern nur die Existenz eines Wertes wichtig ist.

$$variable ::= <anonymous\ variable>|$$
$$<upper\ case\ letter>\{<letter>|\_|<digit>\}_0^*|$$
$$\_\{<letter>|\_|<digit>\}_1^*$$

$$anonymous\ variable ::= \_$$

Beispiel 4.3 :
Beispiele für Variablen sind
  Wer , He_12_Se , Versuch_12a , _bew und WERT.
Zu beachten ist dabei, daß die Variable _bew keine anonyme Variable ist.

Die folgenden Zeichenfolgen sind keine Variablen
  e_wqE , 12EW , _D# und D#a.

4.3 Strukturen

Wir kommen nun zu den Strukturen. Im Einführungskapitel haben wir die Begriffe Regel und Faktum kennengelernt. Wenn wir uns den syntaktischen Aufbau von Regeln und Fakten ansehen, erkennen wir, daß Faktum, Kopf einer Regel und die einzelnen Unterziele einer Regel immer aus demselben Konstrukt aufgebaut sind. Ein solches Konstrukt nennen wir *structure*. Zu beachten ist, daß in Prolog auch Strukturen in Strukturen eingesetzt werden dürfen.

$$structure ::= <functor>|$$
$$<functor>(\{<argument>\},_1^*\ )$$

$$argument ::= <structure>|<atomic>|<variable>|<operation>|<list>$$

Der Funktor ist der Name der Struktur.

$$functor ::= <textual\ atom>|<symbol\ atom>|<operator>$$

Die Anzahl der Argumente wird als Stelligkeit bezeichnet.

Beispiel 4.4 :
Beispiele für Strukturen sind :
    interesse(paul, X),   interesse ist der Funktor.
    buch(verlag(teubner), informatik),   buch ist der Funktor und verlag(teubner)
                                                      selbst ist eine Struktur mit dem Funktor
                                                    verlag.

Eine besondere Art von Argumenten stellen die Operationen dar. Diese werden vor allem bei arithmetischen Problemstellungen benötigt. Analog den Built–in–Prädikaten gibt es vordefinierte Operationen, wie zum Beispiel die Addition + oder die Multiplikation *.

      operation ::= <*predefined operation*>|<*user defined operation*>

Eine Operation ist aufgebaut aus dem Operator und den Operanden. Je nach Art und Definition ist dabei eine Prefix–, Infix– oder Postfix–Notation möglich.

      operator ::= <*predefined operator*>|<*user defined operator*>

Bei den vordefinierten Operationen bzw. Operanden gibt es wieder große Unterschiede zwischen den verschiedenen Dialekten. Was wir hier angeben, ist eine Menge von Operationen, die ein leistungsfähiger Interpreter mindestens bereitstellen sollte. Die Namen der vordefinierten Operatoren können wir als reservierte Wörter betrachten. Das heißt, je reichhaltiger das Angebot des Interpreters an vordefinierten Operationen ist, um so weniger Namen stehen uns für user defined operations frei zur Verfügung, Prädikate gleichen Namens können wir jedoch durchaus selbst definieren. Der Übersichtlichkeit wegen sollte dies aber vermieden werden.

    predefined operator ::= + | − | * | mod | / | // | << |
                                                    >> | /\ | \/ | \ | abs | sqrt | sin |
                                                    cos | tan | asin | acos | atan | exp | log |
                                                    log10 | −−> | ?− | :−

    user defined operator ::= <*textual atom*>|<*symbol atom*>

Achtung : Manche Interpreter erlauben das Überschreiben von vordefinierten Operationen.

4.4 Prolog-Programm

Wir kommen nun zu den Bestandteilen eines Prolog-Programms. Aus der Einführung kennen wir schon Fakten, Regeln und Fragen. Zu beachten haben wir wieder, daß bei Fakten und Regeln vordefinierte Strukturen nicht auf der linken Seite, also als Ziel, stehen dürfen.

fact ::= <*user defined structure*>

user defined structure ::= <*structure*>   so daß der Funktor und die Stellenzahl der Struktur mit keinem Built-in-Prädikat bzgl. Funktor und Stellenzahl übereinstimmen.

rule ::= <*rule head*> :- <*rule body*>

rule head ::= <*user defined structure*>

rule body ::= {<*structure*>|<*variable*>|(<*rule body*>)}$_{\{,|;\}1}^{*}$

Beispiel 4.5 :
Beispiele für Fakten und Regeln sind
    wert(X) :- atom(X), vorhanden(X)
    wert(haus)
Keine Regeln bzw. Fakten sind
    atom(X)
    atom(X):- wert(X)
da atom ein Built-in-Prädikat ist.

Fragen können natürlich vordefinierte Strukturen besitzen, da man auch Fragen nach Built-in-Prädikaten stellen kann.

question ::= ?- {<*structure*>|<()-*structure*>}$_{\{,|;\}1}^{*}$

()-*structure* ::= ({<*structure*>|<()-*structure*>}$_{\{,|;\}1}^{*}$)

Beispiel 4.6 :
    ?- atom(abcc)
    ?- wert(X), (versuch(Y, X); gebot(Y, X))

Die Datentypen Term und Liste

Das Zeichen ␣ stehe im weiteren für ein Blank. Wir unterscheiden zwischen Programmen mit und ohne Frage. Die eigentliche Frage des Benutzers an die Beschreibung seines Problems gehört nicht zum Programm. Um aber zum Beispiel neue Operationen einzuführen, muß am Anfang des Programms das dreistellige Built-in-Prädikat *op* als Frage stehen.

$$program ::= \{<fact>.␣|<rule>.␣\}_1^*$$

$$\textit{q-program} ::= \{<fact>.␣|<rule>.␣|<question>.␣\}_1^*$$

Wie wir schon wissen, spielt der Begriff Prädikat eine zentrale Rolle in Prolog. Damit bezeichnen wir einen bestimmten Funktor mit einer bestimmten Stelligkeit. Innerhalb eines Programms wird ein Prädikat durch alle Fakten und Regeln definiert, deren Kopf denselben Funktor und dieselbe Stelligkeit haben.

4.5 Die Datentypen Term und Liste

Bevor wir nun zu der noch ausstehenden Syntax des Datentyps *list* kommen, wollen wir den Begriff des *Terms* angeben. Terme sind wichtig für die Beschreibung der Argumente einiger Built-in-Prädikate und bei der Syntax von Listen.

$$
\begin{aligned}
term ::= \ & (<rule>)| \\
& <fact>|(<question>)| \\
& <variable>|<atomic>| \\
& <list>| \\
& <structure>| \\
& <operation>| \\
& (<program>)| \\
& (<\textit{q-program}>)| \\
& (\{<term>\},_1^*)| \\
& (\{<term>\};_1^*)
\end{aligned}
$$

Den Datentyp *list* führen wir erst jetzt ein, da Listenelemente aus Termen bestehen.

$$list ::= [\ ]|[\{<term>\},_1^*\ ]$$

Eine alternative Definition läßt sich über die Baumstruktur und den zweistelligen Baumoperator, dargestellt als Punkt, angeben. Denn Listen sind nichts anderes als Bäume.

$$list ::= .(<head>, <tail>)$$

$head ::= <term>$

$tail ::= <list>$

Beispiel 4.7 :
    [a, 12, [X, p(a)]]
    ['cde', (p(X):-q(X)), 3]
    [X + 4, (?- q(a)), X = Y]
    [[ ], 3]

Für einige Anwendungen benötigen wir die Liste der ASCII-Codes. Ein Beispiel ist das Built-in-Prädikat *system*, mit dem wir Betriebssystembefehle ausführen lassen können. Ein Betriebssystembefehl muß dann als Liste der ASCII-Codes des Befehls oder in doppelten Hochkomma geschrieben werden. Diese beiden Schreibweisen sind zueinander äquivalent.

Beispiel 4.8 :
    system("cp f1 f2")   oder
    system([99, 112, 32, 102, 49, 32, 102, 50])

$\text{ASCII-list} ::= "\{<\text{letter}>|<\text{digit}>|<\text{symbol}>\}_1^*"$

Eine ASCII-Liste ist dabei äquivalent zur Liste der ASCII-Werte, zum Beispiel ist "a*m-c12" die Liste [97, 42, 109, 45, 99, 49, 50].

5 Einfache Built-in-Prädikate

Wie schon in Kapitel 2 erwähnt, können wir bei der Programmierung mit Prolog auf vorgegebene Ausdrucksmittel, die Built-in-Prädikate, zurückgreifen. Diese Prädikate stellen einen wesentlichen Bestandteil der Programmiersprache dar.

In diesem Kapitel stellen wir die wichtigsten Built-in-Prädikate und Built-in-Operatoren zu Input/Output, Arithmetik und Vergleich vor. Es handelt sich hierbei um einen Art 'Grundwortschatz', der für ein komfortables Arbeiten mit einem Prolog-Interpreter zur Verfügung stehen sollte. Sie sind alle in C-Prolog implementiert, sollten aber auch in jedem anderen leistungsfähigen Dialekt von Prolog zur Verfügung stehen. Dabei ist es möglich, daß von der Wirkung ähnliche Built-in-Prädikate unter anderen Namen vorhanden sind.

An einigen Built-in-Prädikaten kann man deutlich erkennen, daß Prolog keine rein deskriptive Sprache ist, sondern auch sehr viele prozedurale Elemente besitzt. Dieser unterschiedliche Charakter muß bei der Programmerstellung berücksichtigt werden. Um dem Leser dazu eine Hilfestellung zu geben, werden wir jeweils darstellen, unter welche Rubrik die Prädikate eingeordnet werden können. Bei der Erläuterung des Verhaltens stützen wir uns auf das Boxenmodell. Eine Box besitzt dabei zwei Eingänge und zwei Ausgänge: Dabei bezeichnet das Call-Port den erstmaligen Aufruf des Ziels, wohingegen das Redo-Port den Aufruf innerhalb von Backtracking bezeichnet. Das Exit-Port symbolisiert das erfolgreiche Verlassen des Ziels, das Fail-Port dagegen das Fehlschlagen des Ziels.

5.1 Input/Output

In diesem Abschnitt betrachten wir lediglich die Standardeingabe von der Tastatur und die Standardausgabe am Bildschirm. Dieselben Prädikate können auch für die Ein- und Ausgabe von und auf Dateien benutzt werden. Wie man die Ein- und Ausgabekanäle entsprechend umsteuert wird im späteren Kapitel Filehandling angegeben.

Alle in diesem Abschnitt vorgestellten Built-in-Prädikate können wir zu den prozeduralen Elementen von Prolog rechnen, da wir mit ihnen explizit angeben, daß etwas ausgegeben bzw. eingelesen wird. Dies äußert sich auch in ihrem Verhalten im Zusammenhang mit Backtracking.

Es existiert jeweils nur *eine* richtige Lösung. Dies bedeutet, daß im Falle eines Aufrufs über das Redo-Port kein weiterer Lösungsweg gefunden werden kann, das Ziel also sofort über das Fail-Port wieder verlassen wird und damit ein weiterer Schritt des Backtrakking eingeleitet wird. Allerdings kann die Ein- bzw. Ausgabewirkung, die beim zuvor erfolgten Aufruf über das Call-Port erzielt wurde, *nicht* zurückgenommen werden.

5.1.1 Output

write(<term>)

Dieses Prädikat bewirkt die Ausgabe des angegebenen Terms. Ist der angegebene Term lediglich eine ungebundene Variable, so wird ein Underline gefolgt von einer Zahl ausgegeben. Enthält der Term Operationen oder Strukturen, für die eine von der Prefix-Notation abweichende Notation vereinbart ist, wird der Term mit dieser vereinbarten Notation dargestellt, auch wenn er als Argument von **write** in Prefix-Notation geschrieben wurde.

Beispiel 5.1 :
Um die Wirkungsweise zu verdeutlichen, rufen wir **write** mit verschiedenen Argumenten auf :

    ?- **write('Skiing - fun unlimited')**.

    Skiing - fun unlimited

    yes

    ?- **write(skiing)**.

    skiing

    yes

    ?- **write(Skiing)**.

    _0

    yes

    ?- **write(+(5, 6))**.

    5+6

    yes

writeq(<term>)

writeq zeigt fast dieselbe Wirkung wie **write**. Es besteht allerdings ein wesentlicher Unterschied. Die Ausgabe erfolgt in einer syntaktisch korrekten Form, das heißt auf diese Art geschriebene Terme können über Prolog-Prädikate wieder eingelesen werden. Insbesondere werden dabei Atome in Hochkomma ausgegeben, falls dies syntaktisch notwendig ist. Eine besondere Rolle spielt **writeq** daher im Zusammenhang mit Dateien.

Beispiel 5.2 :
Um den Unterschied zu **write** zu sehen, rufen wir **writeq** mit denselben Argumenten wie zuvor **write** auf :

?- **writeq('Skiing − fun unlimited')**.

'Skiing − fun unlimited'

yes

?- **writeq(skiing)**.

skiing

yes

?- **writeq(Skiing)**.

_0

yes

?- **writeq(+(5, 6))**.

5+6

yes

nl

nl bewirkt die Ausgabe des Steuerzeichens für ein <return>. Dies bedeutet, daß der Cursor an den Anfang der nächsten Zeile bewegt wird.

tab(<integer>)

Schreibt die durch *integer* angegebene Anzahl an Blanks aus. Wird dabei eine Variable als Argument angegeben, so muß diese an einen Integer-Wert gebunden sein. Ist das angebene Argument kein Integer, so hat dies eine Fehlermeldung und ein fail von **tab/1** zur Folge.

display(<term>)

Mit **display** können wir Terme auf eine dritte Art ausgeben. Der Unterschied zu den bisherigen Versionen ist, daß alle Operationen und Strukturen in Prefix-Notation ausgegeben werden, auch wenn sie beim Aufruf von **display** in einer anderen Notation angegeben werden. **display** gibt wie auch **writeq** Atome in Hochkomma aus, falls dies syntaktisch notwendig ist.

Beispiel 5.3 :
Wir sehen uns an einem Beispiel die unterschiedliche Wirkungsweise der drei Prädikate
write, *writeq* und *display* an :

    ?- *write(+(5, 6)), tab(10), writeq(+(5, 6)), tab(10), display(+(5, 6))*.

    5+6   5+6   +(5, 6)

    yes

    ?- *write(9−8), tab(10), writeq(9−8), tab(10), display(9−8)*.

    9−8   9−8   −(9, 8)

    yes

    ?- *write('Prolog'), tab(10), writeq('Prolog'), tab(10), display('Prolog')*.

    Prolog   'Prolog'   'Prolog'

    yes

put(<integer>)
Bewirkt die Ausgabe eines einzelnen Zeichens. Dieses wird durch seinen ASCII-Code spezifiziert. Ist diese Angabe unzulässig, erfolgt eine Fehlermeldung und *put/1* wird falsch.

Beispiel 5.4 :
Wir wollen das einzelne Zeichen $ auf den Bildschirm schreiben. Dazu müssen wir den ASCII-Code von $, das ist 36, als Argument von put angeben.

    ?- *put(36)*.

    $

    yes

5.1.2 Input

read(<term>)
Mit **read** können wir einen Term von der Tastatur einlesen. Falls das Ziel, bestehend aus diesem Built-in-Prädikat, aufgerufen wird, erwartet Prolog eine Eingabe vom Benutzer und setzt erst danach die weitere Abarbeitung des Programms fort. Bei der Eingabe wird das Ende des Terms durch einen Punkt, gefolgt von einem Blank oder einem <return>

kenntlich gemacht. Diese beiden Zeichen dienen allerdings nur als Kennung, gehören also nicht zum eingegebenen Term.

Wird **read** mit einer ungebundenen Variablen als Argument aufgerufen, so wird diese Variable mit dem eingegebenen Term unifiziert. Damit haben wir eine Möglichkeit, Werte für Variablen über die Tastatur einzulesen.

Ist das Argument dagegen keine ungebundene Variable, so wird versucht, das Argument mit dem eingebenen Term zu unifizieren. Ist dies möglich, so kann danach auch eine oder mehrere Variablen gebunden sein. Falls dies dagegen nicht möglich ist, hat dies ein fail für den Aufruf von **read** zur Folge.

Ebenfalls ein fail von **read** ist die Folge, wenn wir einen syntaktisch unkorrekten Ausdruck eingeben. Zusätzlich erhalten wir in diesem Fall eine Fehlermeldung.

Beispiel 5.5 :

Um mit der Wirkungsweise von **read** vertraut zu werden, probieren wir einige kleine Beispiele. In den Beispielen erhalten wir vom Interpreter ein Prompt als Eingabeaufforderung, nämlich den Doppelpunkt. Dies hängt natürlich vom Interpreter ab und kann sogar ganz wegfallen.

    ?- *read(Antwort)*.

     : *hallo.*

    Antwort = hallo

    yes

    ?- *read(Antwort)*.

     : *Hallo.*

    Antwort = _0

    yes

    ?- *read(antwort)*.

     : *hallo.*

    no

    ?- *read(buch(verlag(X), Y))*.

     : *buch(verlag(teubner), informatik).*

    X = teubner

    Y = informatik

    yes

get(<integer>), get0(<integer>)

Mit diesen beiden Built-in-Prädikaten können einzelne Zeichen von der Tastatur eingelesen werden. Mit *get0/1* können alle Zeichen gelesen werden, mit *get/1* dagegen nur die druckbaren Zeichen. Wenn wir also auch nicht druckbare Zeichen verarbeiten wollen, müssen wir das Prädikat *get0/1* verwenden.

Als Argument erhalten wir den ASCII-Code des Zeichens. Wir haben in diesen Prädikaten somit das Gegenstück zum Prädikat *put/1*.

Wie bei *read* müssen wir unterscheiden, ob ein Aufruf mit einer ungebundenen Variablen als Argument erfolgt oder nicht. Auch hier wird im Falle einer ungebundenen Variablen diese an den ASCII-Code des eingelesenen Zeichens gebunden, ansonsten wird versucht, das Argument mit diesem zu unifizieren.

Beispiel 5.6 :
In diesem Beispiel werden wir *get/1* bzw. *get0/1* an einfachen Aufrufen zeigen. Zum besseren Verständnis geben wir zunächst die ASCII-Codes der verwendeten Zeichen an :

Zeichen	ASCII-Code
a	97
b	98
⋮	⋮
z	122
A	65
B	66
⋮	⋮
Z	90
<return>	10
␣	32

?- **get0(X).**

: a

X = 97

yes

?- **get(X).**

: ␣␣␣␣␣␣A

X = 65

yes

Nach dem Aufruf ist das Argument an den ASCII-Code des eingelesenen Zeichens gebunden. Mit *get/1* werden alle nicht druckbaren Zeichen bis zum nächsten druckbaren Zeichen überlesen. Diese unterschiedlichen Wirkungsweisen werden auch am nächsten Beispiel deutlich.

   ?- *get(X), get0(Y), get(Z)*.

   : ␣␣<return>

   : A<return>

   : ␣␣<return>

   : B

   X = 65

   Y = 10

   B = 66

   yes

   ?- *get0(a)*.

   : a

   no

Wir haben zwar das Zeichen a eingegeben. Da aber versucht wird, den ASCII-Code des Zeichens mit dem angegebenen Argument zu unifizieren, erhalten wir ein fail. Wollen wir also testen, ob das eingegebene Zeichen ein a ist, muß der Aufruf wie folgt lauten :

   ?- *get0(97)*.

   : a

   yes

Eine wichtige Anwendung dieser Prädikate werden wir in einem Beispiel zu Listen darstellen. Wir können damit nämlich Zeichenketten einlesen, die nicht der Syntax von **read** genügen müssen, indem wir die Zeichen einzeln einlesen, in einer Liste abspeichern und dann entsprechend den Anforderungen weiterverarbeiten.

skip(<integer>)

skip liest alle Zeichen bis es ein Zeichen findet, dessen ASCII-Code mit dem Argument von *skip* zu unifizieren ist.

Beispiel 5.7 :
Wir lesen das erste Zeichen ein, danach sollen alle Zeichen überlesen werden, bis ein *e* (ASCII-Code 101) eingegeben wird. Anschließend soll das nächste Zeichen wieder über *get0/1* eingelesen werden.

```
?- get0(X), skip(101), get0(Y).
 : abcdef
X = 97
Y = 102
yes
```

Bemerkung : Es ist möglich, daß der Rechner bei Prädikaten, mit denen eine Eingabe programmiert werden kann, erst die erwünschte Wirkung zeigt, wenn ein <return> eingegeben wurde. Dies kann unter anderem vom verwendeten Betriebssystem abhängen.

5.2 Arithmetik

Prolog ist sicherlich keine Sprache, die man für die Lösung komplizierter arithmetischer Probleme heranziehen wird. Dafür sind in den meisten Fällen prozedurale Sprachen besser geeignet. Das Einbinden solcher Teillösungen, die in einer anderen Sprache geschrieben sind, ist über das Built-in-Prädikat *system/1*, mit dem Betriebssystembefehle aufgerufen werden können (vgl. Kapitel 12), relativ einfach zu realisieren. Außerdem ist es in manchen Dialekten möglich, Routinen, die in anderen Sprachen geschrieben sind, dem Interpreter als neue Prädikate zur Verfügung zu stellen.

Trotzdem muß auch die Lösung arithmetischer Probleme möglich sein, da diese oftmals als Teilprobleme bei für Prolog geeigneten Problemstellungen auftreten können. Entsprechend dieser Bedeutung der Arithmetik werden wir uns auf eine kurze Darstellung der vorhandenen Built-in-Prädikate bzw. -Operatoren beschränken und auch keine komplizierten Beispiele angeben.

Arithmetische Ausdrücke bestehen aus Operationen und Operanden. Als Operanden treten dabei Zahlen auf, die vom Typ *real* oder *integer* sein können, oder wiederum arithmetische Ausdrücke. Zur Darstellung der Operationen stehen uns in Prolog eine Reihe von Built-in-Operatoren zur Verfügung. Diese haben im Falle der Auswertung des arithmetischen Ausdrucks die angegebene mathematische Wirkung. Selbstverständlich können wir einen arithmetischen Ausdruck aus mehreren Operationen aufbauen. Die Reihenfolge der Abarbeitung dieser Operationen bei der Auswertung eines Ausdrucks ist dabei im üblichen mathematischen Sinn vereinbart. Soll der Ausdruck in einer anderen Reihenfolge ausgewertet werden, so können wir dies durch entsprechende Klammerung angeben.

In der folgenden Tabelle 5.1 sind einige wichtige Built-in-Operatoren, zusammen mit einer kurzen Beschreibung ihrer Wirkungsweise, zusammengestellt. Als Abkürzung stehen X und Y für den Zahlentyp *number*, sowie N und M für den Zahlentyp *integer*.

Operator	Notation	Beschreibung
$-$	$-X$	Negation von X
$+$	$X+Y$	Addition von X und Y
$-$	$X-Y$	Subtraktion von Y von X
$*$	$X*Y$	Multiplikation von X mit Y
$/$	X/Y	Division von X durch Y
$//$	$N//M$	ganzzahlige Division von N durch M

mod	N mod M	N modulo M, d.h. der Rest bei der ganzzahligen Division von N durch M
abs	abs(X)	Absolutwert von X
sqrt	sqrt(X)	Wurzel von X
sin	sin(X)	Sinus von X
cos	cos(X)	Cosinus von X
tan	tan(X)	Tangens von X
asin	asin(X)	Arcus Sinus von X
acos	acos(X)	Arcus Cosinus von X
atan	atan(X)	Arcus Tangens von X
exp	exp(X)	e potenziert mit X
log	log(X)	natürlicher Logarithmus (Basis e) von X
log10	log10(X)	Logarithmus von X zur Basis 10
/\	N /\ M	Bitweise Konjunktion von N und M
\/	N \/ M	Bitweise Disjunktion von N und M
\	\ N	Bitweise Negation von X
<<	N << M	Bitweiser Shift von N um M Stellen nach links
>>	N >> M	Bitweiser Shift von N um M Stellen nach rechts

Tabelle 5.1 Arithmetische Built-in-Operatoren

Bemerkung : Abweichend von den in der Tabelle 5.1 angegebenen Notationen für die jeweiligen Operationen ist in allen Fällen auch die Prefix-Notation zugelassen, also z.B. +(X, Y) anstelle von X + Y.

Eine Auswertung der arithmetischen Operationen erfolgt erst im Zusammenhang mit dafür vorgesehenen Built-in-Prädikaten. Das Resultat ist vom Typ *integer*, sofern das Ergebnis ganzzahlig ist, ansonsten vom Typ *real*. Im Moment der Auswertung darf ein arithmetischer Ausdruck nur die Typen *integer* oder *real* oder an einen dieser beiden Typen gebundene Variablen enthalten.

Wichtig : Eine Auswertung von arithmetischen Ausdrücken erfolgt immer dann, wenn ein Built-in-Prädikat aufgerufen wird, welches als Argument den Typ *number*, *real* oder *integer* verlangt, und an dieser Stelle ein arithmetischer Ausdruck steht.

Vorsicht ist dagegen bei selbstdefinierten Prädikaten geboten. *Keine* Auswertung findet nämlich statt, wenn ein arithmetischer Ausdruck als Argument eines selbstdefinierten Prädikats angegeben wird. In diesem Fall findet lediglich eine *Unifikation* mit dem entsprechenden Argument statt.

Beispiel 5.8 :
Zulässig ist der Aufruf von *put/1* mit einem arithmetischen Ausdruck :

   ?- *put(sqrt((45-9)*36))*.

   $

   yes

Betrachten wir dagegen folgendes selbstdefiniertes Prädikat:

   verkleinern(0)

   verkleinern(N) :- verkleinern(N-1).

Dieses Prädikat ist selbstdefiniert. Entsprechend findet keine Auswertung, sondern eine Unifikation statt. Bei einem Aufruf beispielsweise mit dem Argument 2 geraten wir deswegen auch in eine Endlosschleife, wie die folgende Aufrufreihenfolge zeigt:

=> *verkleinern(2)*
=> *verkleinern(2-1)*
=> *verkleinern(2-1-1)*
=> ...

Aus diesem Grund steht uns ein spezielles Built-in-Prädikat für die Auswertung zur Verfügung, mit dem wir das kleine Programm berichtigen können:

   verkleinern(0)

   verkleinern(N) :- M is N-1,
   　　　　　　　　verkleinern(M).

Gerade an diesem Beispiel erkennen wir, daß bei Prolog ein ganz anderes Prinzip als beispielsweise bei funktionsbasierten Sprachen zu Grunde liegt.

<value> is <arithmetic expression>

Dieses Built-in-Prädikat ist mit einer Zuweisung in prozeduralen Programmiersprachen zu vergleichen, wie z.B. := in Pascal. Allerdings ist ein solcher Vergleich nur dann richtig, wenn anstelle von *value* eine ungebundene Variable steht.

Zuerst wird der arithmetische Ausdruck ausgewertet und das Ergebnis des Ausdrucks dann mit *value* unifiziert. Ist eine Unifikation nicht möglich, so hat dies ein fail für den Aufruf von *is* zur Folge. Entsprechend ist es auch nicht zulässig für *value* einen arithmetischen Ausdruck anzugeben.

Auffallend ist, daß das Prädikat in Infix-Notation definiert ist. Allerdings können wir auch für *is/2* die Prefix-Notation wählen, also
is(<value>, <arithmetic expression>).

Beispiel 5.9 :
Um mit dem Prädikat etwas vertraut zu werden, sollte man zuerst einige einfache Aufrufe testen.

?- *X is (30 + 5) * 2.*

X = 70

yes

?- *X is 30 + 5 * 2.*

X = 40

yes

?- *8 is 7 * 9.*

no

?- *is(X, 8//2).*

X = 4

yes

?- *4 is X + Y.*

Error in arithmetic expression

no

?- *100 is X.*

Error in arithmetic expression

no

Bei den letzten beiden Aufrufen enthält der arithmetische Ausdruck jeweils ungebundene Variablen, kann also *nicht* ausgewertet werden. Folglich erhalten wir die Fehlermeldung.

Nun wollen wir uns noch zwei Programme anschauen, in denen eine arithmetische Berechnung durchgeführt wird.

Beispiel 5.10 :

a) Zuerst soll eine rein arithmetische Aufgabenstellung gelöst werden :
Schreiben Sie ein Programm, welches den größten gemeinsamen Teiler zweier ganzer Zahlen berechnet.
Ändern wir die Aufgabenstellung etwas ab, so erkennen wir den Lösungsweg leichter :
Geben Sie ein Prolog-Prädikat ggt(N, M, T) an, das wahr ist, falls T der größte gemeinsame Teiler von N und M ist. Dabei sei vor dem Aufruf sichergestellt, daß N > M gilt.

Rekursiv läßt sich das Problem recht einfach beschreiben :

1. Der ggT von N und 0 ist N (Randbedingung).
2. Ansonsten berechne den Rest R aus der Division von N durch M. Suche den ggT von M und R. Dieser ist dann auch der ggT von N und M.

Als Programm :

ggt(N, 0, N).

ggt(N, M, T) :- R is N mod M,
ggt(M, R, T).

An diesem Programm erkennen wir, daß die Lösung zwar recht kurz ist, andererseits dürfte die Programmierung auch recht ungewohnt wirken.

b) Besser geeignet scheint Prolog dagegen für Problemstellungen, bei denen eine Problembeschreibung überwiegt und diese nicht erst "künstlich" erzeugt werden muß. Bei solchen Problemen werden arithmetische Berechnungen meist nur als Hilfe zur Lösung des eigentlichen Problems benötigt.
Eine solche Aufgabenstellung beinhaltet beispielsweise die Programmierung des Spiels "Türme von Hanoi".
Bei diesem Spiel stehen uns drei Pfeiler und ein Satz von N Scheiben zur Verfügung :

Die Scheiben von Pfeiler a müssen nun zum Pfeiler b bewegt werden, wobei stets nur *eine* Scheibe auf einmal transportiert werden kann. Die einschränkende Bedingung ist, daß nie eine größere Scheibe auf einer kleineren liegen darf. Dabei darf ein Hilfspfeiler c benutzt werden.

Eine Lösung läßt sich erneut rekursiv angeben :

1. Bewege die obersten N-1 Scheiben von a nach c, benutze b als Hilfspfeiler.
2. Bewege die verbliebene Scheibe von a nach b.
3. Bewege die N-1 Scheiben von c nach b, benutze a als Hilfspfeiler.
4. Die Aufgabe ist gelöst, wenn auf dem Pfeiler, von dem die Scheiben wegbewegt werden sollen, keine Scheibe mehr vorhanden ist. (Rekursionsabbruch)

Als Prolog-Programm erhalten wir dafür :

hanoi(N) :- bewege(N, a, b, c).

bewege(0, _, _, _).   % *Rekursionsabbruch*

bewege(N, A, B, C) :- M is N − 1,
                bewege(M, A, C, B),   % *Schritt 1*
                drucke(A, B),   % *Schritt 2*
                bewege(M, C, B, A).   % *Schritt 3*

drucke(A, B) :- write('Bewege die oberste Scheibe vom Pfeiler '),
             write(A),
             write(' zum Pfeiler '),
             write(B).

Wenn wir nun z.B. hanoi(5) aufrufen, nachdem wir obiges Programm in die Datensammlung eingeschrieben haben, so erhalten wir alle Scheibenbewegungen, die zur Lösung des Spiels mit 5 Scheiben notwendig sind, auf dem Bildschirm angezeigt.

Zum Abschluß des Abschnitts über Arithmetik sei noch ein Prädikat angegeben, das hilfreich sein kann, wenn natürliche Zahlen sukzessiv durchlaufen werden müssen.

succ(<nat_int_1>, <nat_int_2>)

Dieses Prädikat ist dann wahr, wenn *nat_int_2 = nat_int_1 + 1* ist, also die Nachfolgerfunktion erfüllt ist. Als Argumente dürfen dabei nur ganze Zahlen größer oder gleich null auftreten. Unzulässig ist auch die Angabe von arithmetischen Ausdrücken.

Für Dialekte von Prolog, bei der diese Nachfolgerfunktion nicht implementiert ist, sei das entsprechende Programmstück angegeben, mit der diese Funktion realisiert werden kann. Außerdem wird daran die Wirkungsweise besser ersichtlich.

$successor(X, Y) :- integer(X), X >= 0, Y\ is\ X + 1.$

$successor(X, Y) :- integer(Y), Y > 0, X\ is\ Y - 1.$

5.3 Vergleich

In Prolog stehen uns eine Reihe von Prädikaten zur Verfügung, mit denen wir zwei Ausdrücke vergleichen können. Die Prädikate lassen sich in zwei Gruppen einteilen. Mit der einen Gruppe können wir zwei Ausdrücke vom Typ *term* miteinander vergleichen und mit der zweiten Gruppe Ausdrücke vom Typ *number*.

Die Vergleichsprädikate können wir als deskriptive Elemente auffassen. Wenn wir einen Vergleich als Ziel formulieren, so geschieht dies, indem wir sagen, daß A gleich (größer, kleiner, ···) als B ist.

5.3.1 Vergleich von Termen

Zuerst wollen wir die Gruppe von Prädikaten behandeln, mit denen Terme verglichen werden können. Grundlage für den Vergleich ist dabei folgende Ordnung :

- Am niedrigsten sind *Variablen*, die wiederum nach dem Alter sortiert sind, d.h. aufsteigend nach den intern für Variablen gehaltenen Symbolen (Underline gefolgt von einer Zahl).
- Als nächstes kommen *Database Reference Nummern*, ebenfalls nach dem Alter sortiert.
- Dann *Zahlen* angeordnet wie üblich von $-\infty$ bis $+\infty$.
- Danach *Atome* in alphabetischer Ordnung (d.h. in ASCII - Ordnung).
- Am höchsten sind *Strukturen*, die untereinander zuerst nach der Stelligkeit, danach nach dem Namen des Funktors und dann (rekursiv) nach den Argumenten geordnet sind.

Beispiel 5.11 :
Die folgenden Terme sind nach dieser Ordnung aufsteigend sortiert :

X, a0002d5e, −100, 23.567, 1.234E4, audi, bmw, vw, test(0, 2), test(1, 1)

In Tabelle 5.2 sind alle Vergleichsprädikate für Terme angeführt. Dazu wird die Bedingung beschrieben, die erfüllt sein muß, damit der entsprechende Vergleich wahr ist. Abkürzend steht in der Tabelle X bzw. Y für einen Ausdruck vom Typ *term*.

Prädikat	Beschreibung der Bedingung
X = Y	X kann mit Y *unifiziert* werden. Die Gleichsetzung wird dann auch durchgeführt. Das bedeutet, daß anschließend entsprechende Variablen und Konstanten bzw. Variablen und Variablen unifiziert sind.
X == Y	X und Y sind *identisch*. Dies ist eine wesentlich stärkere Forderung als nur X = Y. Identität liegt nur dann vor, wenn beide Ausdrücke gleich aufgebaut sind, gleiche Konstanten enthalten, bzw. Variablen schon vorher an den gleichen Wert gebunden sind. Selbst zwei Variablen sind also nur dann identisch, wenn sie zuvor schon unifiziert worden sind.
X @< Y	X ist kleiner als Y.
X @=< Y	X ist kleiner oder identisch Y.
X @>= Y	X ist größer oder identisch Y.
X @> Y	X ist größer als Y.
X \== Y	X und Y sind nicht identisch.

Tabelle 5.2 Vergleichsprädikate für Terme

Bemerkung : Die Prädikate können auch in Prefix-Notation geschrieben werden, also z.B. \== (dynastar, völkl) anstelle von dynastar \== völkl.

Etwas verwirrend erscheint zuerst der Unterschied zwischen den zwei Prädikaten '=' und '=='. Aus diesem Grund soll zur Erläuterung ein Beispiel angegeben werden.

Beispiel 5.12 :
Wir rufen die beiden Prädikate in verschiedenen Anfragen auf :

   ?- *Ski = völkl.*

   Ski = völkl

   yes

Die Variable Ski wird mit der Konstanten völkl unifiziert, damit erhalten wir die Antwort yes.

   ?- *Ski == völkl.*

   no

Die ungebundene Variable Ski ist nicht identisch mit der Konstanten völkl, demnach ist das Resultat ein fail.

    ?- **Ski = völkl, Ski == völkl.**

    Ski = völkl

    yes

Nun wird bei der Erfüllung des ersten Teilziels Ski mit völkl unifiziert. Beim Aufruf des zweiten Teilziels ist damit Ski an völkl gebunden und somit auch mit der Konstanten völkl identisch.

    ?- **Ski == Skimarke.**

    no

Zwei ungebundene Variablen sind nicht identisch, da sie für zwei unterschiedliche Objekte stehen können.

    ?- **Ski = Skimarke, Ski == Skimarke.**

    Ski = _0

    Skimarke = _0

    yes

Bei der Erfüllung des ersten Teilziels werden die beiden Variablen Ski und Skimarke unifiziert. Damit sind sie identisch und das zweite Teilziel ist auch erfüllt. Daß beide Variablen für ein Objekt stehen, wird auch daraus ersichtlich, daß sie intern durch ein Symbol repräsentiert werden.

Um ein besseres Verständnis für die Anordnung von Termen zu erhalten, erstellen wir ein kleines Programm :

Beispiel 5.13 :
Aufgabe : Schreiben Sie ein kleines Prolog-Programm, welches zwei Terme einliest und in aufsteigender Reihenfolge wieder ausgibt.

```
comp :- write('Bitte geben Sie zwei Terme ein :'), nl,
        read(T1),
        read(T2),
        nl, nl,
        aus(T1, T2).
aus(T1, T2) :- T1 @=< T2,
               write(T1), tab(10), write(T2).
aus(T1, T2) :- write(T2), tab(10), write(T1).
```

Für diese Aufgabenstellung können wir auch ein weiteres Built-in-Prädikat gebrauchen :

compare(<comp>, <term1>, <term2>)

Sind *term1* und *term2* zwei Terme bzw. an Terme gebundene Variablen, so liefert *comp* die Anordnungsbeziehung zwischen diesen beiden Termen. Mögliche Werte für *comp* sind dabei :

- = falls *term1* und *term2* **identisch** sind,
- < falls *term1* niedriger angeordnet ist als *term2*,
- \> falls *term1* höher angeordnet ist als *term2*.

Wird eine dieser Beziehungen beim Aufruf für *comp* mit angegeben, so ist das Prädikat wahr, falls diese Beziehung zwischen den beiden Termen gilt.

Beispiel 5.14 :

a)   ?- *compare(C, dynastar, völkl)*.

   C = <

   yes

dynastar ist vor völkl angeordnet, demnach wird das Zeichen für kleiner ausgegeben.

   ?- *compare(C, Ski, dynastar)*.

   C = <

   Ski = _0

   yes

Ski ist eine Variable, Variablen sind vor Atomen angeordnet, demnach ist die ausgegebene Beziehung das < .

   ?- *compare(=, Ski1, Ski2)*.

   no

Wir haben zwei Variablen angegeben. Diese sind nicht identisch. Demnach ist die angegebene Beziehung falsch, dies hat ein fail zur Folge.

   ?- *compare(C, Ski1, Ski2)*.

   C = <

   Ski1 = _0

   Ski2 = _2

   yes

Variablen sind nach dem Alter bzw. nach der internen Darstellung angeordnet. Da Ski1 zuerst angegeben wird erhält es eine kleinere interne Darstellung als Ski2 (_0 ist kleiner als _2), demnach ist die ausgegebene Beziehung < .

b) Nun können wir die Aufgabenstellung aus Beispiel 6.13 mit Hilfe von compare lösen :

```
comp :- write('Bitte geben Sie zwei Terme ein :'), nl,
        read(T1),
        read(T2),
        nl, nl,
        compare(C, T1, T2),
        aus(C, T1, T2).
aus(<, T1, T2) :- write(T1), tab(10), write(T2).
aus(>, T1, T2) :- write(T2), tab(10), write(T1).
aus(=, T1, T2) :- write(T1), tab(10), write(T2).
```

5.3.2 Vergleich von Zahlen

Eine weitere Gruppe von Prädikaten steht für den Vergleich von Zahlen zur Verfügung. Diese verlangen als Argumente Ausdrücke vom Typ *number*, Variablen, welche an diesen Typ gebunden sind, oder arithmetische Ausdrücke. Arithmetische Ausdrücke werden dann im Fall des Aufrufs ausgewertet.

Die Built-in-Prädikate sind in Tabelle 5.3 zusammengestellt. Abkürzend steht in der Tabelle X bzw. Y für einen Ausdruck vom Typ *number*.

Prädikat	Bedeutung
X =:= Y	X und Y sind gleich
X =\= Y	X ist ungleich Y
X =< Y	X ist kleiner oder gleich Y
X >= Y	X ist größer oder gleich Y
X > Y	X ist größer als Y
X < Y	X ist kleiner als Y

Tabelle 5.3 Vergleichsprädikate für Zahlen

Bemerkung : Auch hier ist wieder statt der Infix-Notation eine Prefix-Notation zulässig.

Selbstverständlich sind die Vergleichsprädikate für Terme auch auf Zahlen anwendbar, da Ausdrücke vom Typ *number* auch zu den Termen zählen. Allerdings werden dann arithmetische Ausdrücke *nicht* ausgewertet, sondern textuell verglichen, was zu anderen Ergebnissen führt.

Sinn macht höchstens die Verwendung von '=' im Zusammenhang mit Zahlen, da damit eine Variable mit einem Zahlwert unifiziert werden kann, was einer Wertzuweisung gleichkommt. Allerdings wird dadurch das Prädikat *is/2* nicht ersetzt, da nur bei diesem eine Auswertung eines arithmetischen Ausdrucks vorgenommen wird.

Beispiel 5.15 :

   ?- **6 + 7.0 < 20.**

   yes

Der arithmetische Ausdruck wird ausgewertet, das Ergebnis ist 13. 13 ist kleiner als 20, folglich ist die Frage wahr.

   ?- **6 + 7.0 @< 20.**

   no

Nun vergleichen wir zwei Terme, d.h. es findet keine Auswertung statt. Da eine Struktur größer als eine Zahl ist, erhalten wir die Antwort no.

   ?- **X =:= 5.**

   ! Error in arithmetic expression : not a number

   no

Wir haben ein Vergleichsprädikat für Zahlen mit einer ungebundenen Variablen aufgerufen. Entsprechend erhalten wir eine Fehlermeldung.

   ?- **X = 5, Y is X + 2.**

   X = 5

   Y = 7

   yes

Die ungebundene Variable X wird mit 5 unifiziert, dies können wir als Wertzuweisung auffassen. Entsprechend erfolgt dann eine Auswertung des Ausdrucks.

   ?- **X = 2 + 3.**

   X = 2 + 3

   yes

X wird mit der Struktur, also der Operation 2 + 3, unifiziert. Es erfolgt keine Auswertung.

   ?- *X is 2 + 3.*

   X = 5

   yes

Nun wird zuerst der arithmetische Ausdruck ausgewertet, anschließend wird das Ergebnis mit der Variablen unifiziert.

   ?- *2 + 3 =:= 5.*

   yes

Der arithmetische Ausdruck wird ausgewertet. Das Ergebnis ist 5 und damit gleich der rechten Seite. Damit ist der Vergleich richtig.

   ?- *2 + 3 = 5.*

   no

Die Struktur auf der linken Seite kann nicht mit der Zahl auf der rechten Seite unifiziert werden.

An diesem Beispiel erkennt man deutlich, daß es sehr gefährlich sein kann, Vergleichsprädikate für Terme, Vergleichsprädikate für Zahlen, den Test auf Möglichkeit der Unifikation (=) und die Auswertung mit anschließender Unifikation (*is/2*) zu vermischen. Diese verschiedenen Prädikatsarten müssen immer *streng* auseinandergehalten werden.

Beispiel 5.16 :
Mit Hilfe eines Zahlenvergleichs können wir nun die Berechnung des größten gemeinsamen Teilers (Beispiel 5.10.a) allgemeiner gestalten, indem wir die Voraussetzung N >= M nicht mehr annehmen, sondern in das Programm aufnehmen.

   ggt(N, 0, N).

   ggt(N, M, T) :- M > N, ggt(M, N, T).

   ggt(N, M, T) :- R is N mod M,
   *   ggt(M, R, T).*

6 Ablauf der Lösungssuche in Prolog

In Prolog programmieren wir im Gegensatz zu prozeduralen Sprachen keinen Algorithmus, mit dem ein Problem gelöst werden soll. Wir beschreiben lediglich das Problem an sich, wobei das System den Lösungsalgorithmus zur Verfügung stellt. Mit diesem Algorithmus haben wir ein allgemeines Verfahren, mit dem versucht wird, alle in Prolog beschriebene Probleme zu lösen.

Nun ist Prolog keine rein deskriptive Sprache, sondern enthält auch eine Reihe von prozeduralen Elementen, deren Besonderheiten in Bezug auf die Lösungssuche wir in diesem Kapitel vorstellen wollen.

Da die Reihenfolge der Klauseln und selbst die Reihenfolge der Teilziele von Regeln von großer Bedeutung für das Resultat sind, können wir Programmieren in Prolog als eine Beschreibung des Problems unter Berücksichtigung des Lösungsverfahrens auffassen.

Zuerst wollen wir nun das Lösungsverfahren besprechen, das ja auch schon in Kapitel 2 und 3 unter verschiedenen Aspekten vorgestellt worden ist, und anschließend einige mehr oder weniger prozedurale Konstrukte diskutieren.

6.1 Lösungsverfahren

Der Leser, der sich eingehend mit Kapitel 3 befaßt hat, wird in diesem Abschnitt, bis auf eine der Syntax von Prolog angepaßten Unifikation, in etwas anderer Darstellung die Resolution zusammen mit dem Depth-first-search Verfahren wiederfinden. Für das Verständnis ist aber die Kenntnis der elementaren Prädikatenlogik keine Voraussetzung.

Gehen wir erst einmal von einem kleinen Programm aus :

```
q(a).
p(X) :- q(X).

?- p(Y).
```

Gefragt ist nach einem Y mit p(Y). In dem Programm gibt es eine Regel, die besagt, daß p(X) aus q(X) folgt. Indem wir Y mit der Variablen X der Regel gleichsetzen hat sich die Suche auf ein Y mit q(Y) verlagert. Wir sagen, daß die Regel p(X) :- q(X) mit dem Ziel p(Y) *resolviert* worden ist. Das neue Ziel q(Y) nennen wir auch die *Resolvente*.

Für das Prädikat q gibt es ein Faktum q(a). Das Ziel q(Y) wird mit dem Faktum q(a) resolviert, indem Y und a gleichgesetzt werden. Wir erhalten dann die Antwort yes und gleichzeitig ein Beispiel für Y mit p(Y), nämlich Y = a.

Die Gleichsetzung nennen wir im weiteren *Unifikation*. Es ist also Y mit X und dann mit a unifiziert worden. Nicht immer ist die Situation für den Prozeß der Unifikation so einfach, wie in diesem Fall. Deshalb geben wir in der nachfolgenden Übersicht die Unifikationsregeln an.

Unifikation :

1. Variable mit Variable
   Sind beide Variablen ungebunden, dann können sie unifiziert werden. Sie stehen nun für den gleichen Wert, d.h. wird eine der Variablen an einen Wert gebunden, so ist automatisch auch die andere Variable an diesen Wert gebunden.
   Eine freie und eine gebundene Variable sind unifizierbar. Die freie Variable erhält dann den Wert der gebundenen Variable.
   Zwei gebundene Variablen sind unifizierbar, falls die Unifikationsregeln, auf die Terme, für die sie stehen, anwendbar sind.

2. Atom mit ungebundener Variable
   Die Variable wird mit dem Atom gleichgesetzt.

3. Struktur mit ungebundenen Variablen
   Die Variable wird mit der Struktur gleichgesetzt.

4. Atom mit Atom
   Zwei Atome sind unifizierbar, falls die Zeichenreihen identisch sind.

5. Struktur mit Struktur
   Zwei Strukturen sind unifizierbar, falls die Namen der Strukturen, also die Funktoren, und die Stelligkeit übereinstimmen. Zusätzlich muß die weitere Unifizierung innerhalb der Strukturen mit den hier angegebenen Regeln möglich sein.

Zahlen werden analog zu Atomen behandelt. Allerdings ist hier die Identität des Werts entscheidend. Damit ist z.B. auch 4 und 4.0 unifizierbar.

Bleiben wir bei unserem kleinen Programmbeispiel

   q(a).

   p(X) :- q(X).

   ?- p(Y).

Zur Verdeutlichung der Vorgehensweise schreiben wir für die Frage, die wir auch als Ziel bezeichnen, ← p(Y). Ferner geben wir die Ausdrücke, die unifiziert worden sind, in spitzen Klammern an.

Mit der einzigen Regel für p und der Unifizierung von Y und X entsteht also die Situation
   ← p(Y), p(X) :- q(X)   < X = Y >

p(Y) folgt, falls q(Y) gilt. Wir erhalten also als ein neues Ziel (Frage) ← q(Y). Diese Übergangsregel nennt man Resolution. Wir bezeichnen ← q(Y) als die Resolvente. Wir sagen auch, das Ziel p(Y) ist mit der Regel p(X) :- q(X) resolviert worden. Die einzige Regel bzw. Faktum, mit der ← q(Y) resolviert werden kann, ist q(a).

← q(Y), q(a)   < Y = X = a >

Durch die Unifizierung sind Ziel und Faktum identisch geworden. Wir erhalten als Ergebnis die Antwort yes mit Y = a.

Betrachten wir nun ein anderes Programm.

Beispiel 6.1 :

   p(X) :- s(X).

   q(a, a).

   q(b, a).

   t(b, b).

   p(X) :- q(X, a), t(X, b).

   ?- **p(Y)**.

Wir fragen wieder, ob p(Y) für ein Y aus dem Programm folgt. Jetzt gibt es zwei Regeln mit Kopf p/1, mit denen man beginnen könnte. In Prolog ist die Reihenfolge für den Versuch der Lösungsfindung festgelegt durch :

- Für jedes Ziel werden die Regeln von oben nach unten zu resolvieren versucht.
- Innerhalb der Regeln werden als Teilziele die Prädikate von links nach rechts abgearbeitet.
- Führt ein Teilziel nicht zum Erfolg, so wird zu dem vorhergehenden Teilziel zurückgegangen und ein neuer Lösungsweg für dieses Teilziel gesucht (Backtracking).

Die Suche nach einer Lösung können wir durch einen Entscheidungsbaum beschreiben. Dazu seien alle Regeln und Fakten von oben nach unten durchnumeriert. An diesem Baum können wir uns die Strategie der Lösungssuche verdeutlichen. Daß die Regeln von oben nach unten angesprochen werden, entspricht einer Bearbeitung der Söhne eines Knotens von links nach rechts. Daß innerhalb einer Regel alle Teilziele von links nach rechts nacheinander vollständig, also einschließlich weiterer Teilziele, erfüllt werden, entspricht dem *Depth-first-search Verfahren*.

Für das obige Programm, in dem die Regeln und Fakten von oben nach unten numeriert worden sind, erhalten wir bei einer Frage nach p(Y) den folgenden Entscheidungsbaum.

Beispiel 6.2 :

1 : p(X) :- s(X).

2 : q(a, a).

3 : q(b, a).

4 : t(b, b).

5 : p(X) :- q(X, a), t(X, b).

?- p(Y).

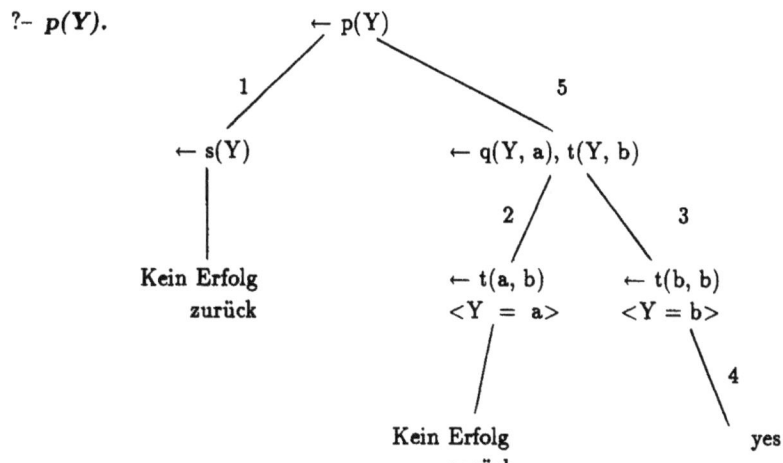

Die Anwendung der ersten Regel führt zu keinem Erfolg, da keine Regel und kein Faktum für das Prädikat s vorhanden ist. Deshalb wird in Folge des Backtracking die Regel 5 aufgerufen. In der Situation ← q(Y, a), t(Y, b) war q(Y, a) mit Y = a zwar erfolgreich, aber t(a, b) ist erfolglos.

Nun setzt das Backtracking ein, d.h. es geht einen Schritt zurück zu q(Y, a), wobei die Unifizierung von Y mit a wieder gelöst wird. Es wird nach einem weiteren Lösungsweg für q(Y, a) gesucht. Mit der Regel 3 und 4 und der Unifizierung von Y und b wird dann die Suche erfolgreich abgeschlossen.

Wie wir schon im Einführungskapitel erwähnt haben, bewirkt die Eingabe eines Semikolons, daß nach weiteren Lösungswegen gesucht wird. Dabei kann durchaus der gleiche Wert bei verschiedenen Lösungswegen auftreten. Das Semikolon setzt also das Backtrakking in Kraft, und zwar geht es an der Stelle weiter, die zuletzt zu einem Erfolg geführt hat.

Beispiel 6.3 :

1 : s(a).
2 : s(b).
3 : q(a).
4 : p(X) :- s(X).
5 : p(Y) :- q(Y).

?- **p(Z)**.

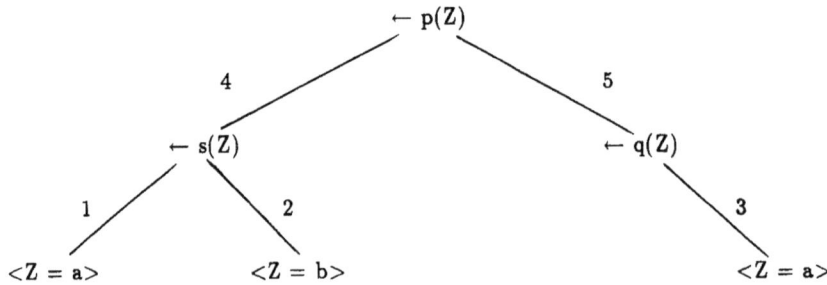

Wir erhalten als Antwort

Z = a ;

Z = b ;

Z = a ;

no

Unter verschiedenen Lösungen wollen wir im weiteren verschiedene Lösungswege verstehen.

Mit der in Prolog implementierten Suchstrategie kann das System natürlich in Endlosschleifen geraten, obwohl durch eine Vertauschung der Regeln die Frage mit yes beantwortet würde. Die Reihenfolge der Regeln im Programm kann also für den Erfolg oder Mißerfolg entscheidend sein. Allgemein kann man sagen, daß Prolog-Programme nicht notwendig kommutativ sind.

In dem folgenden Beispiel gerät das System in eine Endlosschleife. Durch eine Vertauschung der Regel für das Prädikat q/1 mit dem Faktum würden wir die Antwort yes erhalten.

Beispiel 6.4 :

$p(X) :- q(X).$

$q(X) :- p(X).$

$q(a).$

$?- p(Y).$

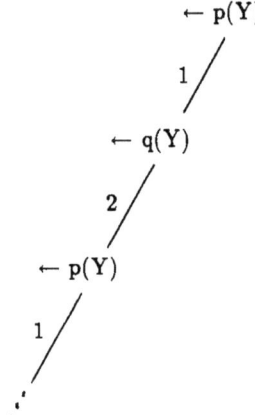

6.2 Trace, Boxenmodell

Mit dem Built-in-Prädikat *trace/0* besteht die Möglichkeit, sich den Ablauf der Lösungssuche auf dem Monitor zeigen zu lassen. Für die Fehlersuche und zur Kontrolle der Programme ist dieses Prädikat ein unerläßliches Hilfsmittel. Um eine Vorstellung von der Wirkungsweise zu vermitteln, werde für das folgende Programm der *trace*-Modus durch den Aufruf von ?− *trace* eingeschaltet.

<u>Beispiel 6.5</u> :
Inhalt der Datensammlung :

    p(a).

    q(b).

    p(X) :− q(X).

Dialog mit dem System :

    ?− **trace**.

    yes

    ?− **p(Z)**.

    (1) 1 Call : p(_0)?

    (1) 1 Exit : p(a)

    X = a ; (*vom Benutzer wurde ein Semikolon eingegeben*)

    (1) 1 Back to : p(_0)?

    (2) 2 Call : q(_0)

    (2) 2 Exit : q(b)

    (1) 1 Exit : p(b)

    X = b

Die durch das *trace* bewirkte Ausgabe gibt die Lösungssuche beschrieben in einem Boxenmodell wieder.

Eine Box besitzt 2 Eingänge und 2 Ausgänge.

- **CALL** : Wird ein Ziel aufgerufen, so wird eine neue Box geschaffen. Das Ziel steht anschließend in der Box. Jede Box hat eine Nummer und zwar fortlaufend beginnend mit 1. Besteht ein Ziel aus mehreren Unterzielen, so werden für diese innerhalb der Box weitere Boxen angelegt (Depth-first-search).
- **EXIT** : Ist das Ziel erfolgreich bearbeitet worden, verläßt das System über diesen Ausgang die Box. Damit ist eine Frage beantwortet, falls sie nur aus einem Ziel besteht. Besteht die Frage aus mehreren Teilzielen, so wird das nächste Teilziel über das Call-Port aufgerufen (links- rechts-Abarbeitung).
- **FAIL** : Konnte das Ziel in der Box nicht wahr gemacht werden, verläßt das System über diesen Ausgang die Box. Damit geht es zurück zum Redo-Port der vorhergehenden Frage (Backtracking) bzw. die Frage ist erfolglos.
- **REDO** : Beim Backtracking kommt das System über diesen Eingang wieder zu seinem früheren Ziel zurück.

Die Boxen sind so angelegt, daß sie kanonisch zusammengesteckt werden können. Meistens genügt es, sich bei der Ausgabe auf die 4 Eingänge bzw. Ausgänge zu konzentrieren und die Nummern der Boxen außer acht zu lassen.

Beispiel 6.6 :

    student(meier, informatik).

    student(mueller, biologie).

    student(schmitt, chemie).

    auto(mueller, 'BMW').

    auto(schmitt, 'Ente').

    fakult_auto(Fak, Typ) :- student(Name, Fak), auto(Name, Typ).

    ?- **fakult_auto(biologie, Typ).**

110 Ablauf der Lösungssuche in Prolog

Die Abarbeitung der Frage läßt sich wie folgt im Boxenmodell darstellen :

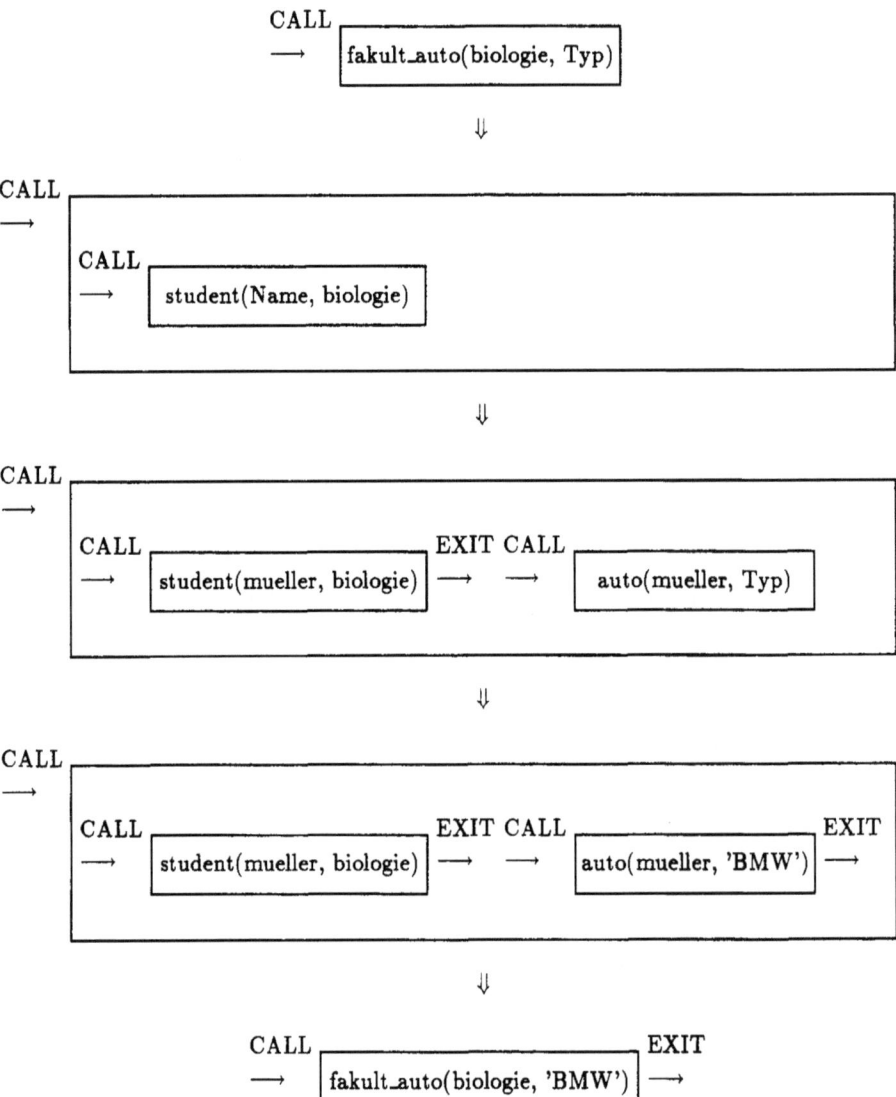

6.3 Rekursion

Die rekursive Spezifikation von Problemen ist einer der wichtigsten Ansätze bei der Erstellung von Programmen in Prolog. Durch den Aufbau der Sprache bedingt, ist ein Programm oftmals sehr schnell und einfach mit Hilfe einer rekursiven Beschreibung zu erstellen und zum anderen sind rekursive Beschreibungen in weiten Bereichen auch selbsterklärend, was wieder der Dokumentation zugute kommt.

An Hand eines klassischen Problems wollen wir einmal exemplarisch eine Spezifikation vornehmen.

Die Fibonacci-Reihe ist die Zahlenfolge 1, 1, 2, 3, 5, 8, 13, $\cdots$, wobei die i-te Fibonacci-Zahl die Summe der beiden Vorgänger, also der i−1 und i−2-ten Fibonacci-Zahl, ist.

Die Funktion fib läßt sich dann schreiben als

$$\text{fib}(0) = 1$$
$$\text{fib}(1) = 1$$
$$\text{fib}(N) = \text{fib}(N-1) + \text{fib}(N-2) \quad \text{für } N > 1.$$

Die Berechnung von Funktionen formuliert man in Prolog am besten durch den Graph der Funktion :
graf_fib(N, Y) genau dann, wenn fib(N)=Y.

Wir beschreiben den Graphen rekursiv, wobei das zweite Argument mit einer Variablen aufgerufen werden muß .

Beispiel 6.7 :

>   *graf_fib(0, 1).*
>
>   *graf_fib(1, 1).*
>
>   *graf_fib(N, Y) :− M is N−1, graf_fib(M, Vor1),*
>   *K is N−2, graf_fib(K, Vor2),*
>   *Y is Vor1 + Vor2.*
>
>   **?− graf_fib(5, Wert).**
>
>   Wert = 8
>
>   yes

Bemerkung : Wir erkennen an diesem Programm erneut, daß eine Auswertung von arithmetischen Ausdrücken im Zusammenhang mit dem Built-in-Prädikat *is/2* geschieht. Wir müssen das Argument M für den rekursiven Aufruf zuerst berechnen und können nicht einfach graf_fib(N-1, Vor1) programmieren.

Bei der Frage in Beispiel 6.7 wird der folgende Baum abgearbeitet :

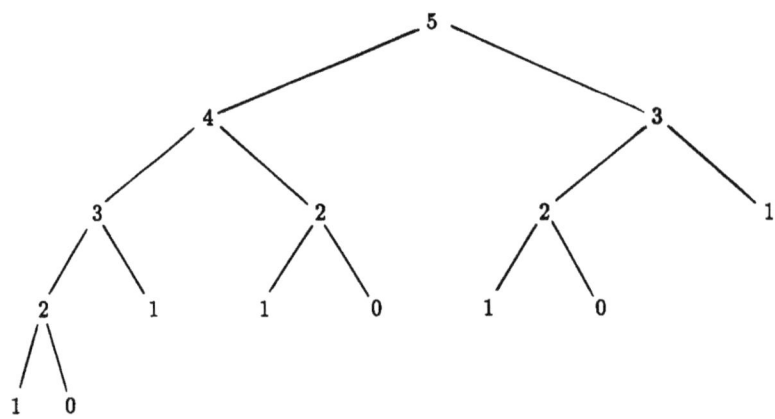

Die Zahlen an den Knoten geben das erste Argument der Regel für den Aufruf des Ziels graf_fib an. Der Baum wird nach dem Depth-first-search Verfahren von oben nach unten und von links nach rechts abgearbeitet. Da die Regel nach der Abarbeitung des ersten Auftretens von graf_fib noch weitere Prädikate, insbesondere noch einmal graf_fib, enthält, bleiben viele Verbindungen bestehen. Man sieht am Baum sofort, daß der Aufwand exponentiell wächst.

Ein solches Wachstum tritt natürlich nicht bei jeder rekursiven Beschreibung eines Problems auf. Doch bezahlen wir oftmals eine elegante und natürliche Beschreibung durch große Laufzeiten oder gar einen Stack-Overflow.

Wir werden in Kapitel 11 zeigen, wie man mit Hilfe der Prädikate *clause*, *assert* und *retract* oder der internen Datenbasis diesen Aufwand drastisch reduzieren kann.

Zur Prüfung, ob eine Zahl die i-te Fibonacci-Zahl ist, eignet sich unser Programm nicht, denn durch das Backtracking können wir in die negativen Zahlen geraten, für die wir kein Abbruchkriterium angegeben haben. Wir geraten somit in eine Endlosschleife wie beispielsweise bei der Frage nach **graf_fib(1, 2)**.

Der Baum sieht dann wie folgt aus :

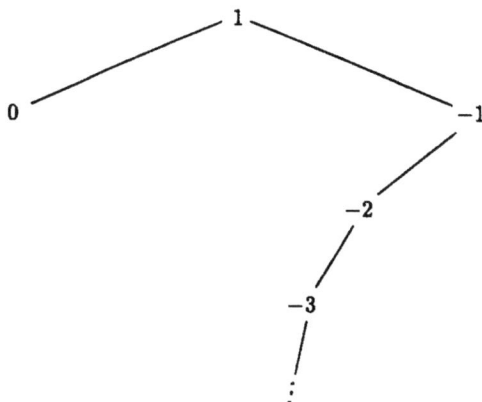

Bei der Spezifikation eines Problems durch eine rekursive Beschreibung ist zu beachten, daß der Rekursionsanfang garantiert angesprochen wird. In fast allen Fällen steht der Rekursionsanfang als Faktum oder wie in unserem Beispiel bestehend aus mehreren Fakten oberhalb der Regeln. Daher sind die meisten rekursiven Programme nicht kommutativ.

In einigen Fällen müssen die Fakten noch durch einen "Cut eingefroren" werden. Dies ist häufig notwendig, wenn das rekursiv definierte Prädikat in anderen Regeln innerhalb eines Backtracking aufgerufen wird.

6.4 Besonderheiten bei einigen prozeduralen Built-in-Prädikaten

In Kapitel 5 haben wir mit den Prädikaten für die Ein-und Ausgabe schon einige prozedurale Built-in-Prädikate kennengelernt. Benutzen wir ein solches Prädikat, so kommt es in erster Linie auf den prozeduralen Seiteneffekt, also beispielsweise die Ausgabe auf dem Bildschirm an. Damit ergibt sich ein Unterschied zu dem bisher gelernten Vorgehen, daß der Erfolg eines Zieles im Grunde von dem Inhalt der Datensammlung abhängig ist.

Deswegen ergeben sich auch einige Besonderheiten bei der Abarbeitung, die wir zwar in Kapitel 5 schon dargestellt haben, hier aber nochmals ausführlicher am Beispiel von **read/1** und **write/1** behandeln wollen.

read(<term>)

Das Prädikat **read** ist nur einmal erfolgreich und zwar dann, wenn der eingelesene Term mit dem Argument von **read** unifiziert werden kann.

Beim Backtracking wird das Prädikat **read** überschlagen, also nicht noch einmal aufgerufen. Ebenso wird die Wirkung von **read** nicht zurückgenommen. Ist dann das vor dem read stehende Teilziel erfolgreich, so wird **read** wieder aufgerufen und ausgeführt.

Ist bei einem Aufruf von **read** eine Unifizierung nicht möglich, so wird **read** nicht noch einmal aufgerufen, sondern es wird zu dem vor dem **read** stehenden Prädikat zurückgegangen.

Beispiel 6.8 :

    p(a).

    lese :- **read(X)**, p(X).

    ?- **lese**.

      : **b**.

    no

X wird mit b unifiziert, aber p(b) ist nicht erfolgreich. Mit dem Backtracking geht es dann zurück bis lese und wir erhalten die Antwort no.

    ?- **lese**.

      : **a**.

    yes

X wird mit a unifiziert und p(a) ist erfolgreich. Wir erhalten also die Antwort yes.

Beispiel 6.9 :

    p(a).

    p(b).

    lese :- p(X), **read(X)**.

    ?- **lese**.

      : **b**.

      : **b**.

    yes

Das Prädikat p wird zuerst für X = a wahr. Die Eingabe b kann mit X = a nicht unifiziert werden. Mit dem Backtracking geht es zurück zum Prädikat p, für das der nächste Lösungsweg den Wert b für X liefert. Die Eingabe b kann nun mit X = b unifiziert werden und wir erhalten die Antwort yes.

Besonderheiten bei einigen prozeduralen Built-in-Prädikaten

write(<term>), nl

Wie das Prädikat **read** ist auch das Built-in-Prädikat **write** nur einmal ausführbar, d.h. beim Backtracking wird **write** überschlagen, also das vorhergehende Prädikat über das Redo-Port aufgerufen. Insbesondere wird die Wirkung von **write**, das Schreiben auf den Bildschirm oder eine Datei, durch das Backtracking nicht zurückgenommen.

Ist dann das vor dem **write** stehende Prädikat erfolgreich, so wird das Prädikat **write** wieder aufgerufen und auch ausgeführt. Beim Aufruf von **write(Argument)** wird der mit dem Argument unifizierte Term auf den Monitor geschrieben. Enthält der Term eine ungebundene Variable Y, so wird für Y eine Zahl mit underline z.B. _16 ausgegeben. Daraus können wir ablesen, daß zu diesem Zeitpunkt Y eine freie Variable ist. Falls der Term keine Variable enthält, wird der Term direkt ausgeschrieben.

Beispiel 6.10 :

```
write(versuch)      versuch
write([a, b])       [a, b]
write('ABc')        ABc
write(p(X))         p(_12)
write(Y)            _23
```

Beispiel 6.11 :

```
erste(a).

erste(b).

zweite(b).

ergebnis(X) :- erste(X), write(X), nl, zweite(X).

?- ergebnis(Y).

a

b

Y = b

yes
```

Zuerst ist das Prädikat **erste** für Y = X = a erfolgreich. Dann wird mit **write** der Wert a ausgegeben, mit **nl** ein Zeilenvorschub ausgegeben und **zweite(a)** aufgerufen.

Da **zweite(a)** nicht erfolgreich ist, geht es mit dem Backtracking zurück bis zum Prädikat **erste**. Der nächste Lösungsweg für **erste** liefert den Wert Y = X = b. Daraufhin wird mit **write** der Wert b ausgegeben und, da **zweite(b)** erfolgreich ist, die Antwort Y = b und yes geschrieben.

6.5 fail

Das Built-in-Prädikat **fail/0** hat immer den Wert falsch, wird also immer über das Fail-Port verlassen. Damit haben wir die Möglichkeit, an einer von uns gewählten Stelle ein Backtracking zu initiieren. Mit Hilfe des Prädikats **fail** können wir sehr einfach alle Lösungen eines Problems sammeln. Nehmen wir einmal an, ein Programm liege vor, das durch Regeln und Fakten beschreibt, welche Autos einen Dieselmotor besitzen. Das entsprechende Prädikat sei diesel_wagen. Wir können nun durch eine Frage die Ausgabe aller Dieselfahrzeuge erreichen.

?- *diesel_wagen(X), write(X), nl, fail.*

Eine Alternative ist, die zusammengesetzte Frage in das Programm zu integrieren, etwa durch

alle_diesel :- diesel_wagen(X), write(X), nl, **fail.**

alle_diesel.

Durch die Regel werden alle Diesel-Wagen auf den Monitor geschrieben. Das **fail** bewirkt nicht nur die Ausgabe aller Wagen, sondern auch, daß alle_diesel durch die Regel nicht wahr gemacht werden kann. Nehmen wir nun an, daß wir auch noch eine Regel

alle_turbo :- turbo_wagen(X), write(X), nl, **fail.**

alle_turbo.

vorliegen hätten und wir alle Diesel und alle Turbos ausgeben möchten. Dann ist es sinnvoll das Faktum alle_diesel mit in das Programm aufzunehmen. Dadurch wird sichergestellt, daß bei einer Frage

?- *alle_diesel, alle_turbo.*

wir unser gewünschtes Ergebnis erhalten. Denn ohne das Faktum alle_diesel erhielten wir nur die Ausgabe aller Diesel-Wagen.

Zu beachten ist hier die Reihenfolge. Stände das Faktum über der Regel, so würde die Regel für alle_diesel nicht aufgerufen.

Ein anderes Einsatzfeld für das Built-in-Prädikat **fail** ist die sogenannte Cut/fail Kombination, auf die wir weiter unten eingehen werden.

6.6 true

Das Built-in-Prädikat *true/0* hat immer den Wert wahr. Auf den ersten Blick erscheint dieses Prädikat überflüssig. Es gibt jedoch sinnvolle Anwendungen, z.B. im Zusammenhang mit dem Built-in-Prädikat clause.

6.7 repeat

Das Built-in-Prädikat *repeat/0* ermöglicht es, gewisse Teile solange wiederholen zu lassen bis ein bestimmter Wert erreicht ist. Beispielsweise für das Einlesen von Daten aus einem eingeschränkten Wertebereich bietet sich eine repeat/read Kombination an.

Gegenüber dem repeat-statement in prozeduralen Sprachen, wie z.B. in Pascal, fehlt hier die Until-Bedingung. Die Überprüfung und der Rücksprung ergeben sich durch die dem *repeat* folgenden Prädikate zusammen mit dem Backtracking.

An dieser Stelle sei bemerkt, daß wir durch die prozeduralen Elemente bei den Built-in-Prädikaten in Prolog in gewissen Sinn auch prozedural programmieren können. Betrachten wir das folgende Programm :

>   *ziel :- teilziel_1,*
>   *teilziel_2,*
> $\vdots$
>   *teilziel_n.*

Anstelle der üblichen Interpretation : "Ziel ist erfüllt, falls teilziel_1 bis teilziel_n erfüllt sind", ist auch folgende Interpretation denkbar : "Ziel ist abgearbeitet, falls teilziel_1 bis teilziel_n abgearbeitet sind".

Man sollte aber nicht in den Fehler verfallen, ständig unter Ausnutzung beispielsweise von *repeat* prozedural zu programmieren, das heißt z.B. das prozedurale repeat-until Statement zu simulieren. Erstens muß man darauf achten, daß die Prädikate zwischen dem *repeat* und der Bedingung backtrackbar sind und zweitens eignen sich prozedurale Sprachen besser für diese Art von Problemlösungen.

Das *repeat* Prädikat kann man sich auch vorstellen als definiert durch

>   *repeat.*
>   *repeat :- repeat.*

Beispiel 6.12 :
Wir überlegen uns ein kleines Programmstück, welches folgende Aufgabenstellung löst : Es sollen solange Terme von der Tastatur eingelesen werden und auf dem Bildschirm ausgegeben werden, bis das Atom *ende* eingegeben wird.

```
ein_aus :- repeat,
          read(X),
          test_aus(X).
test_aus(ende).

test_aus(X) :- write ('Ihre Eingabe war : '),
               write(X),
               nl, nl,
               fail.
```

6.8 not

Wie wir bisher schon gesehen haben, gibt es in Prolog, abgesehen von den zusätzlich ausgegebenen Werten, zwei mögliche Antworten, nämlich yes und no. Dabei erfolgt die Antwort no, wenn der Sachverhalt nicht aus dem Programm folgt.

Das Built-in-Prädikat **not** ist dann erfolgreich, wenn der als Argument von not gegebne Term nicht aus dem Programm folgt.

Das Built-in-Prädikat kann man sich vorstellen als realisiert durch

```
not(X) :- call(X), !, fail.
not(X).
```

mit dem im Kapitel 9 erklärten Built-in-Prädikat **call**.

Diese Definition führt dazu, daß **not** nicht mit dem logischen "nicht" übereinstimmt.

Betrachten wir einmal das Programm

```
a :- not(b)
```

und stellen nun die Frage

```
?- a.
```

Dann erhalten wir als Antwort yes, denn b folgt nicht aus dem Programm, also ist **not(b)** wahr und damit folgt a. Andererseits ist a ← nicht(b) logisch äquivalent zu (a oder b) und aus dieser Formel folgt natürlich nicht das Faktum a.

Achtung : Falls **not** für Terme mit Variablen aufgerufen wird, z.B. **not(s(X))**, und **s(X)** wurde für eine Bindung von X wahr, so wird **not(s(X))** falsch und die Bindung an X wird gelöst. X wird wieder zu einer freien Variablen. Außerdem tritt nun das Backtracking ein, es wird also wieder eine Stelle zurückgegangen. Es wird demnach kein Wert für X gesucht, für den **s(X)** nicht aus dem Programm folgt bzw. entschieden, ob **s(X)** für alle X wahr ist.

Betrachten wir dazu zwei Programme, die es uns ermöglichen nach eßbaren Pilzen zu fragen.

Beispiel 6.13 :

>   giftig(fliegenpilz).
>
>   pilz(fliegenpilz).
>
>   pilz(steinpilz).
>
>   pilz(morchel).
>
>   essbar_pilz(Y) :- **not**(giftig(Y)), pilz(Y).
>
>   ?- essbar_pilz(Beispiel).
>
>   no

Für Beispiel = Y wird giftig wahr mit Y = fliegenpilz. Dadurch ist **not**(giftig(Y)) falsch und die Bindung von fliegenpilz an Y wird gelöst. Das Backtracking führt nun zurück **essbar_pilz** und wir erhalten die Antwort no.

Beispiel 6.14 :

>   giftig(fliegenpilz).
>
>   pilz(fliegenpilz).
>
>   pilz(steinpilz).
>
>   pilz(morchel).
>
>   essbar_pilz(Y) :- pilz(Y), **not**(giftig(Y)).
>
>   ?- essbar_pilz(Beispiel).
>
>   Beispiel = steinpilz
>
>   yes

Für Beispiel = Y = fliegenpilz ist pilz(Y) wahr. Ebenso ist giftig(fliegenpilz) wahr, also **not**(giftig(fliegenpilz)) falsch. Nun geht es mit dem Backtracking zurück zum Prädikat **pilz**. Der nächste Lösungsweg ergibt für pilz(Y) den Wert Y = steinpilz. Da giftig(steinpilz) nicht folgt, ist **not**(giftig(steinpilz)) wahr. Wir haben also einen eßbaren Pilz gefunden, nämlich den Steinpilz.

Wegen der Freisetzung der Variablen kann es also, abhängig von der Reihenfolge der Prädikate in den Regeln, unterschiedliche Ergebnisse geben. Deshalb ist beim **not** große Vorsicht geboten. Immer, wenn man in einer Menge nachschauen möchte, ob es Elemente gibt, die eine bestimmte Eigenschaft nicht besitzen, sollte man die Menge voranstellen. Dadurch werden alle gewünschten Elemente angesprochen.

6.9 Der Cut

Der *Cut* ist eine Möglichkeit, an bestimmten Stellen das Backtracking außer Kraft zu setzen bzw. einzuschränken. Wir können also den Suchraum reduzieren. Das Built-in-Prädikat ist zwar ein äußerst nützliches Instrument, aber zugleich führt es schnell zu schwer verständlichen Programmen und oftmals zu unerwarteten Ergebnissen.

Man sagt auch, der *Cut* "friert" gewisse Entscheidungen ein. Das Zeichen für das 0-stellige Built-in-Prädikat ist das Ausrufezeichen *!*.

Wir können zwei Fälle unterscheiden :

1. Steht der *Cut* am Ende einer Regel und das System erreicht den *Cut*, dann ist das Prädikat erfolgreich und beim Backtracking werden keine alternativen Lösungswege für das Prädikat gesucht.

2. Stehen hinter dem *Cut* noch weitere Ziele, so führt ein Backtracking *innerhalb* der Regel nur bis zum *Cut*, aber nicht weiter zurück. Außerdem ist dann die Entscheidung, welche Klausel für das Prädikat geprüft werden soll, eingefroren. Damit ist der Aufruf des Prädikats, in dem der *Cut* programmiert ist, falsch. Das Backtracking führt also zu dem vorhergehenden Prädikat zurück.

Mit Hilfe des Entscheidungsbaumes wollen wir dies näher erläutern.

Beispiel 6.15 :

1 : a :- t, !, f.
2 : a.
3 : v :- a, c.
4 : c.
5 : t.
6 : v :- b.
7 : v :- t.
8 : f :- b.
9 : f :- d.

?- v.

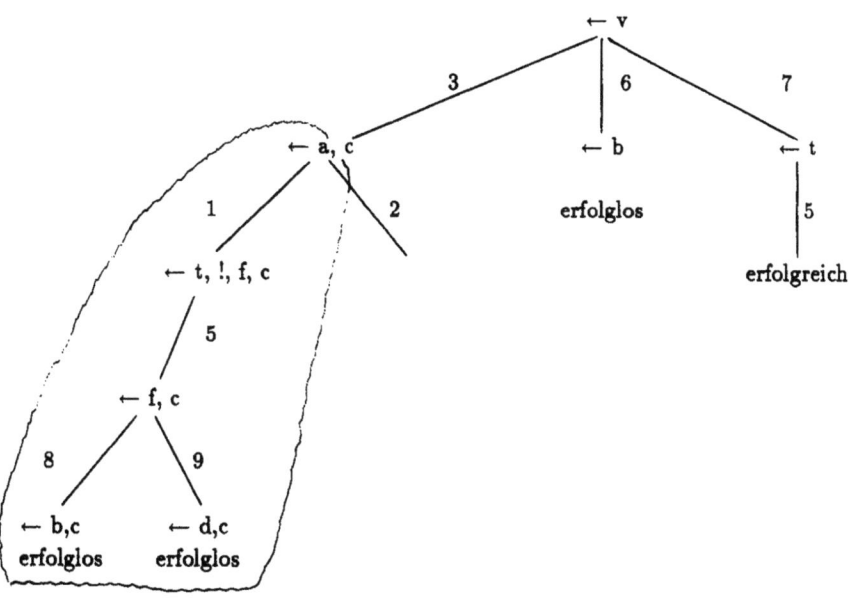

Keine weiteren Versuche
für a

Zuerst wird die Regel 3 aufgerufen, dann die Regel 1 und schließlich Regel 5. Nun ist der *Cut (!)* an der Reihe. Er wird einfach übergangen. Eine Folgerung von f schlägt sowohl über Regel 8 als auch Regel 9 fehl. Durch den *Cut* gibt es nun keine Möglichkeit mit dem Backtracking innerhalb der Regel vor den *Cut* zurückzugehen. Damit ist die Entscheidung für a fest eingefroren, nämlich als falsch. Es wird nicht mehr versucht a mit anderen Regeln, z.B. mit dem Faktum a zu folgern.

Im Rahmen des Backtracking wird eine weitere Lösung für das Ziel v gesucht und die Regel 6 aufgerufen. Nun wird versucht, b wahr zu machen. Dies ist erneut nicht erfolgreich. Somit geht es weiter mit Regel 7, über die wir schließlich zum Erfolg kommen.

Für ein weiteres Beispiel haben wir noch einmal den Entscheidungsbaum angegeben.

Beispiel 6.16 :

1 :   q(a).
2 :   p(X) :- q(X), !.
3 :   p(b).
4 :   s(b).
5 :   r(Y) :- p(Y), s(Y).
6 :   r(c).

   ?- r(Z).

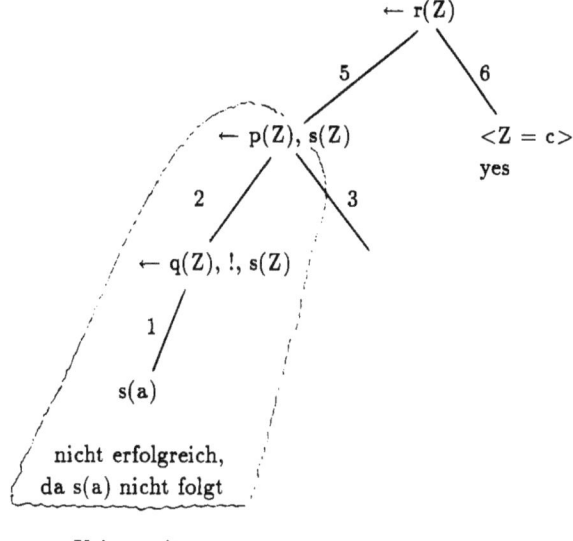

Eine besondere Bedeutung hat die Kombination *!* mit anschließendem **fail**. Mit dieser Cut/Fail Kombination können wir gezielt festlegen, daß bei Benutzung einer bestimmten Klausel eines Prädikats, dieses Prädikat falsch ist.

Dabei ist eine Klausel eines Prädikats eine Regel oder ein Faktum, deren Kopf den gleichen Funktor wie das Prädikat besitzt.

Durch die Angabe des *Cut* ist die Entscheidung für diese eine Klausel festgelegt, ein Backtracking zu einer anderen Klausel also ausgeschlossen. Durch das anschließende **fail** wird dann festgelegt, daß die Klausel und damit das gesamte Prädikat falsch ist.

Beispiel 6.17 :
Wir haben eine Datensammlung über Lebewesen und Blumen. Beschrieben werden sollen Tiere als Lebewesen, die keine Blumen sind.

lebewesen(rose).

lebewesen(hund).

blume(rose).

tiere(X) :- blume(X), !, **fail**.

tiere(X) :- lebewesen(X).

?- *tiere(rose)*.

no

?- *tiere(X)*.

no

?- *tiere(hund)*.

yes

Wird in der ersten Regel das *fail* erreicht, so ist das Prädikat *tiere* für den entsprechenden Wert falsch und es wird nicht versucht mit einer anderen Klausel für *tiere* zum Erfolg zu kommen.

Beispiel 6.18 :
In diesem Programm möchten wir festlegen, daß alle Lebewesen Tiere sind, nur der Mensch ist kein Tier.

lebewesen(mensch).

lebewesen(hund).

tiere(mensch) :- !, fail.

tiere(X) :- lebewesen(X).

?- *tiere(hund)*.

yes

?- *tiere(mensch)*.

no

Genauso wie wir festgelegt haben, daß ein gesamtes Prädikat falsch ist, können wir auch festlegen, daß bei Erfüllung einer Klausel eines Prädikats dies die einzige richtige Lösung ist, indem wir den *Cut* als letztes Teilziel dieser Klausel angeben. Dies ist u.a. dann notwendig, wenn wir nur an einer einzigen Lösung des Problems interessiert sind, beispielsweise um ein Prädikat backtrackbar zu machen.

Beispiel 6.19 :

    blume(nelke) :- *!.*

    blume(rosen).

    ?- **blume(X).**

    X = nelke;

    no

Die einzige Lösung ist in diesem Beispiel X = nelke.

7 Listen und Listenmanipulation

Im Kapitel über die Syntax von Prolog haben wir schon kurz den Datentyp *list* kennengelernt. In Prolog kommt diesem Datentyp eine besondere Bedeutung zu, da er in einer Vielzahl von Problemstellungen zur Repräsentierung der Daten verwendet wird.

Eine Liste besteht aus einer Anzahl von Elementen. Die Anzahl der Elemente ist nicht festgelegt. Sie kann insbesondere auch null sein. Dann liegt die leere Liste vor. Ebenso ist der Typ der Elemente nicht festgelegt. Von der Syntax wird lediglich gefordert, daß jedes Element den syntaktischen Forderungen an einen Term genügt. Wie wir inzwischen wissen, ist dies in Prolog die allgemeinste Forderung an einen Typ. Damit ist es auch möglich, Listen aus Elementen unterschiedlichster Art, wie z.B. *integer*, *atom*, *structure*, usw. aufzubauen.

Nicht verwechselt werden darf eine Liste allerdings mit einer Menge. In einer Liste sind die Elemente nämlich der Reihenfolge nach geordnet und außerdem kann ein Element durchaus mehrmals enthalten sein.

Die Liste ist damit der geeignete Datentyp, wenn Anzahl und/oder Typen der Elemente unbekannt sind. Ebenso sind Strukturen wie Bäume und Graphen durch Listen darstellbar.

7.1 Notation

Auch wenn wir bei der Syntax die Darstellungsweise für Listen schon kennengelernt haben, wollen wir uns die unterschiedlichen Notationen noch einmal ansehen.

Eine Liste kann entweder leer sein oder aus mehreren, mindestens jedoch einem Element bestehen. Zwischen diesen beiden Listen müssen wir bei der Darstellung unterscheiden :

- Die leere Liste wird dargestellt als : [ ]

- Eine Liste, die Elemente enthält, hat ein erstes Element, bezeichnet als Kopf der Liste, und einen Rest. Der Rest kann wiederum Elemente enthalten. Das Ende der Liste ist die leere Liste. Zum Trennen der Liste in Kopf und Rest gibt es einen Operator, dargestellt als Punkt. Mit diesem Operator können wir nun Listen aufbauen :
.(<Kopf>, <Rest>)

Der Kopf ist dabei vom Typ *term*, der Rest der Liste wieder vom Typ *list*. Somit liegt ein rekursiver Aufbau vor.

Da diese Darstellungsart bei längeren Listen ziemlich unübersichtlich wird, gibt es eine zweite Art der Darstellung :   [el1, el2, ···, eln]

Wir zählen also einfach alle Elemente der Liste in eckigen Klammern auf. Alle Elemente müssen dabei vom Typ *term* sein. Auch diese Liste endet mit der leeren Liste, obwohl diese nicht explizit aufgeführt ist.

Beispiel 7.1 :
Wir sehen uns den Aufbau verschiedener Listen in beiden Darstellungen und in einer graphischen Darstellungsweise an :

a) Eine Liste, die nur aus dem Element el1 besteht :

.(el1,[ ])   [el1]   . ———— [ ]
                        el1

b) Eine Liste, die aus den Elementen el1, el2, el3 und el4 besteht :

.(el1, .(el2, .(el3, .(el4,[ ]))))   [el1, el2, el3, el4]

```
. ——— . ——— . ——— . ——— [ ]
|     |     |     |
el1   el2   el3   el4
```

c) Eine Liste, die aus den Elementen el1, el2, el3 besteht, wobei el2 wieder eine Liste ist, die aus den Elementen u1 und u2 besteht :

.(el1, .(.(u1, .(u2, [ ])), .(el3, [ ])))   [el1, [u1, u2], el3]

```
. ——— . ——— . ——— [ ]
|     |     |
el1   |     el3
      |
      . ——— . ——— [ ]
      |     |
      u1    u2
```

An diesem Beispiel erkennen wir deutlich, daß die Schreibweise in eckigen Klammern auf alle Fälle übersichtlicher und damit auch zu bevorzugen ist. Deshalb werden wir diese Darstellungsart im folgenden ausschließlich verwenden.

Zu erwähnen ist lediglich noch, daß der Punkt-Operator auch als Infix-Operator verwendet werden kann. Dadurch gestaltet sich diese Schreibweise etwas übersichtlicher. Zudem kann fallweise auch auf die Klammerung verzichtet werden, da der Operator rechts–assoziativ definiert ist. Folgende Darstellungen sind somit äquivalent :

.(x, .(y, .(z, [ ])))   x.(y.(z.[ ]))   x.y.z.[ ]

Wenn man Listen manipulieren möchte, ist das wichtigste Hilfsmittel das Aufteilen der Liste in den *Kopf* und den *Rest* der Liste. Dies entspricht genau den zwei Argumenten des Punkt-Operators. Bei der Darstellungsweise in eckigen Klammern entspricht das erste Element dem Kopf und die Liste aus den restlichen Elementen dem Rest der Liste. Zu beachten ist, daß diese Operation nicht auf die leere Liste angewendet werden kann. Die leere Liste hat weder einen Kopf noch einen Rest.

Beispiel 7.2 :
Zu einigen Listen wollen wir den Kopf und den Rest bestimmen :

Liste	Kopf	Rest
[mo, di, mi, do, fr, sa, so]	mo	[di, mi, do, fr, sa, so]
[so]	so	[ ]
[mo, di, mi, do, fr, [sa, so]]	mo	[di, mi, do, fr, [sa, so]]
[[sa, so], mo, di, mi, do, fr]	[sa, so]	[mo, di, mi, do, fr]
[[sa, so], [mo, di, mi, do, fr]]	[sa, so]	[[mo, di, mi, do, fr]]
[sa, so, [mo, di, mi, do, fr]]	sa	[so, [mo, di, mi, do, fr]]
[ ]	existiert nicht	existiert nicht

Für die Trennung einer Liste in Kopf und Rest gibt es eine spezielle Notation. Wir schreiben an der Stelle, an der die Auftrennung erfolgen soll, einen senkrechten Strich.

Damit ist also [K|R] eine Schreibweise für eine Liste mit Kopf K und Rest R. K ist dabei vom Typ *term*, während R vom Typ *list* ist. Wir haben somit die Möglichkeit, eine Liste durch Unifikation mit einem solchen Konstrukt in die beiden Bestandteile Kopf und Rest aufzuteilen und dann Manipulationen vorzunehmen.

Welche verschiedenen Möglichkeiten bei der Unifikation einer Liste mit einer zweiten Liste, die den Kopf-Rest-Separator enthält, auftreten können, schauen wir uns an folgendem Beispiel an.

Beispiel 7.3 :

    ?- *[surfers, do, it, standing, up]* = *[X|Y]*.

    X = surfers

    Y = [do, it, standing, up]

    yes

Die Variable X wird mit dem Kopf der Liste unifiziert, die Variable Y mit dem Rest der Liste.

?- *[surfers, do, it, standing, up]* = *[X, Y]*.

no

Eine Resolution ist nicht möglich, da die rechte Liste aus genau zwei Elementen besteht, die linke dagegen aus fünf.

?- *[surfers, do, it, standing, up]* = *[X, Y|Z]*.

X = surfers

Y = do

Z = [it, standing, up]

yes

Der Kopf besteht nun aus den beiden ersten Elementen, deshalb erhalten die Variablen X und Y die Werte der ersten beiden Elemente der Liste zugewiesen, entsprechend wird Z mit dem Rest unifiziert.

?- *[surfers, do, it, standing, up]* = *[A, B|C, D]*.

syntax error

Der Rest der Liste besteht immer aus einer Liste. Hier wurden aber zwei Elemente angegeben, dadurch erhalten wir einen Syntaxfehler.

?- *[surfers, do, it, standing, up]* = *[A, B|[C|D]]*.

A = surfers

B = do

C = it

D = [standing, up]

yes

Nun wird der Rest, der bei der ersten Trennung gebildet wird, erneut in Kopf und Rest getrennt.

Bis jetzt wurden stets Listen behandelt, die mit der leeren Liste enden. Es gibt allerdings auch eine Möglichkeit, Listen zu definieren, deren letztes Element *nicht* die leere Liste ist. Dies geschieht ebenfalls mit dem Kopf-Rest-Separator. Dabei wird vor das letzte Element statt eines Kommas der Separator gesetzt.

Wir bilden eine Liste, die nur aus den drei Elementen a, b, c besteht und nicht mit der leeren Liste endet :

[a, b|c]
```
    . ———— . ———— c
    |        |
    a        b
```

Dagegen besteht die folgende Liste aus diesen drei Elementen und endet mit der leeren Liste :

[a, b, c]
```
    . ———— . ———— . ———— [ ]
    |        |        |
    a        b        c
```

Zu beachten ist, daß der Kopf-Rest-Separator allerdings nur an dieser Stelle stehen darf. Unzulässig und zu einem Syntax-Error führt z.B. die Zeichenreihe : [a, b|c, d]

Achtung : Obwohl die Möglichkeit besteht, solche Listen zu konstruieren, sollten sie nicht verwendet werden. Programme, die mit diesem Effekt arbeiten sind nur schwer nachvollziehbar. Außerdem gibt es Kollisionen bei Verwendung solcher Listen als Argumente für die im folgenden behandelten Built-in-Prädikate zur Manipulation von Listen.

7.2 Built-in-Prädikate für Listen

member(<term>, <list>)

Dieses Built-in-Prädikat testet, ob der durch *term* spezifizierte Term in der durch *list* spezifizierten Liste enthalten ist. Zu beachten ist dabei das Verhalten des Prädikats im Zusammenhang mit Backtracking. Dazu schauen wir uns an, wie es definiert ist.

Wir können ein Prädikat *element/2* schreiben, welches genau die gleiche Wirkung zeigt. Dazu überlegen wir uns eine rekursive Beschreibung :

– Ist *term* gleich dem Kopf von *list*, so ist das Prädikat wahr.

– Sonst teste mit *element/2*, ob *term* im Rest von *list* enthalten ist. Ist ein Rest nicht mehr zu bilden, d.h. ist *list* gleich der leeren Liste, so ist *element/2* falsch.

Als Programm erhalten wir damit :

   element(X, [X|_]).
   element(X, [_|Y]) :– element(X, Y).

Wir können nun erkennen, daß die Anzahl der gefundenen Lösungswege der Anzahl der Vorkommen von *term* in *list* entspricht. Dies können wir an einem einfachen Beispiel ausprobieren :

Beispiel 7.4 :

> ?- *member(ski, [ski, surfen, fussball, ski, bowling, ski]),*
> *write('Hobby Skifahren ist enthalten !'), nl,*
> *fail.*
>
> Hobby Skifahren ist enthalten !
>
> Hobby Skifahren ist enthalten !
>
> Hobby Skifahren ist enthalten !
>
> no

Bei der Lösungssuche wird dabei folgender Weg gegangen :
member/2 wird mit dem ersten Auftreten von ski in der Liste wahr, danach wird die Meldung ausgegeben. Durch das **fail** wird ein Backtracking angestoßen. Für **write** existiert keine weitere Lösung, aber **member** findet das zweite ski in der Liste, damit wird **member** wieder wahr, die Meldung erneut ausgegeben. Durch das **fail** wird erneut zurückgegangen. Das dritte ski in der Liste bewirkt eine erneute Ausgabe. Erst beim danach folgenden Zurückgehen findet **member** keine weitere Lösung. Die Frage wird falsch.

Bisher sind wir davon ausgegangen, daß beide Argumente von **member** gebundene Variablen sind. Das Prädikat kann allerdings auch dazu benutzt werden, nacheinander alle Elemente einer Liste zu verarbeiten. Wenn wir nämlich **member** mit einer ungebundenen Variablen für *term* aufrufen, so erhalten wir als erste Lösung eine Unifikation der Variablen mit dem ersten Element der Liste, als zweite Lösung eine Unifikation mit dem zweiten Element usw..

Beispiel 7.5 :
Schreiben Sie ein Programm, welches alle Elemente einer Liste untereinander am Bildschirm ausgibt. Wenn die Liste leer ist oder das Prädikat mit einem vom Typ *list* verschiedenen Argument aufgerufen wird, geschehe nichts.

> *aus(L)* :- *member(X, L),*
>   *write(X),*
>   *nl,*
>   *fail.*
> *aus(L).*

Bei manchen Problemstellungen ist es aber unerwünscht, mehrere Lösungen zu erhalten. Dazu können wir durch eine einfache Abänderung ein ähnliches Prädikat **enthalten/2** definieren, welches nur einen Lösungsweg produziert (Verwendung des Cut zur Einschränkung des Suchraums).

>   *enthalten(X, [X, _]) :- !.*
>
>   *enthalten(X, [_, Y]) :- enthalten(X, Y).*

append(<list1>, <list2>, <list>)

Dieses Built-in-Prädikat ist dann wahr, wenn durch Aneinanderreihen von *list1* und *list2* die Liste *list* entsteht. Das Prädikat kann auf unterschiedliche Weise eingesetzt werden, abhängig davon, welche Argumente ungebundene Variablen sind. Beispielsweise können wir mit **append/3** zwei Listen zu einer neuen Liste zusammensetzen. Alle drei Argumente müssen, falls sie keine ungebundenen Variablen sind vom Typ *list* sein.

Auch bei **append/3** wollen wir uns ansehen, wie ein Prädikat mit der gleichen Wirkungsweise definiert werden kann. Damit kann erneut das Verhalten des Prädikats beim Backtracking erklärt werden. Zudem können die unterschiedlichen Verwendungsweisen dann besser nachvollzogen werden.

Für die Implementation von **append/3** können wir uns eine Beschreibung ausdenken, die rekursiv aufgebaut ist:

- Falls *list1* die leere Liste ist, ist **append/3** erfüllt, wenn *list2* und *list* unifizierbar sind.
  (Die leere Liste vorne an *list2* angehängt ergibt als Ergebnis für *list* gerade *list2*.)
- Ist *list1* nicht leer, dann muß der Kopf von *list1* mit dem Kopf von *list* unifizierbar sein. Ferner muß **append/3** mit den Argumenten Rest von *list1*, *list2* und Rest von *list* erfüllt sein.
  (Der Rest von *list1* zusammengesetzt mit *list2* muß den Rest von *list* ergeben.)

Damit erhalten wir als Prolog-Programmstück :

>   *anhaengen([ ], L, L).*
>
>   *anhaengen([K|R1], L2, [K|R3]) :- anhaengen(R1, L2, R3).*

Allerdings entspricht dies nicht ganz dem Built-in-Prädikat, da bei **anhaengen/3** Fälle auftreten können, in denen beim Backtracking weitere Lösungen gesucht werden. Dies kann bei **append/3** nicht eintreten. Das bedeutet, daß wir bei der Randbedingung der Rekursion einen Cut einfügen müssen, um ein Prädikat mit *gleicher* Wirkungsweise wie **append/3** zu erhalten :

anhaeng([ ], L, L) :- !.
anhaeng([K|R1], L2, [K|R3]) :- anhaeng(R1, L2, R3).

Beispiel 7.6 :
Wir sehen uns einen Fall an, bei dem **append/3** und **anhaengen/3** unterschiedliche
Lösungen produzieren :

?- **append(X, Y, [a, b, c])**.   ?- **anhaengen(X, Y, [a, b, c])**.

X = [ ]   X = [ ]

Y = [a, b, c];   Y = [a, b, c];

no   X = [a]

                                               Y = [b, c];

                                               X = [a, b]

                                               Y = [c];

                                               X = [a, b, c]

                                               Y = [ ];

                                               no

Wollen wir also alle Möglichkeiten erzeugen, in die eine Liste aufgeteilt werden kann, so
können wir dies mit **append/3** nicht erreichen, dagegen aber mit **anhaengen/3**.

Um nun die unterschiedlichen Verwendungsmöglichkeiten für **append/3** zu sehen, betrachten wir die Wirkungsweise in Abhängigkeit davon, welche Argumente einer ungebundenen Variablen entsprechen :

a) Keine ungebundene Variable :
   Der Aufruf ist ein Test, ob *list* genau aus den Listen *list1* und *list2* zusammengesetzt ist. **append** und **anhaengen** zeigen die gleiche Wirkung.

b) Eine ungebundene Variable :
   Bei den meisten Aufrufen von **append** ist ein Argument eine ungebundene Variable. Dabei müssen wir nochmal zwei Fälle unterscheiden :

   - Das dritte Argument (*list*) ist eine ungebundene Variable, *list1* und *list2* sind dagegen Listen. Dann ist **append/3** wahr und anschließend ist die ungebundene Variable mit der aus *list1* und *list2* zusammengesetzten Liste unifiziert.

   - *list1* bzw. *list2* ist eine ungebundene Variable. Nun wird getestet, ob *list2* dem zweiten Teil bzw. *list1* dem ersten Teil von *list* entspricht. Falls ja, wird *list1* bzw. *list2* mit dem verbleibenden Teil von *list* unifiziert und das Prädikat ist wahr. Ansonsten ist ein fail die Folge.

Sowohl **append** wie **anhaengen** zeigen in beiden Fällen die gleiche Wirkung, falls die an Listen gebundenen *list1* bzw. *list2* eine feste Anzahl an Elementen enthalten. Hat allerdings beispielsweise *list2* die Gestalt [a|R] und damit eine variable Anzahl an Elementen, so können mit **anhaengen/3** evtl. mehrere Lösungen gefunden werden.

c) Zwei ungebundene Variablen :
Hier macht nur ein Fall weiter Sinn : *list1* und *list2* sind ungebundene Variablen. Dann zeigt das Prädikat die in Beispiel 7.6 schon gezeigte Wirkung, nämlich das Aufteilen der Liste *list*. Hier müssen wir die unterschiedliche Wirkungsweise von **append** und **anhaengen** beachten.

Beispiel 7.7 :
Entsprechend der gerade vorgenommenen Einteilung rufen wir **append** auf unterschiedliche Weise auf :

    ?- **append**([1, 2, 3], [a, b], [1, 2, 3, a, b]).

    yes

    ?- **append**([1, 2, 3], [a, b], [1, 2, 3, x, y, z]).

    no

    ?- **append**([1, 2, 3], [a, b], [1, 2, 3, X, Y]).

    X = a

    Y = b

    yes

Die drei Aufrufe entsprechen dem Fall a, alle drei Argumente sind Listen. Wir sehen dabei, daß zuerst *list1* und *list2* zusammengesetzt werden und das Ergebnis dann mit *list* unifiziert wird. Wie beim dritten Aufruf deutlich wird, können dabei auch Variablen innerhalb der Liste gebunden werden.

    ?- **append**([1, 2, 3], [a, b], X).

    X = [1, 2, 3, a, b]

    yes

    ?- **append**([1, 2, 3], [ ], X).

    X = [1, 2, 3]

    yes

Hier haben wir Fall b Teil 1. *list* wird an die zusammengesetzte Liste gebunden.

```
?- append([1, 2, 3], X, [1, 2, 3, a, b, c]).

X = [a, b, c]

yes

?- append(X, [x, y], [1, 2, 3, a, b]).

no

?- append(X, [A, B], [x, y, z]).

X = [x]

A = y

B = z

yes
```

Diese drei Aufrufe entsprechen nun dem 2. Teil von Fall b. Wir sehen dabei, daß auch hier wieder Variablen innerhalb der Liste gebunden werden können.

Für Fall c haben wir schon im Beispiel 7.6 einen entsprechenden Aufruf gesehen.

length(<list>, <integer>)

Die Bedeutung dieses Prädikats ist : Die Länge der Liste (Anzahl der Elemente) entspricht der durch *integer* angegebenen Zahl. Ist *integer* also eine ungebundene Variable, so wird diese Variable durch den Aufruf von **length** an die Länge gebunden. Das obligatorische Ende einer Liste, die leere Liste, wird bei der Berechnung der Länge nicht berücksichtigt.

Beispiel 7.8 :

```
?- length([1, 2, 3, 4, 5], X).

X = 5

yes

?- length([1, 2, 3], 5).

no

?- length([ ], X).

X = 0

yes
```

136 Listen und Listenmanipulation

Nun kennen wir den Kopf-Rest-Separator sowie die Built-in-Prädikate, mit denen wir Listen manipulieren können. Damit können wir einige kleine Programme schreiben, mit denen sich bestimmte Aufgabenstellungen im Zusammenhang mit Listen lösen lassen.

7.3 Kleine Programme mit Listen

In diesem Abschnitt geben wir einige kleine Programme an, die bei Problemstellungen mit Listen öfters gebraucht werden und ganz hilfreich sein können. Bei Listen spielt die Rekursion eine große Rolle, da Listen einfach rekursiv definiert werden können.

a) Aus einer Liste soll das letzte Element bestimmt werden. Dazu können wir uns zwei verschiedene Problembeschreibungen überlegen :

1. Besteht die Liste nur aus einem Element, so ist dies auch das letzte Element. Ansonsten entferne das erste Element aus der Liste und bestimme das letzte Element der verbliebenen Liste.

    letzt1(X, [X]).

    letzt1(X, [_|Y]) :- letzt1(X, Y).

    Bedeutung : *letzt1(X, L)* - das letzte Element der Liste L ist X.

2. Wir können auch das Built-in-Prädikat **append/3** ausnutzen. Eine Liste läßt sich aufteilen in eine beliebige Liste und eine einelementige Liste. Diese enthält dann gerade das letzte Element.

    letzt2(X, List) :- **append**(_, [X], *List).*

    Bedeutung : *letzt2(X, L)* - das letzte Element der Liste L ist X.

b) In einer Liste soll das I-te Element bestimmt werden. Auch dazu können wir zwei Beschreibungen finden :

1. Wird das erste Element gesucht, so ist es der Kopf der Liste, ansonsten entfernen wir den Kopf und suchen das (I-1)-te Element in der verbliebenen Liste :

    elem(1, [H|T], H).

    elem(I, [H|T], X) :- Hilf is I − 1,
                           elem(Hilf, T, X).

    Bedeutung : *elem(I, L, X)* - das I-te Element der Liste L ist X.

2. Zur Bestimmung des I-ten Elements können wir die Prädikate **anhaengen/3** und **length/2** ausnutzten. Wir generieren uns über **anhaengen** verschiedene Aufteilungen der Liste. Ist die Länge der ersten Liste gleich $I - 1$, dann ist der Kopf der zweiten Liste gerade das gesuchte Element.

$$element(I, List, X) :- Hilf\ is\ I - 1,$$
$$\mathbf{anhaengen}(L1, [X|\_], List),$$
$$\mathbf{length}(L1, Hilf).$$

Bedeutung : *element(I, L, X)* - das I-te Element der Liste L ist X.

Beide Prädikate können allerdings nur dazu benutzt werden, das I-te Element zu bestimmen, aber nicht umgekehrt die Stelle eines bestimmten Elements in der Liste (da dabei die arithmetischen Berechnungen nicht mehr definiert sind). Das zweite Prädikat läßt sich jedoch einfach abändern, damit man ein Prädikat zur Verfügung hat, mit dem die Stelle eines Elements X bestimmt werden kann.

$$stelle(X, List, I) :- \mathbf{anhaengen}(L1, [X|\_], List),$$
$$\mathbf{length}(L1, Hilf),$$
$$I\ is\ Hilf + 1.$$

Bedeutung : *stelle(X, L, I)* - die Stelle des Elements X in der Liste L ist I.

Eine solche Änderung ist dagegen beim ersten Prädikat nicht so einfach möglich, da wir dann die Berechnung nicht über **length** vornehmen können. Für eine weitere Variation eignet sich dagegen die erste Version der Bestimmung des I-ten Elements wieder besser. Wir konstruieren uns ein Prädikat, welches das I-te Element aus der Liste entfernt.

$$entf(1, [H|T], T).$$
$$entf(I, [H|T1], [H|T2]) :- Hilf\ is\ I - 1,$$
$$entf(Hilf, T1, T2).$$

Bedeutung : *entf(I, L1, L2)* - Entfernen des I-ten Elements aus L1 ergibt L2.

c) Entferne alle Vorkommen eines Elements X aus einer Liste. Das Problem läßt sich mit der folgenden Rekursion lösen :

- Entfernen eines Elements aus der leeren Liste ergibt die leere Liste (Randbedingung)
- Ist das erste Element der Liste gleich dem zu entfernenden Element, so streiche dieses Element und wende **entferne** auf die verbliebene Liste an.
- Ansonsten teile die Liste in Kopf und Rest auf. Wende **entferne** auf den Rest an. Das Ergebnis erhält man, indem man eine Liste aus dem Kopf und der Liste, die aus dem Rest entstanden ist, bildet.

$$entferne(\_, [\ ], [\ ]).$$
$$entferne(X, [X|Z], T) :- !, entferne(X, Z, T).$$
$$entferne(X, [H|Z], [H|T]) :- entferne(X, Z, T).$$

Bedeutung : *entferne(X, L1, L2)* - entfernen aller Vorkommen von X aus der Liste L1 ergibt L2.

Der Cut in der zweiten Zeile ist notwendig, damit das Ergebnis beim Backtracking nicht verfälscht werden kann.

d) Wir wollen ein Prädikat konstruieren, mit dem wir testen können, ob eine Liste als Teilliste in einer anderen Liste enthalten ist. Dazu stellen wir uns den Aufbau einer solchen Liste zuerst graphisch dar :

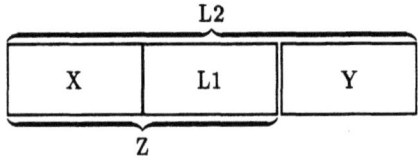

Mit dem Prädikat **anhaengen** generieren wir uns eine Aufteilung der Liste L2 in eine Liste Z und Y, anschließend testen wir mit **append**, ob sich die so entstandene Liste Z in einen Anfang und die Liste L1 aufteilen läßt. Wir sehen an diesem Beispiel, daß es notwendig sein kann, alle möglichen Aufteilungen einer Liste mit **anhaengen/3** zu generieren.

teilliat(L1, L2) :- anhaengen(Z, Y, L2), append(X, L1, Z).

Bedeutung : *teilliat(L1, L2)* - L1 ist eine Teilliste von L2.

Geben wir statt einer konstanten Liste für L1 eine Liste an, die aus n ungebundenen Variablen besteht, so können wir uns mit **teilliat/2** auch alle n-elementigen Teillisten von L2 generieren :

?- *teilliat([A, B, C], [1, 2, 3, 4, 5])* .

A = 1

B = 2

C = 3 ;

A = 2

B = 3

C = 4 ;

A = 3

B = 4

C = 5 ;

no

e) Nun wollen wir ein Prädikat schreiben, mit dem wir testen können, ob alle Elemente einer Liste L1 auch in einer Liste L2 enthalten sind. Dazu können wir uns folgende Beschreibung überlegen :

- Die leere Liste ist in der Liste L2 immer enthalten.
- Ansonsten versuche den Kopf der Liste L1 aus L2 zu entfernen und wende anschließend **enthalten** auf den Rest von L1 und die aus L2 entstandene Liste Z1 an.

  enthalten([ ], L2).

  enthalten([H|T], L2) :- wegnehmen(H, L2, Z1),
  　　　　　　　　　　　　enthalten(T, Z1).

  wegnehmen(X, [X|R], R) :- ! .

  wegnehmen(X, [Y|R], [Y|L]) :- wegnehmen(X, R, L).

Bedeutung : *enthalten(L1, L2)* - alle Elemente von L1 sind auch in L2 enthalten.

Vielleicht scheint es bei diesem Prädikat auf den ersten Blick recht umständlich zu sein, die abgetesteten Elemente jeweils aus der Liste zu entfernen und nicht einfach die Mitgliedschaft mit **member** zu testen. Dies ist jedoch notwendig, da bei mehrfachem Vorkommen eines Elements in L1 dieses mindestens genauso oft in L2 enthalten sein muß.

f) Nun wollen wir uns ein Prädikat überlegen, mit dem wir die Reihenfolge der Elemente in einer Liste umkehren können, also beispielsweise aus der Liste [1, 2, 3, 4, 5] die Liste [5, 4, 3, 2, 1] machen können. Dies ist mit Hilfe eines rekursiven Verfahrens relativ einfach beschreibbar :

- Die leere Liste ergibt umgekehrt wieder die leere Liste.
- Ansonsten spalte die Liste in Kopf und Rest auf und wende das Prädikat auf den Rest an. Anschließend füge den Kopf hinten an die aus dem Rest entstandene umgedrehte Liste an, um das Ergebnis zu erhalten.

  drehum([ ], [ ]).

  drehum([K|R], L) :- drehum(R, Z),
  　　　　　　　　　　　append(Z,[K], L).

Bedeutung : *drehum(L1, L2)* - L2 enthält dieselben Elemente wie L1, nur in umgekehrter Reihenfolge.

Diese naive Vorgehensweise kostet uns allerdings Laufzeit. Hat die Liste n Elemente, so müssen wir die Rekursion auch n-mal durchlaufen. Betrachten wir die Definition von **append**, so erhalten wir auch dort $O(n)$ in Abhängigkeit der Liste. Insgesamt erhalten wir damit $O(n^2)$ für das naive Drehen einer Liste.

Durch das Merken eines Zwischenergebnisses kann der Aufwand auf linearen Zeitbedarf verkürzt werden. Betrachten wir dazu folgende Definition :

drehum_2(L1, L2) :- rev(L1, [], L2).

rev([], L, L).

rev([K|R], Hilf, L) :- rev(R, [K|Hilf], L).

Bedeutung : *drehum_2(L1, L2)* - L2 enthält dieselben Elemente wie L1, nur in umgekehrter Reihenfolge.

Wir sehen, daß schon während der Rekursion die umgedrehte Liste als Zwischenergebnis im zweiten Argument aufgebaut wird.

g) Als letzte Problemstellung innerhalb dieses Abschnitts wollen wir uns der Erzeugung aller Permutationen einer gegebenen Liste widmen. Dazu überlegen wir uns ein Prädikat p(L1, L2), welches für eine gegebene Liste L1 eine Permutation L2 erzeugt. Wird das Prädikat beim Backtracking aufgerufen, so wird eine weitere Permutation erzeugt. Damit können wir einen einfachen Aufruf angeben, um beispielsweise alle Permutationen der Liste [1, 2, 3] zu erhalten :

?- p([1, 2, 3], L2), write(L2), nl, fail.

Für das Prädikat p(L1, L2) können wir uns zwei verschiedene Beschreibungen ausdenken. Die dazugehörigen Prädikate nennen wir statt p/2 einmal **permutation/2** und für die zweite Lösung **permut/2**.

1. Wir nehmen nacheinander das erste, zweite bis n-te Element der Liste und setzen dies an die erste Stelle der zweiten Liste. Der Rest dieser Liste kann dann alle Permutationen der verbliebenen n-1 Elemente sein. Der Algorithmus beinhaltet also einen rekursiven Aufruf der jeweils um ein Element reduzierten Liste. Entsprechend ist die Randbedingung, daß die einzige Permutation der leeren Liste wieder die leere Liste ist.

   Zur Generierung aller möglichen Aufteilungen der Liste in Teil1 (A), Element i (K) und Teil2 (B) können wir dabei das Prädikat **anhaengen/3** verwenden. Damit erhalten wir als Programmstück :

   permutation(L, [K|R]) :- **anhaengen**(A, [K|B], L),
                                    append(A, B, C),
                                    permutation(C, R).

   permutation([ ], [ ]).

   Bedeutung : *permutation(L1, L2)* - L2 ist eine Permutation von L1 , dabei darf L1 keine ungebundene Variable sein.

2. Wir nehmen das erste Element, bilden alle Permutationen der restlichen Liste und

fügen dann das erste Element in jeder Permutation an den Stellen 1, 2 ... n ein. Auch hier haben wir eine rekursive Strategie, wobei die Randbedingung wieder gleich ist.

   permut([ ], [ ]).
   permut([K|R], L) :- permut(R, X),
                       einfuegen(K, X, L).
   einfuegen(X, L, [X|L]).
   einfuegen(X, [K|R1], [K|R2]) :- einfuegen(X, R1, R2).

Bedeutung : *permut(L1, L2)* - L2 ist eine Permutation von L1, dabei darf L1 keine ungebundene Variable sein.

Beide Versionen liefern natürlich unterschiedliche Reihenfolgen bei der Erzeugung aller Permutationen. Dies können wir nachvollziehen, indem wir den obigen Aufruf für die Liste [1, 2, 3] mit beiden Prädikaten testen :

?- **permutation([1, 2, 3], L2), write(L2), nl, fail.**

[1, 2, 3]

[1, 3, 2]

[2, 1, 3]

[2, 3, 1]

[3, 1, 2]

[3, 2, 1]

no

?- **permut([1, 2, 3], L2), write(L2), nl, fail.**

[1, 2, 3]

[2, 1, 3]

[2, 3, 1]

[1, 3, 2]

[3, 1, 2]

[3, 2, 1]

no

Es gibt sicherlich noch weitere interessante Manipulationen im Zusammenhang mit Listen. Allerdings dürfte nach diesen Beispielen eine Programmierung keine großen Pro-

142 Listen und Listenmanipulation

bleme mehr aufwerfen, da die Problemlösungen ähnlich angegangen werden können. In den meisten Fällen bietet sich dabei eine rekursive Beschreibung an.

7.4 Sortieren von Listen

Eine wichtige Gruppe von Manipulationen wollen wir allerdings noch gesondert betrachten : Das Sortieren von Listen. Dazu ist in manchen Dialekten ein Built-in-Prädikat vorhanden, so auch in C-Prolog :

sort(<list1>, <list2>)

Hierbei enthält *list2* die Elemente von *list1* in aufsteigend sortierter Reihenfolge. In *list1* doppelt vorkommende Elemente treten dabei in *list2* nur noch einfach auf. Beim Aufruf von **sort/2** muß *list1* vom Typ *list* sein und darf insbesondere keine ungebundene Variable sein.

Beispiel 7.9 :

> ?- **sort([a, f, s, a, b, s, g, s, b], L)**.
>
> L = [a, b, f, g, s]
>
> yes
>
> ?- **sort(L, [a, b, c])**.
>
> no

Ist ein solches Built-in-Prädikat nicht verfügbar oder wollen wir vermeiden, daß doppelte Elemente entfernt werden, so müssen wir einen Sortier-Algorithmus implementieren. Beispielhaft seien hier die beiden bekannten Verfahren Bubble-Sort und Quick-Sort angegeben.

a) Bubble-Sort

> Bei diesem Verfahren wird die gesamte Liste durchgegangen. Dabei werden je zwei benachbarte Elemente verglichen und getestet, ob sie schon in der richtigen Reihenfolge stehen. Falls nicht, werden sie vertauscht. Das Durchgehen durch die Liste geschieht solange, bis bei einem Durchlauf keine Vertauschungen mehr vorkommen. Dann ist die Liste sortiert. Der Name des Verfahrens stammt daher, daß hierbei die leichtesten Elemente wie Blasen aufsteigen.
>
> Zum Auffinden zweier benachbarter Elemente können wir das Prädikat **anhaengen/3** verwenden. Danach testen wir, ob die Reihenfolge falsch ist, wenn ja tauschen wir die Reihenfolge und rufen **bubble_sort** von der so entstandenen Liste auf. Ansonsten gehen wir zurück zu **anhaengen/3** und erhalten die nächsten beiden Elemente.

Können wir mit **anhaengen/3** die gesamte Liste durchlaufen, ohne auf eine falsche Reihenfolge zu stoßen, so ist die Liste sortiert.

Als Programm :

```
bubble_sort(L, S) :- anhaengen(T1, [A, B|T2], L),
                     B @< A, !,
                     append(T1, [B, A|T2], Z),
                     bubble_sort(Z, S).
bubble_sort(L, L).
```

Wie man sich leicht überlegen kann, ist der Cut nach dem Vergleich notwendig, damit bei einem evtl. Backtracking keine weiteren falschen Lösungen produziert werden.

Die Reihenfolge der Vertauschungen entspricht übrigens aus programmtechnischen Gründen nicht ganz dem eingangs beschriebenen aus der Literatur bekannten Vorgehen von Bubble-Sort. Als Beispiel wollen wir einmal die Vertauschungen beim Sortieren der Liste [4, 3, 2, 1] vergleichen :

Prolog-Programm	Bubble-Sort
4, 3, 2, 1	4, 3, 2, 1
3, 4, 2, 1	3, 4, 2, 1
3, 2, 4, 1	3, 2, 4, 1
2, 3, 4, 1	3, 2, 1, 4
2, 3, 1, 4	2, 3, 1, 4
2, 1, 3, 4	2, 1, 3, 4
1, 2, 3, 4	1, 2, 3, 4

Dieser geringfügige Unterschied resultiert daraus, daß wir nach jeder erfolgreichen Vertauschung **bubble_sort** rekursiv aufrufen und nicht in der Liste weiter gehen, um noch weitere mögliche Vertauschungen vorzunehmen.

b) Quick-Sort

Quick-Sort ist ein Sortierverfahren, welches auf dem divide & conquer – Prinzip beruht. Wir suchen uns ein Pivot-Element aus der Liste, teilen diese Liste in einen Teil T1 mit allen Elementen kleiner oder gleich dem Pivot-Element und einen Teil T2 mit allen Elementen größer dem Pivot-Element auf. Anschließend sortieren wir die Teile T1 und T2 mit Quick-Sort, setzen die so entstandenen sortierten Listen vorne bzw. hinten an das Pivot-Element und erhalten so die sortierte Liste.

144 Listen und Listenmanipulation

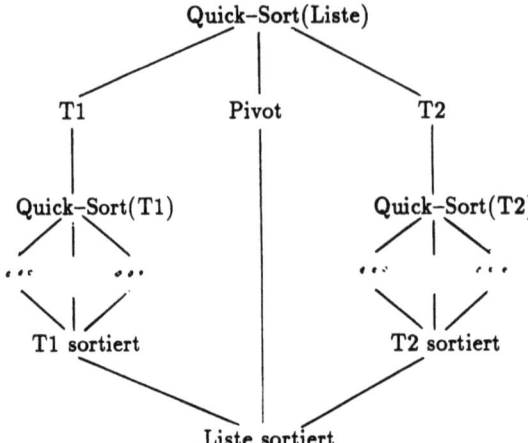

Die einfachste Möglichkeit für die Bestimmung des Pivot-Elements ist es, das erste Element der Liste als Pivot-Element zu nehmen.

Damit brauchen wir lediglich noch ein Prädikat **split(Pivot, List, T1, T2)**, welches für ein gegebenes Pivot-Element und eine Liste diese entsprechend den oben angegebenen Kriterien in T1 und T2 aufspaltet.

Außerdem müssen wir uns eine Randbedingung für das rekursive Aufteilen des Problems überlegen. Dies ist ganz einfach : die leere Liste ergibt sortiert wieder die leere Liste.

Damit erhalten wir als Programm für Quick-Sort :

quick_sort([ ], [ ]).

quick_sort([K|R], S) :- split(K, R, T1, T2),
    quick_sort(T1, S1),
    quick_sort(T2, S2),
    append(S1, [K|S2], S).

split(_, [ ], [ ], [ ]).

split(Pivot, [Next|R], [Next|R1], T2) :- Next @ =<Pivot,
    split(Pivot, R, R1, T2).

split(Pivot, [Next|R], T1, [Next|R2]) :- Next @ >Pivot,
    split(Pivot, R, T1, R2).

Die in der zweiten Regel bei **split** angegebene Bedingung *Next @ > Pivot* erscheint zwar im ersten Moment überflüssig, ist aber notwendig, damit bei einem evtl. Backtracking keine weiteren falschen Lösungen produziert werden. Wie man sich leicht überlegen kann, könnten wir stattdessen in der ersten Regel für *split* nach dem Vergleich einen Cut einfügen.

Bei der Implementation von Sortierverfahren in Prolog ist allerdings zu beachten, daß keine direkte Zugriffsmöglichkeit auf ein bestimmtes Element besteht. Diese Zugriffe werden dann über **append, anhaengen** oder ähnliche meist rekursive Verfahren gelöst, die eine Laufzeit durch von $O(n)$ haben. Dadurch erhöht sich die Laufzeit der Verfahren ebenfalls um diesen Faktor.

7.5 ASCII–Listen

Als letzten Punkt des Abschnitts über Listen wollen wir die *ASCII-Listen* betrachten. Diese nehmen eine Sonderstellung ein. Wie wir schon wissen, gibt es zwei Darstellungsarten :

- als Liste der ASCII–Codes :   [80, 114, 111, 108, 111, 103]
- als sogenannter *string* :   "Prolog"

Diese beiden Darstellungsarten sind äquivalent. So ist es durchaus möglich z.B. auf einen *string* oder eine Variable, die an einen *string* gebunden ist, Built-in-Prädikate für Listen anzuwenden.

Beispiel 7.10 :

> ?- **append("hello ", "hello ", L)**.
>
> L = [104, 101, 108, 108, 111, 32, 104, 101, 108, 108, 111, 32]
>
> yes
>
> ?- **"hello" = [K|R]**.
>
> K = 104
>
> R = [101, 108, 108, 111]
>
> yes

Wie wir an diesem Beispiel sehen, ist die interne Darstellung die Liste der ASCII–Codes. Da entsprechend auch die Ergebnisse als solche Listen ausgegeben werden, sind sie für den Benutzer schlecht zu interpretieren. Wünschenswert wäre beispielsweise eine Typkonvertierung der ASCII–Liste zum entsprechenden *textual atom*. Genau dieses ist mit folgendem Built-in-Prädikat möglich.

name(<arg1>, <ASCII–Liste>)

Hierbei ist *arg1* entweder vom Typ *number* oder *atom*. Beim Aufruf von **name/2** muß eines der beiden Argumente an einen bestimmten Wert des entsprechenden Typs gebunden sein. Ist *arg1* gebunden, so wird das zweite Argument mit der ASCII-Liste der Zeichen, aus denen *arg1* aufgebaut ist, unifiziert. Umgekehrt, wenn das zweite Argument gebunden ist, so wird *arg1* mit der entsprechenden Zeichenfolge unifiziert. Diese wird als *integer* oder *real* interpretiert, wenn sie syntaktisch einem dieser beiden Typen entspricht, ansonsten als vom Typ *atom*.

Beispiel 7.11 :
Das Built-in-Prädikat **name/2** soll an einigen Aufrufen ausprobiert werden :

 ?- **name(uni, L)**.

 L = [117, 110, 105]

 yes

 ?- **name(X, Y)**.

 !Illegal arguments

 no

Zumindest eines der beiden Argumente muß an einen dem geforderten Typ entsprechenden Wert gebunden sein.

 ?- **name('Uni', L)**.

 L = [85, 110, 105]

 yes

L wird mit der Liste der entsprechenden ASCII-Codes unifiziert.

 ?- **name('Uni', "Uni")**.

 yes

"Uni" ist gerade die Liste mit den dem atom 'Uni' entsprechenden Codes, deshalb ist die Unifikation erfolgreich.

 ?- **name("Uni", L)**.

 !Illegal arguments

 no

"Uni" ist ein *string* und kein *atom*, deshalb erfolgt die Fehlermeldung. Obwohl die beiden Darstellungen ähnlich aussehen, handelt es sich um verschiedene Typen.

?- *name(X, "Hallo")*.

X = Hallo

yes

X wird mit dem der ASCII-Liste entsprechenden *atom* unifiziert.

?- *name(X, [50, 55])*, *integer(X)*.

X = 27

yes

X wird mit der der ASCII-Liste entsprechenden Zeichenfolge unifiziert. Diese entspricht syntaktisch einem *integer*, deshalb ist das zweite Teilziel auch wahr.

Mit Hilfe dieses Built-in-Prädikats können wir nun ein in vielen Fällen hilfreiches Programmstück schreiben, welches das Problem löst, daß eine Zeichenkette eingelesen werden soll, welche nicht den syntaktischen Forderungen des Built-in-Prädikats **read/1** genügt. Es sollen also auch Zeichenketten eingelesen werden, die als *textual atom* interpretiert werden sollen, obwohl sie nicht ganz den syntaktischen Anforderungen genügen, da beispielsweise die Anführungszeichen fehlen, oder das Abschlußkriterium Punkt entfallen soll. Ein solches Programmstück wollen wir im nächsten Beispiel entwickeln.

Beispiel 7.12 :
Es soll ein Programm geschrieben werden, mit dem eine beliebige, maximal eine Zeile lange Zeichenkette eingelesen wird, welche durch ein <*return*> abgeschlossen wird.

Dafür können wir folgendes Verfahren anwenden :
Wir lesen mit **get0/1** solange zeichenweise ein und hängen die Codes in einer Liste aneinander, bis der Code für das <*return*> gelesen wird. Danach wandeln wir die ASCII-Liste mit **name** in die entsprechende Zeichenkette um und erhalten als Ergebnis ein *textual atom* oder eine *number*.

einlese(X) :- *lese_codes(List)*, **name**(X, List).

lese_codes(List) :- **get0**(Next),
                ((Next =:= 10, !, List = [ ]);
                (List = [Next|Rest], *lese_codes(Rest)*)).

Der Cut nach dem Test, ob Next an den Wert 10 gebunden ist, ist notwendig, um beim Backtracking über das gesamte Prädikat nicht ungewollterweise im falschen Oder-Zweig zu landen.

Beispiel für einen Aufruf :
>   ?- *einlese(X)*.
>   : ***Skifahren macht Spass !*** **<return>**
>   X = Skifahren macht Spass !
>   yes

8 Terme, Strukturen und Operatoren

8.1 Termklassifizierung

Oftmals zeigt ein Prädikat nur die gewünschte Wirkung, wenn ein oder mehrere Argumente einem bestimmten Typ genügen. Ansonsten liefert es vielleicht auch ein Ergebnis, welches aber keinen Sinn macht, oder es besteht die Gefahr einer Endlosschleife. Beispielsweise durfte beim Prädikat *permutation/2* im vorigen Abschnitt das erste Argument keine ungebundene Variable sein.

Um solche Einschränkungen zu programmieren, gibt es eine Reihe von Prädikaten, die testen, ob ein Ausdruck einem bestimmten Typ genügt oder nicht. Bei dieser Gruppe von Built-in-Prädikaten handelt es sich um deskriptive Elemente von Prolog. Wir formulieren im Grunde eine Bedingung der Gestalt : Ausdruck X genügt den Anforderungen des Typs a.

Prädikat	Anforderung an Ausdruck X
var(X)	X ist eine ungebundene Variable oder an eine solche gebunden.
nonvar(X)	X ist keine ungebundene Variable und auch nicht an eine solche gebunden.
atom(X)	X ist vom Typ atom oder an diesen Typ gebunden
atomic(X)	X ist vom Typ atom, number oder Database Reference Nummer, bzw. an einen dieser Typen gebunden
primitive(X)	X ist vom Typ number oder Database Reference Nummer oder an einen dieser beiden Typen gebunden
number(X)	X ist vom Typ number, also ein integer oder real, oder an diesen Typ gebunden
integer(X)	X ist vom Typ integer oder an diesen gebunden
db_reference(X)	X ist an eine Database Reference Nummer gebunden

Tabelle 8.1 Prädikate zur Termklassifizierung

Beispiel 8.1 :
Diese Prädikate wollen wir mit verschiedenen Argumenten aufrufen, um die jeweiligen Antworten zu sehen :

```
?- var(Kneipe).

Kneipe = _0

yes

?- Kneipe = bacchus, var(Kneipe).

no

?- Kneipe = Lokal, var(Kneipe).

Kneipe = _0

Lokal = _0

yes

?- Kneipe = vogelbraeu, nonvar(Kneipe).

Kneipe = vogelbraeu

yes

?- atom('Linie 8').

yes

?- atom(95).

no

?- integer(5+7-3).

no
```

Ein arithmetischer Ausdruck wird also nicht ausgewertet, falls er als Argument eines Klassifizierungsprädikats angegeben wird, sondern als Struktur interpretiert.

```
?- integer(-2000).

yes

?- number(-33E45).

yes
```

Beispiele zu **db_reference/1** werden wir im Abschnitt über die interne Datensammlung angeben, da dieser Typ *nicht* über die Tastatur eingegeben werden kann, sondern nur durch Aufruf von Built-in-Prädikaten an Variablen gebunden wird. Deshalb macht ein Aufruf von **db_reference/1** nur im Zusammenhang mit diesen Prädikaten Sinn.

Nicht enthalten in der Gruppe dieser Prädikate ist ein Prädikat, welches testet, ob es sich um den Typ real handelt. Diesen Test kann man aber einfach selbst definieren :

   real(X) :- number(X), not integer(X).

8.2 Aufbau von Strukturen

Diese Gruppe von Built-in-Prädikaten ist zur Lösung mehrerer Problemstellungen geeignet. Man kann damit testen, ob eine Struktur einem bestimmten Aufbau genügt, einzelne Elemente einer Struktur zur weiteren Verarbeitung herauslösen, Strukturen verändern oder sogar neu aufbauen. Je nach Aufgabenstellung kann man die Prädikate zu den deskriptiven oder auch zu den prozeduralen Elementen zählen.

functor (<structure>, <functor>, <arity >)

Wie man schon an der Bezeichnung der Argumente sieht, hat dieses Prädikat die Bedeutung : Die Struktur *structure* hat den Funktor *functor* und die Stelligkeit *arity*. Die genaue Wirkungsweise ist davon abhängig, welche der Argumente gebunden sind und welche nicht. Dabei sind nur die im folgenden erklärten Kombinationen zulässig.

a) Alle drei Argumente sind gebunden. Dann entspricht der Aufruf lediglich einem Test, ob die angegebene Struktur gerade den angegebenen Funktor sowie Stelligkeit hat.

b) Lediglich das erste Argument *structure* ist gebunden. Dann hat der Aufruf ein fail zur Folge, falls dieses Argument syntaktisch nicht vom Typ *structure* ist. Ansonsten wird das Argument *functor* mit dem Funktor der angegebenen Struktur und *arity* mit deren Stelligkeit unifiziert.

c) Das Argument *structure* ist ungebunden, die beiden anderen Argumente sind dagegen gebunden. Nun wird durch einen Aufruf von **functor/3** dieses ungebundene Argument mit einer Struktur unifiziert, welche aus dem Funktor *functor* und der durch *arity* spezifizierten Anzahl an Argumenten aufgebaut ist. Alle diese Argumente sind dabei ungebundene Variablen. Sind beim Aufruf die Argumente *functor* und *arity* nicht vom zulässigen Typ, so hat dies ein fail zur Folge.

Das Prädikat **functor/3** ist auch auf Operationen anwendbar :
   functor(<operation>, <operator>, <Anzahl Operanden>)
Die Wirkungsweise ist dann ganz analog.

Beispiel 8.2 :

   ?- **functor(urlaub(oesterreich, kappl, ski), urlaub , 3).**
   yes

Die Antwort yes erfolgt, da die Struktur mit dem Funktor urlaub aufgebaut ist und die Stelligkeit 3 besitzt.

>   ?- *functor(urlaub(oesterreich, kappl, ski(alpin)), X, Y)*.
>
>   X = urlaub
>
>   Y = 3
>
>   yes

X wird mit dem Funktor der angegebenen Struktur unifiziert, Y mit der Stelligkeit. Keine Rolle spielt dabei das Aussehen der Argumente. Diese können also wie hier auch wieder Strukturen sein.

>   ?- *functor(honolulu, X, Y)*.
>
>   X = honolulu
>
>   Y = 0
>
>   yes

In diesem Fall haben wir eine nullstellige Struktur, die nur aus dem Funktor besteht.

>   ?- *functor(55(alter), X, Y)*.
>
>   syntax error
>
>   no

Das erste Argument entspricht nicht der Syntax einer Struktur.

>   ?- *functor(3 * 9, X , Y)*.
>
>   X = *
>
>   Y = 2
>
>   yes

In diesem Fall haben wir **functor/3** mit einer Operation aufgerufen, entsprechend wird X mit dem Operator und Y mit der Anzahl der Operanden unifiziert.

>   ?- *functor([a, b, c], X, Y)*.
>
>   X = .
>
>   Y = 2
>
>   yes

Die Listendarstellung entspricht einer Operation, da Listen mit Hilfe des Punktoperators aufgebaut sind. Entsprechend erfolgen die Unifikationen.

?- **functor(X, urlaub, 3).**

X = urlaub(_12, _14, _16)

yes

X wird mit einer Struktur unifiziert, welche als Funktor *urlaub* hat und dreistellig ist, wobei die Argumente ungebundene Variablen sind.

?- **functor(X, + , 2).**

X = _12 + _14

yes

Als zweites Argument haben wir ein Atom angegeben, welches auch als Operation definiert ist. Da die Stelligkeit auch mit der Anzahl der Operanden übereinstimmt, wird X mit der entsprechenden Operation unifiziert.

?- **functor(X, + , 3).**

X = +(_12, _14, _16)

yes

Nun stimmt die Stelligkeit nicht mehr für die Built-in-Operation Addition, entsprechend wird X nun mit einer dreistelligen Struktur unifiziert.

arg(<n>, <structure>, <argument>)

Dieses Built-in-Prädikat läßt sich auf folgende Weise interpretieren : das *n-te* Argument der Struktur *structure* ist *argument*. Die Argumente sind dabei von links nach rechts mit 1 beginnend durchnumeriert.

Entsprechend müssen auch mindestens die ersten beiden Argumente von **arg/3** beim Aufruf gebunden sein. Sind alle drei Argumente gebunden, so entspricht der Aufruf lediglich einem Test, ob die Aussage für die angegebenen Argumente zutrifft. Wird für *argument* eine ungebundene Variable angegeben, so wird diese beim Aufruf an das *n-te* Argument der Struktur gebunden.

Selbstverständlich muß *n* eine natürliche Zahl sein und *structure* auch der Syntax von Strukturen entsprechen. Sonst hat dies ein fail für **arg/3** zur Folge.

Wie schon zuvor bei **functor/3** kann auch **arg/3** ebenso auf Operationen angewendet werden : *arg(<n>, <operation>, <operand >)*

154   Terme, Strukturen und Operatoren

Beispiel 8.3 :

   ?- **arg(2, interesse(bernie, statistik), statistik)**.

yes

Es ist richtig, daß das zweite Argument der angegebenen Struktur *statistik* ist.

   ?- **arg(1, interesse(nicol, psychologie), X)**.

   X = nicol

   yes

Das erste Argument der Struktur ist *nicol*. X wird mit diesem unifiziert.

   ?- **arg(2, 2 + (3 + 4), Y)**.

   Y = 3 + 4

   yes

Bei dieser Frage ist als zweites Argument von **arg** eine Operation angegeben worden. Y wird mit dem zweiten Operanden unifiziert. Entscheidend für die Aufteilung einer geschachtelten Operation ist dabei die oberste Ebene.

   ?- **arg(2, [k2, voelkl, dynastar], Z)**.

   Z = [voelkl, dynastar]

   yes

Mit der Liste haben wir wieder eine Operation angegeben, die geschachtelt ist. Entsprechend erhalten wir den zweiten Operanden der Operation auf der obersten Ebene. Dies ist wiederum eine Liste.

   ?- **arg(3, [k2, völkl, dynastar], Z)**.

   no

Die Listenoperation ist lediglich zweistellig. Folglich existiert auch kein dritter Operand.

Mit Hilfe der beiden Built-in-Prädikate können wir ein Programmstück schreiben, welches aus einer Liste eine Struktur erzeugt. Dabei werde der Kopf der Liste zum Funktor der Struktur und der Rest der Liste enthalte die Argumente der Struktur.

Beispiel 8.4 :
Die Aufgabe läßt sich folgendermaßen lösen :
Bestimme die Länge des Rests einer gegebenen Liste. Diese entspricht der Anzahl der Argumente. Der Kopf entspricht dem Funktor der Struktur. Damit können wir uns mit **functor/3** die entsprechende Struktur generieren. Diese enthält allerdings Variablen

als Argumente. Indem wir nacheinander mit Hilfe von **arg/3** alle diese Elemente mit dem entsprechenden Element der Liste unifizieren, können wir diese Variablen mit den jeweiligen Argumenten belegen.

> univ(Struktur, [K|R]) :- length(R, N),
> **functor**(Struktur, K, N),
> belege(Struktur, 1, R).
>
> belege(_, _, [ ]).
> belege(Struktur, N, [K|R]) :- **arg**(N, Struktur, K),
> succ(N, M),
> belege(Struktur, M, R).

Damit können wir nun Strukturen (bzw. bei entsprechenden Angaben auch Operationen) erzeugen, wie folgende Aufrufe zeigen :

> ?- **univ(X, [interesse, thilo, informatik])**.
>
> X = interesse(thilo, informatik)
>
> yes
>
> ?- **univ(X, [+, 4, 5]), Y is X**.
>
> X = 4 + 5
>
> Y = 9
>
> yes

Ein Built-in-Prädikat, welches die gleiche Wirkung wie das gerade beschriebene Programmstück zeigt, ist sogar schon vorhanden.

<structure>=.. <list>

Dieses Built-in-Prädikat ist in Infix-Schreibweise definiert. Es hat zum einen die Wirkungsweise des in Beispiel 8.4 angegebenen Prädikats **univ/2**. Darüber hinaus kann es auch in der anderen Richtung, also zur Konvertierung einer Struktur in eine Liste verwendet werden. Die Wirkung hängt lediglich davon ab, welches Argument des Prädikats gebunden und welches ungebunden ist.

Da der Kopf der Liste dem Funktor der Struktur entspricht, muß er vom Typ *atom* sein und die Elemente des Rests der Liste müssen von den für *argument* zulässigen Typen sein, da sie den Argumenten der Struktur entsprechen, falls *list* gebunden ist.

Beispiel 8.5 :

?- S =..[interesse, martina, bwl].

S = interesse(martina, bwl)

yes

Bei diesem Aufruf ist für *structure* eine ungebundene Variable angegeben worden. Diese wird mit der aus der Liste gebildeten Struktur unifiziert.

?- Op =..[*, 5, 7].

Op = 5 * 7

yes

Auch mit diesem Prädikat lassen sich aus Listen bei entsprechendem Inhalt Operationen bilden.

?- interesse(X, Y) =..[F, nicol, psychologie].

X = nicol

Y = psychologie

F = interesse

yes

An diesem Beispiel sehen wir, daß, falls die beschriebene Konvertierung möglich ist, entsprechende Elemente miteinander unifiziert werden.

?- [1, 2, 3, 4] =.. Liste.

Liste = [.,1, [2, 3, 4]]

yes

Die Liste wird in eine Liste mit Kopf Punktoperator und dem Rest, bestehend aus den beiden Operanden des Punktoperators, konvertiert.

Eine kleine Anwendung für das Prädikat =.. , welches auch mit *univ* bezeichnet wird, zeigt das folgende Beispiel.

Beispiel 8.6 :

Zu lösen ist folgende Aufgabe : Eine existierende Struktur soll abgeändert werden, indem zusätzliche Argumente hinzugefügt werden. Diese Argumente seien in einer Liste gegeben.

Das zugehörige Programmstück ist recht einfach :

```
add_arg(St, Arg, Nst) :- St =.. L,
                        append(L, Arg, Nl),
                        Nst =.. Nl.
```

Ein Aufruf dieses Prädikats sieht dann beispielsweise folgendermaßen aus :

?- **add_arg(interesse(nicol, psychologie), [stark], X).**

X = interesse(nicol, psychologie, stark)

yes

Damit haben wir aus dem zweistelligen Prädikat *interesse* ein dreistelliges Prädikat gleichen Namens erhalten, bei dem als drittes Argument der Grad des Interesses mit aufgenommen ist.

8.3 Definition von Operatoren

Bisher haben wir schon einige vordefinierte Operatoren kennengelernt, beispielsweise die Operatoren zur Definition von arithmetischen Ausdrücken.

Nun wollen wir darstellen, wie man selbst Operatoren definiert. Bevor wir aber die genaue Vorgehensweise einer solchen Definition betrachten, soll der Sinn eines selbstdefinierten Operators dargestellt werden. Ein solcher Operator kann nämlich nicht eine dazu definierte Wirkung haben, wie z.B. der vordefinierte Operator + in der Arithmetik, der in bestimmten Situationen eine Addition bewirkt.

Der eigentliche Zweck liegt darin, daß Ausdrücke, die mit Hilfe von selbstdefinierten Operatoren aufgebaut sind, *syntaktisch* dem Typ Operation entsprechen. Damit ist es dann möglich Built-in-Prädikate, die Argumente vom Typ Operation haben können, mit solchen Ausdrücken aufzurufen. So kann beispielsweise eine Zeichenkette nun eingelesen werden, weil sie syntaktisch aus Operationen aufgebaut ist.

Beispiel 8.7 :
Innerhalb einer Problemlösung müssen aussagenlogische Ausdrücke eingelesen werden. Dazu müssen wir Zeichen für das logische *und*, *oder* und *nicht* vereinbaren. Wir nehmen dafür folgende Zeichen :

    und   &
    oder   #
    nicht   ^

Versuchen wir nun, einen mit diesen Zeichen aufgebauten aussagenlogischen Ausdruck mit dem Built-in-Prädikat **read** einzulesen, also z.B. a & b # (c & ^b) , so ergibt dies einen syntax error, da diese Zeichenfolge syntaktisch nicht einem Term entspricht.

Haben wir dagegen diese drei Zeichen als Operatoren definiert, so ist dies ohne weiteres möglich, da die Zeichenkette nun als Operation aufgefaßt wird und damit auch zu den Termen gehört.

158   Terme, Strukturen und Operatoren

Weiter haben wir jetzt auch mehr Möglichkeiten zur Verarbeitung des Ausdrucks. Es ist nun z.B. möglich folgende sinnvolle Unifikation durchzuführen :
    ?- **X # Y = a & b # (c & ˆb)**.

    X = a & b

    Y = c & ˆb

    yes

Nun wollen wir uns ansehen, wie wir einen Operator selbst definieren. Dazu dient ein Built-in-Prädikat.

op(<Vorrang>, <Assoz>, <Op>)

Mit diesem Built-in-Prädikat können wir festlegen, daß ein bestimmtes Atom, welches wir mit *Op* angeben, ein selbstdefinierter Operator ist. Bei dieser Definition müssen wir noch zusätzliche Eigenschaften des Operators angeben : den *Vorrang*, die *Position* und die *Assoziativität*.

Unter diesen Begriffen versteht man folgende Sachverhalte :

Vorrang :   Besteht ein Ausdruck aus mehreren Operationen, die mit unterschiedlichen Operatoren aufgebaut sind, und ist nicht durch Klammerung angegeben, welche Operation zuerst ausgeführt werden soll, so muß eine Regel für die Reihenfolge der Ausführung der Operationen existieren. In der Arithmetik sind uns solche Regeln sicher geläufig, z.B. Punktrechnung vor Strichrechnung. Zur Festlegung solcher Regeln dient die Angabe des Vorrangs.

    Als erstes Argument von *op/3* muß eine positive ganze Zahl zwischen 1 und 255 angegeben werden (dieses Intervall kann je nach Interpreter verschieden sein). Bei der Abarbeitung von Operationen gilt dann die Regel, daß diejenige Operation zuerst ausgeführt wird, deren Vorrang mit der niedrigsten Zahl vereinbart ist.

    In unserem aussagenlogischen Beispiel müßten wir also den Operator für *nicht* mit einer niedrigeren Zahl für den Vorrang versehen als die Operatoren für *und* bzw. *oder*, um die in der Aussagenlogik gültige Reihenfolge zu gewährleisten.

Position :   Mit dieser Angabe legt man fest, ob für die Operation eine Prefix-, Postfix- oder Infix-Notation möglich ist. Die Angabe der Position erfolgt zusammen mit der Festlegung der Assoziativität.

Assoziativität :   Werden mehrere Operationen mit dem gleichen Operator hintereinander gereiht, so muß, falls keine Klammern angegeben sind, eine Regel existieren, mit der festgelegt wird, ob die Operationen von links nach rechts abgearbeitet werden oder umgekehrt. Außerdem kann auch festgelegt sein, daß es verboten ist, solche gleichartigen Operationen einfach aneinanderzureihen. Aus der Arithmetik sind uns solche Regeln sicherlich geläufig. So werden wir beispielsweise den Ausdruck 4 + 5 + 6 immer von links nach rechts auswerten.

Beim Aufruf von *op/3* wird durch die Angabe des zweiten Arguments sowohl die Position als auch die Assoziativität bei Operationen mit gleichem Vorrang spezifiziert. Dies geschieht durch die Angabe eines bestimmten *Symbols*. Die zulässigen Symbole für *Assoz* und deren Bedeutung sind in folgender Tabelle aufgelistet.

Symbol	Position	Assoziativität
xfx	Infix	nicht assoziativ
xfy	Infix	rechts nach links
yfx	Infix	links nach rechts
fx	Prefix	nicht assoziativ
fy	Prefix	links nach rechts
xf	Postfix	nicht assoziativ
yf	Postfix	rechts nach links

Tabelle 8.2 Symbole für Assoz

Die Bedeutung der Symbole kann man sich auch so merken : f deutet die Position des Operators an, x bedeutet, daß auf dieser Seite der Operation nur Operationen mit einer niedrigeren Zahl für den Vorrang stehen dürfen, y dagegen, daß auf dieser Seite Operationen mit der gleichen oder einer niedrigeren Zahl für den Vorrang stehen können.

Den Namen der Operation geben wir als drittes Argument von *op/3* an. Er muß vom Typ *atom* sein. Wollen wir mehrere Operatoren mit den gleichen Vereinbarungen über Vorrang, Position und Assoziativität definieren, können wir an Stelle eines einzelnen Atoms auch eine *Liste von Atomen* angeben.

Bei der Definition der Operatoren wird nichts über die Stelligkeit der zugehörigen Operation ausgesagt. Diese ist auch beliebig. Es kann sogar ein Operator in Operationen unterschiedlicher Stelligkeit verwendet werden.

Beispiel 8.8 :
Nun können wir ein Programmstück schreiben, mit dem wir die aussagenlogischen Operatoren definieren. Dabei berücksichtigen wir die Vorrangregeln in der Aussagenlogik ('nicht' vor 'und', 'und' vor 'oder') :

160 Terme, Strukturen und Operatoren

> op_def :- op(50, fy, ^),
>   op(80, xfy, &),
>   op(100, xfy, #).

Nach Aufruf der Definition können wir nun auch einen aussagenlogischen Ausdruck einlesen :

> ?- op_def.

> yes

Die Operatoren sind definiert und gelten im weiteren Interpreterlauf als vereinbart.

> ?- read(X).
>
> : (a & b) # (c & ^b).
>
> X = a & b # c & ^d
>
> yes

Überflüssige Klammern werden intern weggelassen. Wir hätten den Ausdruck auch ohne Klammern eingeben können, da diese Abarbeitungsreihenfolge schon durch die Operatoren festgelegt ist.

> ?- read(X).
>
> : (a # c) & (d # c).
>
> X = (a # c) & (d # c)
>
> yes

In diesem Fall sind die Klammern wichtig, da damit eine von der vereinbarten abweichende Abarbeitungsfolge angegeben wird.

> ?- read(X).
>
> : (a & b) & c.
>
> X = (a & b) & c
>
> yes

Die Abarbeitungsfolge ist anders angegeben, deshalb bleiben die Klammern stehen.

> ?- read(X).
>
> : a & (b & c).
>
> X = a & b & c
>
> yes

Die eingebene Klammerung entspricht der angegebenen Assoziativität xfy.

>   ?- **read(X), X = U # V.**
>
>   : **a # b # ^c & d.**
>
>   X = a # b # ^c & d
>
>   U = a
>
>   V = b # ^c & d
>
>   yes

Die Unifikation erfolgt ebenfalls entsprechend der angegebenen Abarbeitungsfolge, d.h. die Aufteilung erfolgt beim # der obersten Ebene, also bei dem, welches zuletzt ausgeführt wird.

In den folgenden beiden Beispielen werden die Built-in-Prädikate aus diesem Abschnitt zur Lösung verschiedener Probleme herangezogen. Sie zeigen also eine Möglichkeit für einen sinnvollen Einsatz.

Beispiel 8.9 :

a) Aufgabe : Schreiben Sie ein Prolog-Programm, welches einen aussagenlogischen Ausdruck einliest, testet, ob er in zweikonjunktiver Normalform ist, und das Ergebnis ausgibt.

Das Kernstück dieser Aufgabe ist der Test auf zweikonjunktive Normalform. Für die Implementation dieses Tests können wir nach folgender Beschreibung vorgehen :

- Teste, ob die höchste Operation des Ausdrucks eine Konjunktion ist.
  Falls ja, spalte den Ausdruck an dieser Stelle auf. Der linke Teilausdruck muß dann eine zweistellige Disjunktion sein, der rechte Ausdruck muß in zweikonjunktiver Normalform sein.
  Falls nein, so muß der Ausdruck eine zweistellige Disjunktion sein, sonst liegt keine zweikonjunktive Normalform vor.
- Eine zweistellige Disjunktion liegt vor, wenn der Ausdruck aus der Disjunktion zweier elementarer Elemente besteht.
- Ein Ausdruck ist elementar, falls er ein Atom ist, oder falls er aus einem negierten Ausdruck besteht und dieser wiederum elementar ist.

Das entsprechende Programm lautet dann :

>   *op_def :- op(50, fy, ^),*
>   *op(80, xfy, &),*
>   *op(100, xfy, #).*

```
?- op_def.
zkn  :- write('Eingabe : '),
        read(X),
        nl, nl,
        zkn_test(X),
        write('Der Ausdruck ist in zweikonjunktiver Normalform').
zkn  :- write('Der Ausdruck ist nicht in zweikonjunktiver Normalform').
zkn_test(P & Q) :- disj(P), zkn_test(Q).
zkn_test(P) :- disj(P).
disj(V # W) :- elementar(V), elementar(W).
elementar(^V) :- elementar(V).
elementar(V) :- atom(V).
```

Mit der Operatordefinition haben wir eines der wenigen Beispiele, bei denen es sinnvoll ist, eine Frage als Seiteneffekt zu programmieren. Die Operatoren gelten nämlich erst als definiert, wenn *op/3* als Ziel erfüllt ist. Würde man nun die Frage nach **op_def** nicht vor das weitere Programm stellen, so könnte man die weiteren Klauseln des Programms teilweise nicht in die Datensammlung einlesen, da in ihnen diese Operatoren verwendet werden. Die Folge wäre dann an diesen Stellen ein *syntax error*.

b) Aufgabe : Schreiben Sie ein Prolog-Programm, welches testet, ob ein Ausdruck monadisch ist, also nur einstellige Prädikate enthält. Falls dies gilt, sollen alle verwendeten Prädikatsnamen alphabetisch sortiert ausgegeben werden.

Bevor wir an die eigentliche Lösung der Aufgabe gehen, müssen zuerst noch einige weitere Konventionen getroffen werden :

- Die Zeichen für *und*, *oder* und *nicht* bleiben wie bei der Aussagenlogik.
- Für den Existenzquantor stehe : *exist*
  Für den Allquantor stehe : *all*
- Variablen sollen mit einem Großbuchstaben beginnen, Prädikatsnamen und Konstanten mit einem Kleinbuchstaben.

Damit schreiben wir für den Ausdruck $\forall X \; \exists Y \; (p(X) \vee q(Y) \wedge \neg r(c))$ nun in unserer Syntax : all(X, exist(Y, p(X) # q(Y) & ^r(c)))

Der Test auf monadisch läßt sich nun folgendermaßen beschreiben :

- Ist der Existenz- oder der Allquantor der Operator der obersten Ebene, so muß der Ausdruck, ohne den Quantor monadisch sein.
- Ist die Negation der Operator der obersten Ebene, so muß der Ausdruck, auf den sie sich bezieht monadisch sein.

- Ist eine Konjunktion (Disjunktion) der Operator der obersten Ebene, so müssen die durch diese verbundenen Teilausdrücke jeweils monadisch sein.
- Ansonsten enthält der Ausdruck keine Operationen mehr. Dann muß er ein einstelliges Prädikat sein.

Als Programm erhalten wir :

```
op_def :- op(50, fy, [^, all, exist]),
         op(80, xfy, &),
         op(100, xfy, #).
```

?- op_def.

```
monad :- write('Eingabe : '),
         read(X), nl, nl,
         mon_test(X, L),
         write('Der Ausdruck ist monadisch'),
         nl, nl,
         write('Verwendete Praedikatsnamen : '),
         sort(L, S), ausgabe(S).

monad   :- write('Der Ausdruck ist nicht monadisch').

mon_test( all(X, P), L )  :- mon_test( P, L ).

mon_test( exist(X, P), L )  :- mon_test( P, L ).

mon_test( ^P, L )  :- !, mon_test( P, L ).

mon_test( P & Q, L )  :- mon_test( P, L1 ), mon_test( Q, L2 ),
                        append(L1, L2, L).

mon_test( P # Q, L )  :- mon_test( P, L1 ), mon_test( Q, L2 ),
                        append(L1, L2, L).

mon_test( P, [F]) :- functor(P, F, 1).

ausgabe(S)  :- member(X, S),
               write(X), tab(4),
               fail.
ausgabe(_).
```

Der **Cut** in der Regel für die Negation ist nötig, da es sonst möglich ist, daß beim Backtracking die letzte Regel für **mon_test/2** angewendet und wahr wird, da die Negation eine einstellige Operation ist. Dies würde zu einem falschen Ergebnis führen.

Nachdem dieses Programm in die Datensammlung geladen wurde, könnte nun z.B. folgende Ausführung ablaufen :

?- **monad.**

Eingabe :**all(X, exist(Y, p(X) # q(Y) & ˆ r(c))).**

Der Ausdruck ist monadisch

Verwendete Praedikatsnamen :   p   q   r

yes

9 Programmkontrolle

Die in diesem Abschnitt zusammengestellten Built-in-Prädikate sind ausführlich schon im Kapitel 6 erläutert worden und werden lediglich der Vollständigkeit halber hier nochmals aufgeführt. Entsprechend findet sich in diesem Abschnitt nur eine kurze Erklärung und keine Beispiele.

In einem ersten Teil werden die Prädikate angesprochen, mit denen die Abarbeitungsfolge der einzelnen Ziele gesteuert werden kann. In einem zweiten Teil sind dann die Befehle zur Steuerung des Debuggers zu finden.

9.1 Ablaufsteuerung

<goal>, <goal>

Mit dem Komma wird die Konjunktion zweier Ziele dargestellt. Die Konjunktion ist ein zweistelliges Prädikat, welches wahr ist, falls ein Aufruf der beiden Argumente wahr ist. Werden beispielsweise im Rumpf einer Regel mehrere Ziele mit der Konjunktion verbunden, so müssen sie alle erfüllt sein, damit ein Aufruf des Kopfs der Regel wahr wird. Sind keine Klammern angegeben, so ist die Abarbeitungsfolge bei mehreren Konjunktionen von links nach rechts.

<goal>; <goal>

Mit dem Strichpunkt wird dagegen die Disjunktion zweier Ziele dargestellt. Dies bedeutet, daß mindestens eines der beiden Ziele wahr sein muß, damit dieses Prädikat wahr wird. Eine Disjunktion kann normalerweise durch Verwendung zweier Klauseln vermieden werden.

Die Abarbeitungsfolge ist ebenfalls von links nach rechts.

Bei der gemischten Verwendung von Konjunktionen und Disjunktionen gilt die Regel "Konjunktion vor Disjunktion", es entspricht also a, b; c, d dem Ausdruck (a, b); (c, d). Um in diesem Fall Unklarheiten zu vermeiden, sollten solche Ausdrücke möglichst immer geklammert werden.

true

Dieses Prädikat ist immer wahr. Beim Backtracking über dieses Prädikat wird aber kein neuer Lösungsweg gefunden.

repeat

Dieses Prädikat ist ebenfalls immer wahr. Im Gegensatz zu **true** ist es aber auch bei jedem Aufruf über das Redo-Port wahr, findet also unendlich viele Lösungswege. Ein äquivalentes Prädikat kann man auch selbst definieren :

rep.

rep :− rep.

fail

Dieses Prädikat ist immer falsch, d.h. es bewirkt stets ein Backtracking. Es kann in zwei Zusammenhängen sinnvoll eingesetzt werden, einmal um alle möglichen Lösungswege zu finden, zum anderen im Zusammenhang mit dem *Cut* als Cut–fail–Kombination. Dann bewirkt es ein fail für den Aufruf des Prädikats, zu dem die Regel gehört, in der die Cut–fail–Kombination programmiert ist.

call(<goal>)

Hat einen Aufruf von *goal* zur Folge. Hat dieser Erfolg, so ist *call*(<goal>) wahr, hat dieser jedoch ein fail zur Folge, so ist *call*(<goal>) ebenfalls falsch.

not(<goal>)

Zuerst wird *goal* auf Wahrheit getestet. Ist es erfüllt, so ist *not*(<goal>) falsch. Hat der Aufruf von *goal* dagegen ein fail zur Folge, so ist *not*(<goal>) wahr. Dabei ist zu beachten, daß beim Aufruf dieses Prädikats keine Variablen gebunden werden, da ein Erfolg des Aufrufs ja gerade auf einem fail des Aufrufs von goal beruht. Ein äquivalentes Prädikat können wir uns auch selbst definieren :

nicht(X) :− call(X), !, fail.

nicht(X).

!

Der Cut ist als Ziel immer wahr. Allerdings friert er alle Entscheidungen bis zurück zur Auswahl der Regel, in deren Rumpf er als Teilziel steht, ein. Dadurch ist nicht nur die Klausel, die gerade bearbeitet wird falsch, falls der Cut über das Redo–Port aufgerufen wird, sondern auch das Prädikat, zu dem diese Klausel gehört. Die Anzahl der möglichen Lösungswege wird mit diesem Prädikat also eingeschränkt.

break

Mit break können wir eine Programmabarbeitung unterbrechen, um später wieder damit fortzufahren. Nach Aufruf dieses Ziels wird eine Meldung ausgegeben und wir befinden uns eine Interpreterebene tiefer. Anschließend besteht die Möglichkeit, Anfragen an den Interpreter zu stellen. Als Kennung wird dabei lediglich das break–level, also die Anzahl der bestehenden breaks, in eckigen Klammern vor die Antworten gestellt. Durch die

Eingabe der end-of-input Sequenz (<ctrl-d>) wird mit der Abarbeitung des Programms fortgefahren.

Beispiel 9.1 :

```
?- write(aaa), nl, break, write(bbb).
aaa
[Break ( level 1 ) ]
?- write(ccc).
ccc
[1] yes
?- <ctrl-d>
[End break ( level 1 ) ]
bbb
yes
```

abort

Dieses Prädikat bewirkt einen Abbruch des gerade in Bearbeitung befindlichen Programms. Wir haben damit eine Möglichkeit, das Programm in gewissen Ausnahmesituationen abzubrechen. Nach Ausführung dieses Prädikats befinden wir uns aber immer noch im Interpreter und können die nächste Frage stellen.

halt

Mit diesem Prädikat wird der gesamte Interpreterlauf gestoppt. Nach Aufruf von *halt* befinden wir uns wieder im Betriebssystem.

9.2 Debugger

Wie wir schon aus Kapitel 6 wissen, werden in Prolog Hilfsmittel zur Fehlersuche bereitgestellt. Bevor wir die Elemente des Debuggers im einzelnen erläutern, werden wir die häufigsten Fehlerarten darstellen. In den meisten Fällen wird es dann genügen, ein fehlerhaftes Programm mit dem Debugger auf diese Fehler zu untersuchen.

Meistens ist einer der folgenden Fehler aufgetreten :

- Ein Prädikatsname oder Argumentname ist falsch geschrieben worden. Durch einen solchen Schreibfehler ist eine Resolution oder eine Unifikation nicht möglich und ein fail tritt an einer falschen Stelle auf.

- Die Anzahl oder Reihenfolge der Argumente stimmt beim Aufruf eines Prädikats nicht mit der Anzahl oder Reihenfolge in der Definition des Prädikats überein. Dadurch kann kein entsprechendes Prädikat oder lediglich ein falsches Prädikat aus der Datensammlung resolviert werden. Die Folge ist meist ein fail an einer unvorhergesehenen Stelle.
- Ein Argument wird nicht wie beabsichtigt unifiziert (z.B. [ ] und [K|R]). Dadurch tritt wieder ein unvorhergesehenes fail auf.
- Bei arithmetischen Ausdrücken erfolgt auf Grund der Verwendung eines nicht dafür geeigneten Prädikats eine Unifikation anstelle einer Auswertung.
- Die Randbedingung beispielsweise bei Rekursionen ist nicht oder falsch definiert worden. Dadurch kann möglicherweise eine Endlosschleife auftreten. Oftmals können solche Fehler durch eine Änderung der Reihenfolge der Klauseln bei der Definition des Prädikats behoben werden.
- Beim Backtracking treten weitere Lösungswege auf, die zuvor nicht bedacht worden sind. Hier muß dann meist ein zusätzlicher Cut eingefügt werden, um solche Wege abzuschneiden.

Die Suche nach Fehlern mit Hilfe des Debuggers beruht auf dem schon mehrfach erwähnten Konzept des Boxenmodells. Dies ordnet jedem Ziel vier *Ports* zu, zwei für den Aufruf und zwei für das Verlassen des Ziels :

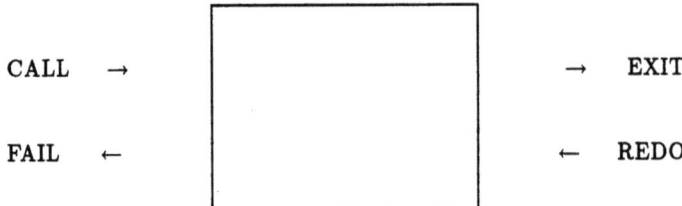

Die vier Ports haben folgende Bedeutung :

Call : Über dieses Port wird der erste Aufruf eines Ziels dargestellt.

Exit : Über Exit wird das Ziel verlassen, falls der Aufruf erfolgreich war.

Fail : Über Fail wird es dagegen verlassen, falls das Ziel nicht erfüllbar war.

Redo : Über das Redo-Port wird ein erneuter Aufruf innerhalb des Backtracking, also zur Suche nach einer weiteren Möglichkeit, das Ziel zu erfüllen, dargestellt.

Mit Hilfe einiger Built-in-Prädikate haben wir die Möglichkeit, die verschiedenen Schritte der Resolution bei der Abarbeitung eines Programms mitzuverfolgen. Dabei erhalten wir jeweils mitgeteilt, welches *Port* bei welchem Ziel benutzt wurde.

Eine solche Zeile sieht beispielsweise so aus :

    * (13) 2 Call : ausgabe(p) ?

Wie der genaue Aufbau dieser Meldung ist und welche Built-in-Prädikate zum Debugging verwendet werden können, hängt sehr stark vom verwendeten Interpreter ab. Trotzdem wollen wir den Aufbau der Zeile kurz erklären und die wichtigsten Prädikate angeben.

Aufbau der Meldung :

- An der Stelle des Sterns können folgende vier Zeichen stehen :

    - *   : Zeigt an, daß dies ein spy-point ist
    - * > : Dies ist ein spy-point, und beim letzten Aufruf wurde ein skip eingegeben
    - >   : Kein spy-point, aber beim letzten Aufruf wurde ein skip eingegeben
    -     : Ein Blank gibt an, daß hier kein spy-point ist

- Die Zahl in Klammern zählt fortlaufend alle erfolgten Aufrufe, bei Exit bzw. Fail-Ports wird hier die Nummer des korrespondierenden Aufrufs angegeben.
- Die nächste Zahl gibt die Schachtelungstiefe an Regelaufrufen an.
- Danach steht die Art des Ports.
- Dann wird das Ziel angegeben, wobei wir den derzeitigen Stand an gebundenen Variablen sehen können.
- Wird danach noch ein Fragezeichen angegeben, so bedeutet dies, daß eine Eingabe zur Fortsetzung erwartet wird.

Zusammen mit einer kurzen Erklärung sind in der folgenden Tabelle die möglichen Antworten auf dieses Fragezeichen enthalten :

Eingabe	Bedeutung
<return>	nächster Schritt
c	nächster Schritt
l	weiter abarbeiten, nächste Meldung erst an einem spy–point
s	keine Meldung bei Unterzielen des gerade aufgerufenen Ziels (skip)
r<N>	fahre fort mit dem Aufruf, der mit Nummer <N> versehen wurde
q	wie s, berücksichtigt aber evtl. gesetzte spy–points
g	zeigt die Schachtelung der Aufrufe, die zum aktuellen Aufruf führt
e	Verlassen des Interpreters
a	Beenden der Programmabarbeitung (vgl. abort)
f	das aktuelle Ziel wird über das Fail–Port verlassen
b	Unterbrechen der Abarbeitung (vgl. break)
h	help–Funktion
n	Abschalten des debug–mode
[	Einlesen von Klauseln (entspricht consult(user))

Tabelle 9.1 Mögliche Antworten beim Debugging

Nachdem wir nun wissen, wie die Meldungen beim Debugging aussehen und welche Interaktionsmöglichkeiten bestehen, sollen nun die Built-in-Prädikate vorgestellt werden, mit dem der Debugger gesteuert werden kann.

debug

Schaltet den debug–mode an. Dieser ist normalerweise ausgeschaltet, da es ziemlichen Aufwand kostet, die gesamten Strukturen mitzuhalten, die für das Debugging notwendig sind. Allerdings bewirkt dieses Prädikat lediglich, daß die Strukturen von diesem Zeitpunkt ab zur Verfügung stehen. Wir erhalten keine Meldungen während der Abarbeitung des Programms.

nodebug

Schaltet den debug-mode ab.

trace

Schaltet den debug-mode an. Wir erhalten Meldungen vom nächsten Aufruf eines Ziels an. Wird *trace* als Frage für sich allein gestellt, so werden während der Abarbeitung der nächsten Frage Meldungen ausgegeben. Nach Beendigung dieser Frage bleibt allerdings lediglich der debug-mode angeschaltet, wir erhalten aber keine Meldungen mehr.

spy <goals>

Setzt einen spy-point auf alle Ziele, die mit *goals* angegeben wurden. Die Angabe kann aus einem Prädikatsnamen, einem Prädikatsnamen einschließlich Stelligkeit oder einer Liste aus solchen Angaben bestehen. Damit wird gleichzeitig der debug-mode angeschaltet. Kommen wir dann zu einem Aufruf eines Prädikats, welches mit einem spy-point gekennzeichnet ist, so erhalten wir von da ab die Debugging-Meldungen am Bildschirm.

nospy <goals>

Die spy-points an den angegebenen Zielen werden gelöscht.

leash(<mode>)

Mit diesem Prädikat könen wir festlegen, an welchen Ports wir die Möglichkeit haben, Interaktionen zu tätigen, d.h. bei Meldungen welcher Art wir das Prompt ? erhalten. Normalerweise ist der leash-mode auf *half* gesetzt. Für *mode* können wir folgendes angeben :

full   :   prompt bei Call, Exit, Redo, Fail
tight   :   prompt bei Call, Redo, Fail
half   :   prompt bei Call, Redo
loose   :   prompt bei Call
off   :   keine Interaktionsmöglichkeit

debugging

Bewirkt eine Meldung über den aktuellen debugger-status, d.h. ist der debug-mode an, wie ist der leash-mode, wo sind spy-points gesetzt.

10 Filehandling

In diesem Kapitel werden die Möglichkeiten behandelt, Dateien von Prolog aus zu bearbeiten. Dazu können wir alle Prädikate verwenden, die wir im Abschnitt über Input und Output kennengelernt haben. Das Schreiben auf den Bildschirm und Lesen von der Tastatur ist nämlich nichts anderes als das Bearbeiten einer vordefinierten Datei. Diese hat den Namen *user*.

Die Ein- und Ausgabe in Prolog beruht auf einem System von Ein- und Ausgabekanälen. Wenn wir den Interpreter starten, ist automatisch sowohl ein Eingabe- als auch ein Ausgabekanal geöffnet, nämlich *user*. Dies ist die einzige Datei, die gleichzeitig für Ein- und Ausgabe geöffnet sein darf. Diese beiden Kanäle sind auch aktuell, solange nichts anderes angegeben wird.

Wir können während eines Interpreterlaufs mehrere Ein- bzw. Ausgabekanäle von bzw. zu Dateien öffnen. Allerdings kann höchstens je ein Kanal für die Eingabe und ein Kanal für die Ausgabe *aktuell* sein. Die Anzahl der insgesamt geöffneten Kanäle ist ebenfalls begrenzt. Diese Obergrenze ist natürlich systemabhängig, ebenso die Dateiorganisation, wie z.B. die Möglichkeiten zur Benennung von Dateien.

Die in diesem Abschnitt vorgestellten Built-in-Prädikate sind von ihrem Charakter wie auch die Prädikate für Input und Output rein prozedural. Sie verhalten sich auch genauso wie diese im Zusammenhang mit dem Backtracking, d.h. sie haben nur eine Lösung und beim Backtracking wird ihre Wirkung nicht rückgängig gemacht. Ist also beispielsweise mit einem Prädikat der aktuelle Ausgabekanal von *user* auf eine andere Datei umgelenkt worden und wird über dieses Prädikat zurückgegangen, so bleibt diese Datei der aktuelle Kanal, dieser wird dann nicht etwa auf *user* zurückgesetzt.

10.1 Schreiben auf Dateien

Im Abschnitt über Output haben wir die Prädikate **write**, **nl**, **put**, ... für das Schreiben bereits kennengelernt. Benutzt haben wir sie nur im Zusammenhang mit dem Standard-Ausgabe-Kanal *user*. Wollen wir nun auf eine andere Datei schreiben, so müssen wir zuerst einen weiteren Ausgabekanal eröffnen und diesen aktuell machen. Dies geschieht mit einem Built-in-Prädikat.

tell(<datei>)

Ein Aufruf dieses Prädikats bewirkt die Öffnung eines Ausgabekanals, welcher an die Datei gekoppelt ist, die als Argument angegeben wurde. Gleichzeitig wird dieser Kanal aktuell. Ist zu diesem Zeitpunkt bereits ein Ausgabekanal geöffnet, so wird dieser nicht geschlossen, er ist lediglich nicht mehr aktuell.

Die Angabe des Namens der Datei muß als Atom bzw. an ein Atom gebundene Variable erfolgen, wobei die zulässigen Namen vom System abhängen. Existiert eine Datei mit diesem Namen, so wird unterschieden, ob bereits ein Ausgabekanal zu dieser Datei besteht.

Falls ja, wird dieser lediglich aktuell gemacht. Die nun folgenden Ausgaben werden an den schon bestehenden Inhalt der Datei angehängt. Falls nicht, wird ein Ausgabekanal zu dieser Datei neu eröffnet und der alte Inhalt gelöscht. Gibt es noch gar keine Datei mit diesem Namen, so wird eine neue Datei angelegt und diese zur Ausgabe geöffnet.

told

Der Aufruf von *told* schließt den gerade aktuellen Ausgabekanal und macht *user* zum aktuellen Kanal. Er bezieht sich also nicht auf alle zur Ausgabe geöffneten Dateien, sondern nur auf die *aktuelle*. Mit *told* sollte jeder Ausgabekanal, wenn nichts mehr auf ihn geschrieben werden soll, abgeschlossen werden.

Beispiel 10.1 :

?- *write('Hallo Bildschirm'), tell(test_dat), write('Hallo Datei'), told.*

Hallo Bildschirm

yes

Nach Ausführung des ersten Output-Prädikats steuern wir den aktuellen Ausgabekanal nach *test_dat* um. Entsprechend sehen wir keine Wirkung des zweiten Outputprädikats am Bildschirm. Systemmeldungen, wie hier die Antwort yes, oder Fehlermeldungen und Debuggermeldungen erscheinen aber nach wie vor am Bildschirm. Verlassen wir den Interpreter, so können wir mit Hilfe von Betriebssystembefehlen sehen, daß die Datei *test_dat* existiert und den Inhalt *Hallo Datei* hat.

?- *write(eins), nl,*
  tell(dat1), write(zwei), nl,
  tell(dat2), write(drei), nl, told,
  write(vier), nl,
  tell(dat1), write(fuenf), nl, told.

eins

vier

yes

Wenn wir nun den Interpreter verlassen und uns den Inhalt der Dateien dat1 und dat2 anschauen, erhalten wir folgendes :

dat1 :   zwei   *dat2* :   drei
           fuenf

telling(<datei>)

Möchten wir den Namen des derzeit aktuellen Ausgabekanals wissen oder testen, ob eine Datei der gerade aktuelle Ausgabekanal ist, so können wir *telling/1* verwenden. Dieses

Prädikat unifiziert nämlich *datei* mit dem aktuellen Ausgabekanal.

append(<datei>)

Keine Möglichkeit haben wir bisher zum Inhalt eines bestehenden Files etwas hinzuzufügen, wenn es geschlossen ist. Ein Aufruf mit *tell/1* würde den Inhalt bekanntlich löschen. Genau dies ist mit **append/1** nun jedoch möglich. Dieses Prädikat macht *datei* zum aktuellen Ausgabekanal und öffnet sie gegebenenfalls. Beim Beschreiben wird dann der neue Inhalt an den alten angehängt.

Beispiel 10.2 :

>?- **tell(skiorte)**,
>   **write(ischgl)**, **nl**, **write(kappl)**, **nl**, **told**.
>
>yes

Wir haben eine Datei skiorte angelegt, die nun zwei Zeilen enthält.

>?- **append(skiorte)**,
>   **write(galtuer)**, **nl**, **told**.
>
>yes

Nun haben wir eine Zeile an den bestehenden Inhalt angehängt. Auch mit **append/1** eröffnete Ausgabekanäle müssen ordnungsgemäß mit *told* abgeschlossen werden.

10.2 Lesen von Dateien

Wie für die Ausgabe können auch bei der Eingabe die vom Kapitel über Ein- und Ausgabe bekannten Prädikate benutzt werden. Für die Steuerung des Eingabekanals gibt es drei zu *tell/1*, *told/0*, *telling/1* analoge Prädikate, die *see/1*, *seen/0*, *seeing/1* heißen.

Beim Lesen ist es wichtig, das Ende einer Datei zu erkennen. Ein Lesen über das Ende hinaus hat nämlich einen Fehler zur Folge. Entsprechend müssen wir das Ende der Datei, welches auf der Datei einer gewissen Kennung entspricht, immer abtesten. Lesen wir von einer Datei mit *read(X)*, so wird X mit *end_of_file* unifiziert, falls das Dateiende erreicht ist, lesen wir dagegen mit *get0(C)*, so wird C mit dem ASCII-Code des end-of-input - Zeichen unifiziert. Dieser ist beispielsweise *26* bei der von uns genutzten Konfiguration. Lesen wir von der Datei *user* also der Standardeingabe Tastatur, so müssen wir zum Kennzeichnen des Dateiendes die end-of-input - Sequenz <ctrl-d> eingeben.

see(<datei>)

Durch Aufruf dieses Prädikats wird die als Argument angegebene Datei zum aktuellen Eingabekanal. Wie schon bei *tell/1* muß *datei* dabei vom Typ *atom* sein. Existiert

Allgemeine Prädikate zur Dateibearbeitung   175

die angegebene Datei nicht, so hat dies eine Fehlermeldung und ein fail zur Folge. War die Datei zuvor noch nicht als Eingabekanal geöffnet, so wird bei einem anschließendem Lesen mit dem ersten Zeichen der Datei begonnen, war sie hingegen schon geöffnet, so wird an der zuletzt gelesenen Stelle fortgefahren.

Der zuvor aktuelle Eingabekanal wird durch ein *see/1* nicht geschlossen. Der Kanal bleibt erhalten und die Stelle, von der zuletzt gelesen wurde, bleibt markiert, um evtl. von dieser Stelle weiterzulesen, falls der Kanal wieder aktuell gemacht werden sollte.

seen

Auch zum Lesen geöffnete Dateien müssen nach Abschluß des Lesevorgangs ordnungsgemäß geschlossen werden. Dies geschieht durch den Aufruf des Prädikats *seen*. Dabei wird gleichzeitig *user* zum aktuellen Eingabekanal.

Beispiel 10.3 :
Nun können wir ein kleines Programm schreiben, welches den Inhalt der in Beispiel 10.2 erstellten Datei liest und auf den Bildschirm ausgibt. Da die Datei nur zeilenweise die Namen der Orte enthält, können wir allerdings **read/1** nicht verwenden, da es einen Punkt als Abschlußkennung verlangt. Das Problem läßt sich aber mit dem in Beispiel 7.12 definierten Prädikat *einlese/1* lösen, wenn wir es um einen Teil erweitern, der das Ende der Datei (ASCII–Code 26) abtestet.

> *einlese(X) :– lese_codes(List), !, name(X, List).*
>
> *einlese(ende_der_datei).*
>
> *lese_codes(List) :– get0(Next),*
>   *((Next =:= 26, !, fail);*
>   *(Next =:= 10, !, List = [ ]);*
>   *(List = [Next|Rest], lese_codes(Rest))).*

Dann können wir mit Hilfe von **einlese/1** ein einfaches Prädikat lesen schreiben :

> *lesen :– see(skiorte),*
>   *repeat,*
>   *einlese(Next_ort),*
>   *((Next_ort == ende_der_datei, seen);*
>   *(write(Next_ort), nl, fail)).*

seeing(<datei>)

Analog zu **telling/1** gibt es das Prädikat **seeing/1**, welches beim Aufruf das Argument *datei* mit dem gerade aktuellen Eingabekanal unifiziert.

10.3 Allgemeine Prädikate zur Dateibearbeitung

exists(<datei>)

Beim Prädikat *see/1* wurde schon erwähnt, daß die aufgerufene Datei existieren muß, damit das Prädikat erfüllt ist, ansonsten wird die Programmausführung abgebrochen. Um solche Effekte zu vermeiden, wäre es sinnvoll vorher abzutesten, ob die Datei existiert. Dazu dient dieses Prädikat. Es ist wahr, falls die durch *datei* angegebene Datei existiert. Das Argument muß dabei ein Atom oder eine an ein Atom gebundene Variable sein.

close(<datei>)

Mit *told* bzw. *seen* können wir nur den aktuellen Ausgabe- bzw. den aktuellen Eingabekanal schließen. Wenn wir also einen Kanal schließen wollen, der gerade nicht aktuell ist, so müßten wir ihn aktuell machen, nur um ihn dann schließen zu können. Mit *close/1* können wir dagegen einen beliebigen Kanal, also Ein- oder Ausgabekanal, aktuell oder nicht aktuell, schließen, indem wir ihn als Argument angeben. Entsprechend muß also *datei* beim Aufruf an den Namen der zu schließenden Datei gebunden sein.

Wird mit *close/1* der aktuelle Ein- oder Ausgabekanal geschlossen, so ist anschließend *user* der aktuelle Kanal.

Beispiel 10.4 :
In diesem Beispiel geben wir allgemeine Routinen an, mit denen man

- Terme von der Tastatur einliest, auf eine Datei schreibt, von dort liest und dann weiter verarbeitet.

- Zeichen von der Tastatur einliest, auf eine Datei schreibt, von dort liest und dann weiter verarbeitet.

a) Wenn wir Terme von der Tastatur lesen und auf eine Datei schreiben wollen, müssen wir uns ein Zeichen für das Ende der Eingabe vereinbaren. Wir können einfach das end-of-input - Zeichen nehmen. Dann erhalten wir als Einleseschleife :

```
schreib_term(Datei) :- repeat,
                       nl,
                       write('Eingabe : '),
                       read(X),
                       term_add(Datei, X).

term_add(Datei, X) :- X == end_of_file,
                      close(Datei).
```

Allgemeine Prädikate zur Dateibearbeitung 177

```
term_add(Datei, X) :- tell(Datei),
                     writeq(X),
                     write('.'), nl,
                     tell(user),
                     fail.
```

Als Leseschleife von der Datei ergibt sich folgendes Programmstück :

```
lese_term(Datei) :- exists(Datei),
                    see(Datei),
                    repeat,
                    read(X), verarbeite(X).
lese_term(Datei) :- write('ERROR : Datei existiert nicht !').

verarbeite(end_of_file) :- seen.

verarbeite(X)  :- {tue etwas mit X}, fail.
```

Dabei muß sichergestellt sein, daß an der Stelle von *tue etwas mit X* ein Prädikat steht, welches beim Backtracking keine weiteren Lösungen erzeugt.

b) Auch für das Einlesen von einzelnen Zeichen müssen wir ein Erkennungszeichen für die letzte Eingabe vereinbaren, beispielsweise daß das Zeichen $ die Eingabe beendet. Damit ergibt sich als Einleseschleife :

```
schreib_zei(Datei) :- tell(Datei),
                      repeat,
                      get0(Char),
                      zei_add(Char).

zei_add(36) :- told.

zei_add(Char) :- put(Char), fail.
```

Für das Lesen von der Datei und Weiterverarbeiten ergibt sich folgendes Programm :

```
les_zei(Datei) :- exists(Datei),
                  see(Datei),
                  repeat,
                  get0(Char), verarbeit(Char).
les_zei(Datei) :- write('ERROR : Datei existiert nicht !').

verarbeit(26) :- seen.

verarbeit(Char) :- {tue etwas mit X}, fail.
```

11 Manipulieren der Datensammlung

11.1 Programm–Datensammlung

Zwei Built–in–Prädikate, mit denen wir die Datensammlung verändern können, haben wir im einführenden Kapitel 2 schon kennengelernt, nämlich **consult/1** und **reconsult/1**. Diese wollen wir nochmal kurz wiederholen.

consult(<datei>)

Durch einen Aufruf dieses Prädikats werden alle Klauseln, welche auf der durch *datei* spezifizierten Datei stehen, zu den schon in der Datensammlung stehenden Klauseln hinzugefügt. Treten dabei Prädikatsnamen auf, die bereits in der Datensammlung enthalten sind, so wird die neue Klausel mit diesem Namen als *letzte* Klausel für dieses Prädikat eingefügt.

Wird für *datei* die vordefinierte Datei *user* angegeben, so können solange Klauseln von der Tastatur in die Datensammlung eingefügt werden, bis die end–of–input Sequenz eingegeben wird.

Enthält das auf *datei* angegebene Prolog–Programm syntaktische Fehler, so wird eine entsprechende Fehlermeldung ausgegeben und die zugehörige Klausel nicht in die Datensammlung aufgenommen. Der Aufruf von **consult/1** ist jedoch trotzdem wahr. Ein Aufruf ist sogar dann wahr, wenn die angegebene Datei gar nicht existiert. Es erscheint dann lediglich eine Fehlermeldung.

reconsult(<datei>)

Auch mit **reconsult/1** können wir den Inhalt einer Datei in die Datensammlung laden. Jedoch wird nun abgetestet, ob schon Klauseln in der Datensammlung vorhanden sind, die zum gleichen Prädikat gehören wie die neu zu ladende Klausel. Ist dies der Fall, werden alle diese Klauseln, die vor dem Aufruf von **reconsult/1** in der Datensammlung enthalten waren, aus der Datensammlung entfernt und anschließend die neuen Klauseln hinzugeladen. Mit diesem Built–in–Prädikat können wir also die Definition eines Prädikats der Datensammlung durch eine neue Definition ersetzen.

Ansonsten gilt alles, was zu dem Built–in–Prädikat **consult/1** gesagt wurde, genauso für **reconsult/1**.

Oftmals haben wir die Prädikate für ein Programm auf verschiedenen Dateien abgelegt. Gerade Prolog eignet sich ja besonders für eine modulare Programmentwicklung, da verschiedene Prädikate ohne weiteres getrennt entwickelt werden können, weil Geltungsbereich von Variablen, Typvereinbarungen, Parameterübergaben etc. nicht weiter zu berücksichtigen sind.

Dementsprechend müßten wir vor Beginn eines Programms mehrfach **consult/1** bzw. **reconsult/1** aufrufen, um alle Teilstücke eines größeren Programmes in die Datensammlung zu laden. Aus diesem Grund gibt es eine Abkürzung, mit der in einer Frage mehrere Dateien 'consulted' bzw. 'reconsulted' werden können. Beispielsweise können wir folgende Frage stellen :

?- [datei1, −datei2, −datei3, datei4, datei5].

Dies entspricht einem *consult* von datei1, anschließendem *reconsult* von datei2 und datei3 und dann noch einem *consult* von datei4 und datei5.

Als Abkürzung schreiben wir also einfach alle Dateien, die geladen den werden sollen, in eine Liste. Dateien, von denen ein *reconsult* vorgenommen werden soll, kennzeichnen wir dabei durch ein vorangestelltes Minuszeichen. Diese Liste stellen wir dann als Anfrage an den Interpreter.

Neben der Möglichkeit, den Inhalt ganzer Dateien in den Interpreter zu laden, haben wir auch die Möglichkeit, einzelne Klauseln in die Datensammlung einzufügen. Diese Möglichkeit ist insbesondere interessant, wenn wir während des Programmlaufs neues Wissen in die Datensammlung aufnehmen wollen.

asserta(<clause>)

Mit diesem Prädikat kann eine Klausel zur Datensammlung hinzugefügt werden. Diese Klausel wird durch *clause* angegeben. Entsprechend muß beim Aufruf von **asserta/1** *clause* auch an ein Faktum oder eine Regel gebunden sein. Geben wir als Argument eine Regel an, so muß diese von Klammern eingeschlossen werden.

Mit asserta/1 in die Datensammlung eingefügte Klauseln werden *vor* alle schon vorhandenen Klauseln gleichen Namens gesetzt. Dies ist bei der Abarbeitung des weiteren Programms von großer Bedeutung, da diese neue Klausel beim nächsten Aufruf des zugehörigen Prädikats dann als *erste* herangezogen wird.

Klar dürfte auch sein, daß es sich bei diesem Prädikat um ein prozedurales Element von Prolog handelt. Das Prädikat hat entsprechend auch nur *eine* Lösung und beim Backtracking wird die Wirkung nicht rückgängig gemacht, d.h. einmal eingefügte Klauseln bleiben auch in der Datensammlung stehen.

assertz(<clause>)

Dieses Prädikat zeigt die analoge Wirkung zu **asserta/1**, lediglich wird die mit diesem Prädikat eingefügte Klausel *nach* allen schon vorhandenen Klauseln gleichen Namens eingefügt.

Welches der beiden Prädikate jeweils genommen werden soll, hängt also von der weiteren Abarbeitung des Programms und insbesondere davon ab, ob noch weitere Klauseln gleichen Namens in der Datensammlung enthalten sind und wie die Reihenfolge der Abarbeitung sein soll. Neben diesen beiden Prädikaten gibt es in manchen Interpretern noch das Prädikat **assert/1**, bei dem über die Stelle, an der eingefügt werden soll, nichts ausgesagt wird. Da damit aber eine Fehlerquelle beim Programmieren entstehen kann, sollte die Verwendung von **assert/1** vermieden werden.

Beispiel 11.1 :

a) Zuerst wollen wir die beiden Prädikate in einem einfachen Zusammenhang betrachten. Wir nehmen an, unsere Datensammlung habe folgenden Inhalt :

    a :- g.
    b.
    d :- b.
    c :- a.

Nun stellen wir die Frage :

    ?- **asserta(c)**.

yes

Danach lautet die Datensammlung :

    a :- g.
    b.
    d :- b.
    c.
    c :- a.

Nun stellen wir die Frage :

    ?- **assertz((a :- c))**.

yes

Danach lautet die Datensammlung :

    a :- g.
    a :- c.
    b.
    d :- b.
    c.
    c :- a.

b) Besondere Bedeutung haben diese beiden Prädikate, falls das Programm eine gewisse "Lernfähigkeit" erhalten soll.

Eine solche Fähigkeit erscheint beispielsweise angebracht, wenn ein Programm nach der Gültigkeit von Sachverhalten fragt und der Benutzer darauf mit ja oder nein antwortet. Wird anschließend nochmals der selbe Sachverhalt gefragt, so ist es wünschenswert, wenn ein nochmaliges Antworten entfällt. Ein solches Programmstück kann mit Hilfe von **asserta/1** entwickelt werden :

```
frage(X) :- write(X), write(' ?'), nl, read(A),
            ( (A == ja, asserta((frage(X) :- !)), !);
              (A == nein, asserta((frage(X) :- !, fail)), !, fail) ).
```

Im Falle der Antwort ja wird eine entsprechende Klausel, welche wahr ist, im Falle von nein eine entsprechende Klausel, die falsch ist, am Anfang eingefügt. Das bedeutet, daß bei einem weiteren Aufruf der Frage diese Klausel verwendet wird und somit der Benutzer gar nicht mehr gefragt wird :

?- **frage('Schoenes Wetter heute')**.

Schoenes Wetter heute ?

: *ja*.

yes

?- **frage('Bleibst Du zu Hause')**.

Bleibst Du zu Hause ?

: *nein*.

no

?- **frage('Schoenes Wetter heute')**.

yes

?- **frage('Bleibst Du zu Hause')**.

no

Dieses Prädikat **frage/1** werden wir im Zusammenhang mit Expertensystemen noch weiter gebrauchen. Im Kapitel 14 wird es dementsprechend noch weiterentwickelt werden.

Nun können wir während eines Programmlaufs Klauseln in die Datensammlung einfügen. Wünschenswert ist es aber genauso, Klauseln auch wieder zu entfernen. Dafür gibt es die folgenden Built-in-Prädikate.

182 Manipulieren der Datensammlung

retract(<clause>)

Durch den Aufruf dieses Prädikats wird die *erste* Klausel in der Datensammlung, welche mit *clause* gleichgesetzt werden kann, entfernt. Wie schon bei **asserta/1** und **assertz/1** muß beim Aufruf das Argument *clause* an eine Regel oder ein Faktum gebunden sein. Wird direkt eine Regel angegeben, so muß diese auch wiederum in Klammern eingeschlossen werden. Kann keine Klausel der Datensammlung mit dem angegebenen Argument unifiziert werden, so hat dies ein fail für **retract** zur Folge.

Zu beachten ist das Verhalten von **retract/1** beim Backtracking. Wird es nämlich über das Redo–Port aufgerufen, so sucht das Prädikat nach der nächsten Klausel in der Datensammlung, welche mit *clause* unifiziert werden kann. Es können also mehrere Lösungswege gefunden werden. Allerdings bleibt eine einmal erzielte Wirkung erhalten, d.h. wurde eine Klausel mit **retract/1** aus der Datensammlung entfernt, so bleibt sie das auch, wenn ein Backtracking zu **retract/1** erfolgt. Es ist dann jedoch möglich, daß die nächste Klausel, die unifiziert werden kann, zusätzlich entfernt wird.

<u>Beispiel 11.2 :</u>
Wir haben eine Datensammlung mit folgendem Inhalt :

    ap(s) :- b(X), c, d(u).

    ap(X) :- b(X), c.

    ap(t).

    b(X) :- d(X).

    d(r).

    c.

Nun stellen wir folgende Frage :

    ?- **retract(d(r))**.

    yes

Danach enthält die Datensammlung folgende Klauseln :

    ap(s) :- b(X), c, d(u).

    ap(X) :- b(X), c.

    ap(t).

    b(X) :- d(X).

    c.

Nun stellen wir folgende Frage :

    ?- **retract((ap(X) :- Y)), fail.**

no

Danach enthält die Datensammlung noch folgende Klauseln :

    b(X) :- d(X).

    c.

Dies bedeutet, daß alle einstelligen Prädikate mit Namen *ap* entfernt wurden, da sie alle mit dem angegebenen Argument unifiziert werden konnten. Die Antwort no erfolgt, da keine weiteren Lösungswege mehr gefunden werden konnten.

Im letzten Teil des Beispiels haben wir mit Hilfe einer Kombination aus *retract/1* und *fail* alle Vorkommen des Prädikats mit Namen *ap* und Stelligkeit 1 gelöscht. Für diesen Zweck gibt es ein weiteres Built-in-Prädikat.

abolish(<functor>, <arity>)

Beim Aufruf dieses Prädikats muß das erste Argument, welches den Prädikatsnamen spezifiziert, an ein Atom, das zweite Argument *arity* an eine natürliche Zahl gebunden sein. Ist dies nicht der Fall, hat dies ein fail für **abolish/2** zur Folge. Ansonsten ist das Prädikat wahr und alle Klauseln des Prädikats mit dem entsprechenden Namen sowie der angegebenen Stelligkeit sind aus der Datensammlung entfernt. Dabei spielt es keine Rolle, ob überhaupt zuvor ein entsprechendes Prädikat in der Datensammlung enthalten war.

<u>Beispiel 11.3 :</u>
Wir haben eine Datensammlung mit folgendem Inhalt :

    ap(f).

    ap(X) :- b(X).

    b(g).

    ap(c, 8).

Wir rufen nun **abolish/2** auf :

    ?- **abolish(ap, 1).**

    yes

Danach hat die Datensammlung folgenden Inhalt :

b(g).

ap(c, 8).

11.2 Inhalt der Programm–Datensammlung

Nachdem wir nun die Möglichkeiten kennengelernt haben, Klauseln zur Datensammlung hinzuzufügen bzw. aus der Datensammlung zu entfernen, wäre ein Prädikat sehr nützlich, mit dem wir uns den Inhalt der Programm–Datensammlung anschauen können. Dies ermöglicht uns dann, die aktuell in der Datensammlung vorhandenen Prädikate zu kontrollieren.

listing

Durch den Aufruf dieses Prädikats wird der gesamte Inhalt der Datensammlung auf den *aktuellen* Ausgabekanal geschrieben. Dabei werden Variablen durch die interne Darstellung ersetzt.

Beispiel 11.4 :
Wir haben das Programm für den größten gemeinsamen Teiler (vgl. Beispiel 5.16) in die Datensammlung geladen und stellen dann die Frage nach *listing* :

?- *listing*.

ggt(_0, 0, _0) .

ggt(_0, _2, _4) :-
    _2 > _0,
    ggt(_2, _0, _4) .

ggt(_0, _2, _4) :-
    _24 is _0 mod _2,
    ggt(_2, _24, _4) .

yes

Mit *listing* haben wir die Möglichkeit, Veränderungen an einem Programm, welche während des Programmlaufs produziert wurden, auch auf die Quelldatei zurück zu übertragen. Dazu steuern wir am Ende des Programmlaufs den aktuellen Ausgabekanal auf die Quelldatei um und rufen anschließend *listing* auf. Dadurch wird das in der Datei enthaltene 'alte' Programm durch das veränderte 'neue' Programm überschrieben.

Beispiel 11.5 :
Unser Programm steht in der Datei *dynamic*. Zu Beginn des Programmlaufs laden wir dieses Programm in die Datensammlung :

    ?- [*dynamic*].

    yes

Danach lassen wir das Programm ablaufen (dies geschehe durch das Prädikat *start*) :

    ?- *start*.

    ...

    ...

    yes

Durch den Ablauf des Programms habe sich die Datensammlung verändert. Dieses veränderte Programm wollen wir nun als neues Programm in der Datei *dynamic* abspeichern :

    ?- *tell(dynamic), listing, told.*

    yes

listing(<functor>)

Mit diesem Prädikat können wir uns die Definition eines bestimmten Prädikats ansehen. Dieses spezifizieren wir durch die Angabe des Namens. Geben wir lediglich das entsprechende Atom an, so erhalten wir die Definitionen aller Prädikate mit diesem Namen ohne Berücksichtigung der Stelligkeit. Wollen wir allerdings nur die Definition eines Prädikats mit bestimmten Namen und bestimmter Stelligkeit, so können wir das Argument auch in der Form *name/arity* angeben, also beispielsweise : **listing(*interesse/2*)**.

freeze_predicates

Hat man ein größeres Programm und interessiert sich lediglich für einen kleinen Teilbereich, so ist es sehr unübersichtlich, mit **listing/0** das ganze Programm auf dem Bildschirm zu erhalten. Durch die Frage nach **freeze_predicates** kann man erreichen, daß alle Prädikate, die zu diesem Zeitpunkt in der Programm-Datensammlung vorhanden sind, eingefroren werden. Dies bedeutet, daß sie zwar nach wie vor zur Verfügung stehen, aber unsichtbar sind. Sie sind dann mit Built-in-Prädikaten vergleichbar. Entsprechend kann auf sie auch nicht mit **retract/1**, **abolish/2** oder dem im nächsten Abschnitt eingeführten **clause/2** zugegriffen werden. Sinnvoll ist die Verwendung von **freeze_predicates/0** also dann, wenn man ein Rahmenprogramm geladen hat, an dem nichts verändert werden soll, und das bei der Kontrolle des weiteren Ablaufs nur stören würde, oder aber auch, um die Gefahr auszuschließen, daß ungewollterweise Veränderungen an diesem Programmstück vorgenommen werden.

clause(<head>, <body>)

Dieses Prädikat bietet uns die Möglichkeit, zu überprüfen, ob eine Klausel der angegebenen Gestalt in der Datensammlung vorhanden ist. Dabei wird nach einer Klausel gesucht, deren Kopf mit dem ersten Argument und deren Rumpf mit dem zweiten Argument unifiziert werden kann. Beim Aufruf von **clause/2** muß das erste Argument vom Typ *structure* sein oder an diesen Typ gebunden sein, ansonsten hat es ein fail für den Aufruf von **clause/2** zur Folge.

Fakten werden hier als Regeln mit dem Rumpf *true* aufgefaßt, also das Faktum *a* entspricht der Regel *a :- true*.

Sind mehrere Klauseln in der Datensammlung vorhanden, deren Kopf und Rumpf mit den angegebenen Argumenten unifizierbar sind, so wird die erste dieser Klauseln genommen. Wird dann **clause/2** beim Backtracking über das Redo-Port erneut aufgerufen, so wird die nächste Klausel, die unifizierbar ist, genommen, also möglicherweise ein neuer Lösungsweg initiiert.

Beispiel 11.6 :
In einem früheren Beispiel haben wir schon das rekursive Programm für die Fibonacci-Zahlen programmiert. Das Programm wurde bei großen Zahlen sehr langsam, da viele Berechnungen mehrfach durchgeführt werden mußten. Dies können wir vermeiden, wenn wir bei jeder neu berechneten Fibonacci-Zahl mit **clause/2** testen, ob diese schon in der Datensammlung steht, und, falls nicht, diese mit **asserta/1** als Faktum neu einfügen :

```
fib(1, 1).

fib(0, 0).

fib(N, X) :- M is N-2, fib(M, Y),
             ( clause(fib(M, Y), true);
               asserta(fib(M, Y)) ),
             K is N-1, fib(K, Z),
             ( clause(fib(K, Z), true);
               asserta(fib(K, Z)) ),
             X is Y + Z.
```

Wollen wir anschließend alle Fibonacci-Zahlen auf dem Bildschirm aufgelistet haben (in absteigender Reihenfolge), so können wir uns mit **clause/2** alle Fakten, die zu **fib/2** gehören, suchen und das zweite Argument ausgeben :

```
druck :- clause(fib(N, X), true),
         write(X),
         nl,
         fail.
druck.
```

11.3 Interne Datensammlung

Bisher haben wir unter dem Begriff Datensammlung stets die Sammlung aller Fakten und Regeln verstanden, aus denen ein Prolog-Programm aufgebaut ist. Genauer haben wir diese Datensammlung deshalb auch mit Programm-Datensammlung bezeichnet.

Daneben haben wir die Möglichkeit, in einer *internen Datensammlung* Terme unter einem Schlüssel abzuspeichern. Dabei können unter einem Schlüssel beliebig viele Terme gehalten werden. Wir können diesen Sachverhalt graphisch als eine Verkettung darstellen :

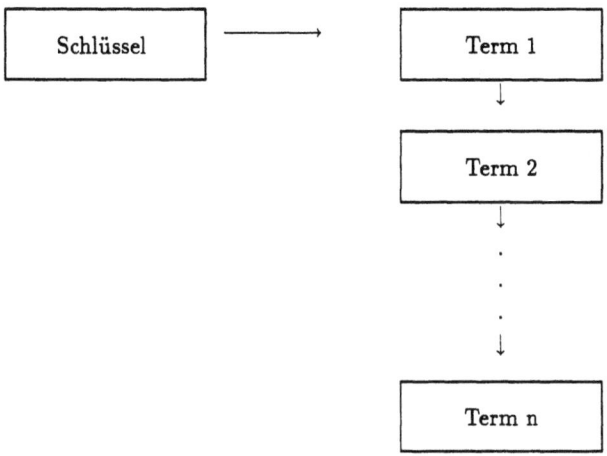

Jeder Term erhält als zusätzliche Kennung noch eine *Database-Reference-Nummer* zugeordnet. Diese wird vom System vergeben und kann *nicht* vom Benutzer angegeben werden. Ihren Wert kann man lediglich durch eine Unifikation mit dem entsprechenden Argument der dafür gedachten Built-in-Prädikate erhalten.

Zu beachten ist, daß bei manchen Interpretern keine scharfe Trennung zwischen den beiden Datensammlungen besteht. Dies rührt daher, daß oftmals auch die Fakten und Regeln der Programm-Datensammlung auf die gleiche Art und Weise abgespeichert werden. Alle Klauseln, welche zu einem Prädikat gehören, werden dann beispielsweise unter dem Prädikatsnamen als Schlüssel abgespeichert und sind in analoger Weise miteinander verkettet.

Um Konflikte zu vermeiden, sollte deshalb nie ein Name als Schlüssel der internen Datensammlung verwendet werden, der auch als Prädikatsname auftritt. In manchen Interpretern ist es möglich, über Veränderungen an der internen Datensammlung auch das Programm zu beeinflußen. Dies sollte allerdings vermieden werden, da sehr schnell eine unübersichtliche Situation entsteht. Solche Veränderungen sollten immer mit den im Abschnitt 11.1 behandelten Prädikaten vorgenommen werden.

188 Manipulieren der Datensammlung

Die interne Datensammlung wollen wir dagegen zum Abspeichern von Zwischenergebnissen benutzen. Wir können damit vermeiden, daß zuviele Argumente bei der Definition der Prädikate berücksichtigt werden müssen. Dies tritt insbesondere dann auf, wenn wir einen Term über mehrere Prädikatsaufrufe mitnehmen müssen, weil sein Wert zu einem späteren Zeitpunkt nochmals benötigt wird. Mit der internen Datensammlung haben wir also die Möglichkeit, uns eine Art von *globalen Variablen* zu generieren.

Zur Manipulation der internen Datensammlung stehen uns Built-in-Prädikate zur Verfügung. Zuerst wollen wir uns ansehen, wie man einen Term abspeichern kann :

recorda(<key>, <term>, <db-ref-nr>)

Dieses Prädikat reiht *term* als *erstes* Element der unter *key* abgespeicherten Terme ein. *db-ref-nr* wird dabei mit der Database-Reference-Nummer unifiziert, unter der der Term in der internen Datensammlung geführt wird. Beim Aufruf muß *key* an ein Atom und *term* an einen Term gebunden sein. Für *db-ref-nr* muß dagegen eine ungebundene Variable oder die anonyme Variable angegeben werden. Graphisch läßt sich der Aufruf folgendermaßen darstellen :

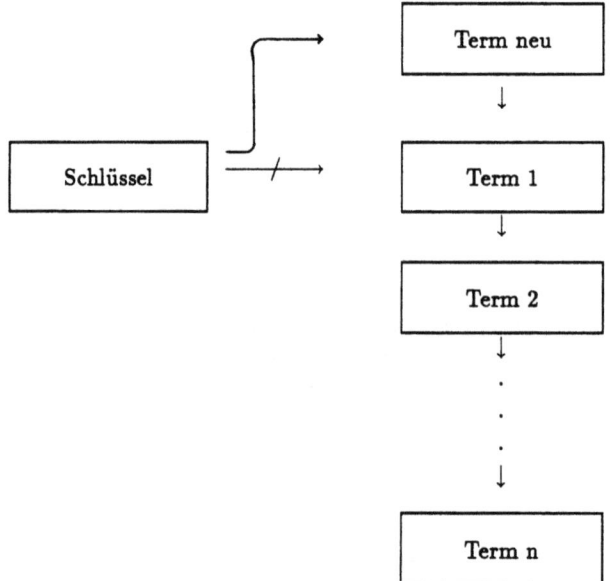

Das Verhalten beim Backtracking ist entsprechend dem prozeduralen Charakter dieses Prädikats. Es hat nur *eine* Lösung und die Wirkung bleibt beim Backtracking über dieses Prädikat erhalten, der neue Term bleibt also abgespeichert.

recordz(<key>, <term>, <db-ref-Nr>)

Dieses Prädikat ist das analoge Prädikat zu **recorda/3**. Es fügt allerdings den neuen Term *am Ende* der Kette ein. Ansonsten zeigt es das gleiche Verhalten. Graphisch erhalten wir hier also folgendes :

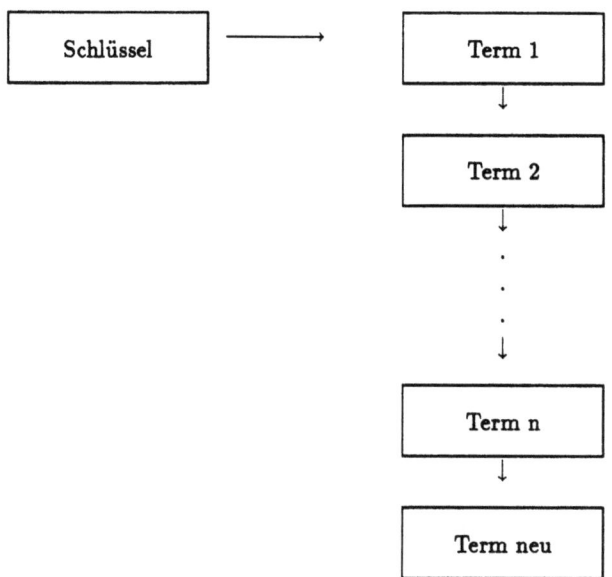

Als nächstes wollen wir das Prädikat betrachten, mit dem wir testen können, ob und was unter einem Schlüssel abgespeichert ist.

recorded(<key>, <term>, <db-ref-nr>)

Dieses Prädikat testet, ob unter dem Schlüssel *key* der Term *term* mit der Database-Reference-Nummer *db-ref-nr* abgespeichert ist. Beim Aufruf muß *key* gebunden sein, ansonsten erfolgt eine Fehlermeldung und der Aufruf ist falsch.

Wird **recorded/3** aufgerufen, so wird die zu *key* gehörende Kette vom ersten Element an durchlaufen und nach einem Element gesucht, welches mit *term*, und dessen Database-Reference-Nummer mit *db-ref-nr* gleichgesetzt werden kann. Wird dann **recorded/3** über das Redo-Port beim Backtracking erneut aufgerufen, so wird das nächste Element in der Kette gesucht, auf das die Bedingungen zutreffen. Auf diese Weise können wir uns ein Prädikat konstruieren, mit dem alle Terme, die unter einem Schlüssel abgespeichert sind, beispielsweise auf dem Bildschirm angezeigt werden :

Beispiel 11.7 :
Das Programm zu diesem Prädikat lautet :

    record_all(Key) :- **recorded**(Key, X, _),
                          write(X), nl,
                          fail.

    record_all(Key).

Nun fehlt uns lediglich noch ein Prädikat, mit dem wir Elemente aus der internen Datensammlung wieder löschen können. Dies lautet :

erase(<db-ref-nr>)

Das zu löschende Element müssen wir also durch die Database-Reference-Nummer spezifizieren. Folglich muß beim Aufruf von **erase/1** dieses Argument auch an eine solche gebunden sein, ansonsten erhalten wir einen Fehler. Da eine Database-Reference-Nummer nicht explizit als Argument angegeben werden kann, müssen wir sie also durch einen zuvor erfolgten Aufruf von **recorda/3**, **recordz/3** oder **recorded/3** an eine Variable binden und diese als Argument angeben.

Beispiel 11.8 :
Um mit den Prädikaten der internen Datensammlung etwas vertrauter zu werden, wollen wir sie in einigen Fragen testen :

    ?- **recorda(speicher, 'USA', _).**

yes

?- **recorded(speicher, X, Y).**

X = USA

Y = a0002d94

yes

Unter dem Schlüssel *speicher* haben wir USA abgelegt. Mit **recorded/3** erhalten wir dieses Element zusammen mit der zugehörigen Database-Reference-Nummer.

    ?- **recorda(speicher, 'Frankreich', _).**

yes

Wir fügen Frankreich an den Anfang der Kette ein.

?- *record_all(speicher)*.

Frankreich

USA

yes

Mit dem vorhin konstruierten *record_all* können wir nun sehen, daß die Reihenfolge wirklich Frankreich vor USA ist.

?- *recordz(speicher, 'Spanien', D)*.

D = a0002da0

yes

Spanien setzen wir an das Ende der Kette und erhalten vom System die zugeordnete Database-Reference-Nummer.

?- *recorded(X, Y, a0002da0)*.

! invalid key to database

no

Dieser Aufruf ist unzulässig, da eine Database-Reference-Nummer nicht explizit angegeben werden darf, wie auch folgende Anfrage zeigt.

?- *db_reference(a0002da0)*.

no

?- *recorded(speicher, 'Spanien', Y), db_reference(Y), erase(Y)*.

Y = a0002da0

yes

Nun haben wir Y durch den Aufruf von *recorded/3* an eine Database-Reference-Nummer gebunden. Folglich können wir diese Variable nun als Argument für *erase/1* angeben und damit wird das Element also aus der Kette gelöscht, wie der folgende Aufruf zeigt.

?- *record_all(speicher)*.

Frankreich

USA

yes

Im folgenden Beispiel geben wir Programmstücke an, mit denen Problemstellungen im Zusammenhang mit der internen Datensammlung gelöst werden können.

192 Manipulieren der Datensammlung

Beispiel 11.9 :

a) Sehr nützlich ist ein Prädikat, mit dem alle Terme, die unter einem Schlüssel gespeichert sind, gelöscht werden können. Dabei nutzen wir wieder aus, daß mit **recorded/3** alle Elemente gefunden werden können.

   erase_all(Key) :- *recorded(Key, _, Dbn),*
   erase(Dbn), fail.

   erase_all(Key).

b) Das folgende Prädikat speichert alle Terme, die in einer Liste stehen, unter einem zu spezifizierenden Schlüssel ab :

   list_intdb([K|R], Key) :- **recordz**(*Key, K, _*),
   list_intdb(R, Key).

   list_intdb([ ], Key).

c) Das Umgekehrte leistet das nächste Programmstück. Es löscht alle Terme, die unter dem angegebenen Schlüssel gespeichert sind und sammelt sie in einer Liste. Ist unter dem Schlüssel nichts gespeichert, so wird die Liste mit der leeren Liste unifiziert :

   intdb_list(Key, [K|R]) :- **recorded**(*Key, K, Dbn*),
   erase(Dbn), !,
   intdb_list(Key, R).

   intdb_list(Key, [ ]).

Den Cut in der ersten Regel müssen wir verwenden, damit beim Backtracking keine weiteren (unsinnigen) Lösungen produziert werden.

11.4 Programmstatus

Es gibt auch eine Möglichkeit, den Status eines Programms auf einer Datei in codierter Form abzuspeichern.

save(<datei>)

Beim Aufruf dieses Prädikats muß das Argument an ein Atom gebunden sein, welches den Anforderungen des Systems an den Namen einer Datei entspricht. Auf diese Datei wird der Inhalt der Datensammlung und der Zustand des Interpreters im Moment des Aufrufs von **save/1** in codierter Form abgespeichert.

Anschließend kann der Interpreter mit Angabe des Dateinamens als Option gestartet werden. Dann wird gleichzeitig mit dem Start des Interpreters der in dieser Datei gespeicherte Zustand der Datensammlung und des Interpreters wieder hergestellt. Dies bedeutet, daß der Interpreter genau an der Stelle mit der Abarbeitung fortfährt, an der **save/1** aufgerufen wurde.

Mit diesem Prädikat haben wir nicht nur die Möglichkeit, die Datensammlung direkt beim Starten des Interpreters sehr schnell zu laden, wir können auch gleichzeitig angeben, welche Anfrage(n) nach dem Start des Interpreters gestellt werden sollen.

Beispiel 11.10 :
Das in Beispiel 5.10 behandelte Programmstück zu den Türmen von Hanoi stehe in der Datei *hanoi*. Wir stellen nun folgende Frage :

?- [*hanoi*], *save(hanoi_3)*, *hanoi(3)*, *halt*.

hanoi consulted 456 bytes .316668 sec

Bewege die oberste Scheibe vom Pfeiler A zum Pfeiler B

Bewege die oberste Scheibe vom Pfeiler A zum Pfeiler C

Bewege die oberste Scheibe vom Pfeiler B zum Pfeiler C

Bewege die oberste Scheibe vom Pfeiler A zum Pfeiler B

Bewege die oberste Scheibe vom Pfeiler C zum Pfeiler A

Bewege die oberste Scheibe vom Pfeiler C zum Pfeiler B

Bewege die oberste Scheibe vom Pfeiler A zum Pfeiler B

[Prolog execution halted]

$

Mit dieser Anfrage haben wir zuerst den Inhalt der Datei *hanoi* geladen. Anschließend wird der Status des Interpreters in der Datei *hanoi_3* gespeichert. Dort wird sowohl der Inhalt der Datensammlung vermerkt, als auch festgehalten, welche Prädikate zu diesem Zeitpunkt noch abzuarbeiten sind. Dann werden die beiden Prädikate **hanoi(3)** und **halt** noch abgearbeitet. Wir befinden uns folglich also danach auf Betriebssystemebene.

Rufen wir nun den Interpreter mit der Option *hanoi_3* auf, so wird automatisch der Status des Interpreters, wie er abgespeichert ist, wieder hergestellt. Es wird also die Datensammlung mit den entsprechenden Klauseln geladen und mit der Abarbeitung der noch ausstehenden Prädikate begonnen :

$ *cprolog hanoi_3*

[C-Prolog Version ...]

Restoring file hanoi_3

Bewege die oberste Scheibe vom Pfeiler A zum Pfeiler B

Bewege die oberste Scheibe vom Pfeiler A zum Pfeiler C

Bewege die oberste Scheibe vom Pfeiler B zum Pfeiler C

Bewege die oberste Scheibe vom Pfeiler A zum Pfeiler B

Bewege die oberste Scheibe vom Pfeiler C zum Pfeiler A

Bewege die oberste Scheibe vom Pfeiler C zum Pfeiler B

Bewege die oberste Scheibe vom Pfeiler A zum Pfeiler B

[Prolog execution halted]

$

Das Prädikat *save/1* ermöglicht es uns, fertige, ausgetestete Programme in codierter Form abzuspeichern, den Interpreter dann mit der Option zu starten und sofort dieses Programm ausführen zu lassen. Insbesondere ersparen wir uns dadurch das Laden der Datensammlung nach dem Start des Interpreters sowie die Frage noch einem "Startprädikat" für das Programm.

12 Sonstige Built-in-Prädikate

12.1 Sammeln von Antworten

Oftmals gibt es zu einer Anfrage mehrere Lösungen, die wir durch Eingabe des Semikolons nacheinander erhalten. Wünschenswert ist ein Prädikat, mit dem wir alle möglichen Lösungen beispielsweise in einer Liste sammeln, um sie anschließend dann weiterverarbeiten zu können. Dadurch entfällt die künstliche Initiierung eines Backtracking, um alle Antworten zur Weiterverarbeitung zu erhalten, wie sie beispielsweise notwendig war, um alle Permutationen einer Liste zu erhalten. Für diesen Zweck gibt es zwei Built-in-Prädikate.

bagof(<term>, <goal>, <list>)

Beim Aufruf ist *term* eine freie Variable oder enthält freie Variablen, die an Variablen, welche im Ziel *goal* auftreten, gebunden sind. Darüberhinaus können in *goal* weitere gebundene oder freie Variablen enthalten sein. Bei einem Aufruf von **bagof/3** werden alle Lösungen, die bei einem Aufruf von *goal* möglich sind, gesucht. Dabei werden die Variablen mit einem Wert unifiziert. Da diese Variablen zumindest zum Teil an Variablen, die in *term* enthalten sind, gebunden sind, werden auch diese Variablen von *term* an den jeweiligen Wert der Lösung gebunden. Die so entstandenen Belegungen von *term* werden alle in einer Liste gesammelt und diese wird mit *list* unifiziert.

Beispiel 12.1 :
Die Datensammlung habe folgenden Inhalt :

>   *interesse(thilo, informatik).*
>
>   *interesse(bernie, statistik).*
>
>   *interesse(sibylle, informatik).*
>
>   *interesse(nicol, psychologie).*
>
>   *interesse(gerd, informatik).*
>
>   *interesse(bernie, psychologie).*
>
>   *interesse(nicol, informatik).*

a) Wir stellen folgende Anfrage :

>   ?- **bagof(X, interesse(X, psychologie), L).**
>
>   X = _0
>
>   L = [nicol, bernie]
>
>   yes

Es wird in der Datensammlung nach allen möglichen Lösungen für das Ziel *interesse(X, psychologie)* gesucht. Zwei Lösungen für X werden gefunden. Da der angegebene Term nur aus der Variablen X besteht, entsprechen die möglichen Belegungen des Terms gerade den beiden Lösungen für X, nämlich bernie und nicol.

b)   ?- **bagof(X, interesse(X, Y), L).**

     X = _0

     Y = informatik

     L = [thilo, sibylle, gerd, nicol];

     X = _0

     Y = statistik

     L = [bernie];

     X = _0

     Y = psychologie

     L = [nicol, bernie];

     no

Bei diesem Aufruf enthält interesse eine zweite freie Variable. Diese wird wie gewohnt mit einem möglichen Wert aus der Datensammlung gleichgesetzt. Dann werden alle möglichen Lösungen für die zweite Variable gesucht, welche an *term* gebunden ist, und diese in einer Liste gesammelt, während der Wert für Y festgehalten wird. Durch die Eingabe des Semikolons wird die nächste Lösung für Y gesucht und dazu alle möglichen Belegungen für *term* in einer Liste gesammelt, usw..

c) Die Datensammlung habe nun folgenden Inhalt :

     interesse(thilo, informatik, mittel).

     interesse(nicol, psychologie, stark).

     interesse(gerd, informatik, stark).

     interesse(bernie, psychologie, schwach).

     interesse(nicol, informatik, schwach).

Dazu stellen wir die Frage :

?- **bagof(art_int(X, Z), interesse(X, Y, Z), L)**.

X = _0

Z = _2

Y = informatik

L = [art_int(thilo, mittel), art_int(gerd, stark), art_int(nicol, schwach)];

X = _0

Z = _2

Y = psychologie

L = [art_int(nicol, stark), art_int(bernie, schwach)];

no

Dieses Beispiel zeigt, daß der Term auch durchaus eine Struktur mit mehreren Variablen sein kann. In diesem Fall werden in der Liste die verschiedenen Belegungen dieser Strukturen gesammelt, wobei die Variablen jeweils an die Resultate der verschiedenen möglichen Lösungswege gebunden sind.

Beispiel 12.2 :
Nun können wir auch das eingangs geschilderte Problem recht einfach lösen. Wir schreiben ein Prädikat alle_perm(L, PL), welches zu einer gegebenen Liste L eine Liste mit allen Permutationen dieser Liste liefert :

alle_perm(L, PL) :- **bagof**(X, permutation(L, X), PL).

Dabei sei **permutation/2** wie in Abschnitt 7.3 definiert.

Zusätzlich haben wir nun noch die Möglichkeit *Existenzquantoren* beim Aufruf von **bagof/3** anzugeben. Damit können wir Anfragen mit beispielsweise folgendem Sinn stellen : Sammle alle Fächer Y, für die gilt : Es existiert ein X mit interesse(X, Y).

Ein Existenzquantor über eine Variable des Ziels wird dargestellt, indem wir die Variable mit einem ^ vor das Ziel schreiben. Dabei ist es auch möglich, Existenzquantoren über mehrere Variablen zu definieren. Dann müssen alle diese Variablen vor das Ziel gestellt werden.

198 Sonstige Built-in-Prädikate

Beispiel 12.3 :

a) Unsere Datensammlung habe wieder folgenden Inhalt :

interesse(thilo, informatik).

interesse(bernie, statistik).

interesse(sibylle, informatik).

interesse(nicol, psychologie).

interesse(gerd, informatik).

interesse(bernie, psychologie).

interesse(nicol, informatik).

Dazu stellen wir folgende Frage :

?- **bagof(Y, X^interesse(X, Y), L).**

Y = _0

X = _2

L = [informatik, statistik, informatik, psychologie, informatik, psychologie, informatik]

yes

Die Anfrage entspricht genau der im obigen Text verbal formulierten Bedingung. Wir sehen, daß in der Liste das Resultat jedes möglichen Lösungswegs aufgenommen ist, also auch doppelte Vorkommen auftreten können.

b) Nun habe die Datensammlung folgende Gestalt :

interesse(thilo, informatik, mittel).

interesse(nicol, psychologie, stark).

interesse(gerd, informatik, stark).

interesse(bernie, psychologie, schwach).

interesse(nicol, informatik, schwach).

Dazu stellen wir folgende Frage :

>?- bagof(art(Z), X^Y^interesse(X, Y, Z), L).
>
>Z = _0
>
>X = _8
>
>Y = _10
>
>L = [art(mittel), art(stark), art(stark), art(schwach), art(schwach)]
>
>yes

Damit haben wir alle Antworten gesammelt, die folgender Bedingung genügen : *art(Z)* ist ein Element der Liste, falls ein X und ein Y existieren, so daß *interesse(X, Y, Z)* wahr ist.

Gerade bei einer Anfrage mit Existenzquantoren ist es möglich, daß die doppelten Vorkommen in der Liste unerwünscht sind. Aus diesem Grund gibt es ein weiteres Built-in-Prädikat.

setof(\<term\>, \<goal\>, \<list\>)

Dieses Prädikat hat die analoge Wirkung zu **bagof/3**, allerdings treten in der Liste *keine* doppelten Elemente auf und die Elemente der Liste sind aufsteigend nach der Ordnung für Terme *sortiert*.

Beispiel 12.4 :
Unsere Datensammlung enthalte dieselben Fakten wie in Beispiel 12.3 a.
Dazu stellen wir nun die Frage :

>?- setof(Y, X^interesse(X, Y), L).
>
>Y = _0
>
>X = _2
>
>L = [informatik, psychologie, statistik]
>
>yes

Ein Prolog-Programm, welches eine ähnliche Wirkung wie **setof/3** hat, könnten wir uns auch selbst definieren.

Beispiel 12.5 :
Wir schreiben ein Programmstück mit derselben Wirkung wie **setof/3**. Dabei nehmen wir lediglich an, daß alle freien Variablen mit einem Existenzquantor versehen sind, ohne daß wir dies direkt angeben müssen. Dieses Prädikat nennen wir **findall(\<term\>, \<goal\>, \<list\>)** :

200 Sonstige Built-in-Prädikate

```
findall(X, G, _) :- asserta(loesung(ende)),
                    call(G),
                    asserta(loesung(X)),
                    fail.
findall(_, _, L) :- sammle_loes(L1), !, sort(L1, L).

sammle_loes([K|R]) :- naechst(K), !, sammle_loes(R).

sammle_loes([ ]).

naechst(K) :- retract(loesung(K)), K \== ende.
```

Bei diesem Programm nutzen wir aus, daß wir Zwischenergebnisse in der Datensammlung halten können. Wir generieren uns also alle möglichen Lösungen und speichern sie als Argument des Prädikats **loesung** ab. Im Anschluß sammeln wir dann alle Lösungen wieder ein bis wir auf das Faktum **loesung(ende)** stoßen, das eine Stopper-Funktion erfüllt.

Die Datensammlung enthalte die Definition des Prädikats **findall/3** sowie die Fakten zu *interesse/3* aus Beispiel 12.3 b. Dazu stellen wir folgende Frage :

?- **findall(art(Z), interesse(X, Y, Z), L).**

Z = _0

X = _8

Y = _10

L = [art(mittel), art(schwach), art(stark)]

yes

findall/3 läßt sich im übrigen leicht in ein Prädikat umwandeln, welches dem **bagof/3** mit Existenzquantoren entspricht. Dazu muß lediglich das Sortieren der Liste entfallen.

12.2 Benutzen von Betriebssystembefehlen

Ein wichtiges Instrument zum Erstellen komplexerer Systeme ist das Built-in-Prädikat, mit dem Betriebssystembefehle aufgerufen werden können.

system(<os-command>)

Beim Aufruf von *system/1* muß das Argument an einen *string* gebunden sein, welcher einem Betriebssystembefehl entspricht. Dann wird an dieser Stelle der angegebene Befehl ausgeführt. Anschließend wird die Bearbeitung des Programms fortgesetzt.

Beispiel 12.6 :
C-Prolog läuft unter dem Betriebssystem Unix. Folglich verwenden wir in diesem Beispiel auch Unix-Befehle.

a) Wir möchten den Inhalt der Datei *hanoi* am Bildschirm aufgelistet haben. Dies erreichen wir vom Betriebssystem aus durch den Befehl *cat hanoi*. Entsprechend müssen wir dies nun als Argument von *system/1* angeben, wenn wir den Befehl während des Interpreterlaufs ausführen lassen wollen :

   ?- *system("cat hanoi")*.

   hanoi(N) :- bewege(N, 'A', 'B', 'C').

   bewege(0, _, _, _) :- !.

   bewege(N, A, B, C) :- M is N - 1,
                  bewege(M, A, C, B),
                  drucke(A, B),
                  bewege(M, C, B, A).

   drucke(A, B) :- write('Bewege die oberste Scheibe vom Pfeiler '),
             write(A),
             write(' zum Pfeiler '),
             write(B), nl.

   yes

b) Viele Interpreter bieten die Möglichkeit, mit einem speziellen Befehl eine Datei zu editieren, ohne den Interpreterlauf zu stoppen. Beim Verlassen des Editors wird dabei automatisch ein **reconsult** der gerade editierten Datei vorgenommen. Dies ist eine äußerst praktische Möglichkeit, kleine Fehler schnell zu korrigieren. Sollte ein solches Prädikat nicht vorhanden sein, läßt es sich mit dem Prädikat *system/1* leicht selbst schreiben.

Wir gehen wieder davon aus, unter Unix zu arbeiten. Dort gibt es den Editor mit Namen *vi*. Dieser wird durch den Befehl *vi <datei>* gestartet. Entsprechend lautet das Programmstück dann :

Sonstige Built-in-Prädikate

> editor(Datei) :- name('vi ', L1), name(Datei, L2), append(L1, L2, L),
>   system(L),
>   reconsult(Datei).

Die eigentliche Bedeutung des Prädikats **system/1** liegt allerdings nicht darin, daß Betriebssystembefehle ausgeführt werden können, sondern daß damit Programme, welche als ausführbare Dateien vorliegen, gestartet werden können. Möglich ist somit beispielsweise mit Hilfe eines Prologregelwerks, ein geeignetes Programm aus einem Pool von in unterschiedlichen Sprachen implementierten Programmen auszuwählen und dies dann an der gewünschten Stelle zu starten. Wir ordnen damit die Kontrolle und Steuerung des komplexen Systems einem Modul zu, welches in Prolog implementiert ist.

Beispiel 12.7 :
Wir wollen ein kleines PASCAL-Programm, welches als ausführbares Programm vorliegt, von Prolog aus starten. Der Quelltext des Programms sei lediglich :

>   program demo(input, output);
>   begin
>   writeln;
>   writeln('Hallo - ich bin ein PASCAL-Programm');
>   writeln
>   end.

Der zugehörige ausführbare Code ist auf der Datei *demo* abgelegt. Nun schreiben wir noch ein kleines Prolog-Programm, welches den Aufruf dieses Programms enthält :

>   prog :- write('***'),
>   nl,
>   system("demo"),
>   write('***').

Dieses Prolog-Programm starten wir und initiieren dadurch während der Abarbeitung einen Aufruf des PASCAL-Programms :

>   ?- **prog**.

****

Hallo - ich bin ein PASCAL-Programm

****

>   yes

An diesem Beispiel haben wir gesehen, daß es keine Schwierigkeiten bereitet, solche Programme, mit denen z.B. komplexe arithmetische Probleme, Datenbankabfragen, usw. gelöst werden können, zu starten.

Als Problem bleibt allerdings die Parameterübergabe vom Prolog-Programm zu diesen Programmen und umgekehrt. Dies läßt sich bei Verwendung von *system/1* nur über Zwischenspeicherung auf einer Datei realisieren. Aus diesem Grund sehen manche Interpreter Schnittstellen zu Programmiersprachen wie C, Pascal u.a. vor. Diese Interpreter können dann um Prädikate erweitert werden, die solche externen Programme aufrufen, wobei die Parameter als Argumente dieser Prädikate übergeben werden können und spezielle Funktionen zur Typkonvertierung bereitgestellt werden.

13 Anwendungen

In diesem Kapitel wollen wir zu einigen Gebieten Problembeschreibungen in Prolog vorstellen. Um den Rahmen dieses Buches nicht zu sprengen, sind alle Beispiele bis auf das Kartenspiel "Siebzehn und Vier" relativ kurz gehalten. In diesem Kapitel setzen wir ein gewisses Verständnis von Prolog voraus. Entsprechend sind auch die Erklärungen zur Lösungsfindung etwas kürzer als in den bisherigen Kapiteln. Den wichtigen Anwendungsbereich der Expertsysteme werden wir dabei wegen seiner besonderen Bedeutung in Kapitel 14 gesondert vorstellen.

13.1 Mengen

Für die Behandlung von Mengen in Prolog bietet sich als eine geeignete Datenstruktur die Liste an, wobei wir von Mengen verlangen, daß kein Element mehrfach vorkommt und die Reihenfolge der Elemente keine Rolle spielt.

Mengenprädikat

Die Elemente von Mengen dürfen keine Variablen sein und die leere Menge ist die leere Liste. Damit ergibt sich folgendes Programm zum Testen der Eigenschaft Menge :

```
menge([ ]) :- ! .
menge([E|M]) :- var(E), !, fail.   % eine Menge darf keine Variable enthalten
menge([E|M]) :- menge(M), not(member(E, M)).

?- menge([a, b, a]).
no
?- menge([b, d, a]).
yes
```

Umwandlung einer Liste in eine Menge

Als erstes entfernen wir aus der Liste die mehrfachen Vorkommen mit Hilfe des Prädikats *entfernen_doppelt/2*. Da die Reihenfolge der Elemente einer Menge keine Rolle spielen darf, müssen wir das Ergebnis auf Permutationen testen. Das Prädikat *menge/1* verhindert, daß z.B. beim Aufruf von *liste_menge(X, [a, a])* die Antwort yes erfolgt. Das Prädikat *liste_menge/2* ist wahr, falls das erste Argument eine Liste und das zweite Argument die zugehörige Menge ist. Korrekt ist das Prädikat *liste_menge/2* für Aufrufe von Variablen bzw. Listen ohne Variable.

entfernen_doppelt([ ], [ ]).

entfernen_doppelt(L, M) :- var(L), L = M.   % Liste wird Menge

entfernen_doppelt([E|L], M) :- *entfernen_doppelt*(L, M),
                                    member(E, M).

entfernen_doppelt([E|L], [E|M]) :- *entfernen_doppelt*(L, M),
                                         not(member(E, M)).

permutation([ ], [ ]).

permutation([E|X], Z) :- permutation(X, Y), einfuegen(E, Y, Z).

einfuegen(E, X, [E|X]).

einfuegen(E, [F|X], [F|Y]) :- einfuegen(E, X, Y).

liste_menge(L, M) :- *entfernen_doppelt*(L, K),
                        permutation(K, M), !, menge(M).

?- *liste_menge*([a, b, a], M).

M = [a, b]

yes

?- *liste_menge*([a, b], [b, a]).

yes

?- *liste_menge*(X, [a, b, a]).

no

Element einer Menge

Hierfür können wir das Built-in-Prädikat **member/2** benutzen.

Teilmenge und Gleichheit von Mengen

Im Prädikat **teilmenge/2** wird sukzessive kontrolliert, ob jedes Element der ersten Menge in der zweiten Menge vorkommt.

teilmenge([ ], M) :- menge(M).

teilmenge([E|X], Y) :- menge([E|X]), menge(Y), teilmenge(X, Y),
                           member(E, Y), ! .

mengengleich(X, Y) :- menge(X), permutation(X, Y), ! .

Wegen der Definition der Permutation darf **mengengleich/2** nur aufgerufen werden, wenn das erste Argument eine explizit gegebene Menge ist.

Vereinigung $X \cup Y = Z$

Zuerst verketten wir die beiden Mengen als Listen. Dann wandeln wir die Ergebnisliste in eine Menge um und müssen anschließend nur noch die Reihenfolge berücksichtigen. Wenn die ersten beiden Argumente Variablen und das dritte Argument eine explizit gegebene Menge ist, dann ergibt ein Aufruf von **vereinigung** die Antwort no, z.B. ?- vereinigung(X, Y, [a, b]) ergibt die Antwort no.

  vereinigung(X, Y, M) :- append(X, Y, L),
              liste_menge(L, M1),
              mengengleich(M1, M).

Durchschnitt $X \cap Y = Z$

Das Prädikat **durchschnitt/3** ist rekursiv definiert. Zu beachten ist hier erneut die Anwendung des Prädikats **mengengleich/2** anstelle des Tests auf Gleichheit von Listen.

  durchschnitt([ ], Y, [ ]) :- ! .

  durchschnitt(X, X, X) :- ! .

  durchschnitt([E|X], Y, M) :- durchschnitt(X, Y, M1),
                ((member(E, Y), mengengleich([E|M1], M));
                 (mengengleich(M1, M))), ! .

Differenz $X \setminus Y = Z$

Mit Hilfe des Prädikats **streiche/3**, welches aus Listen Elemente entfernt, ist die Differenz wieder rekursiv definiert worden.

  differenz(X, [ ], X) :- ! .

  differenz(X, [E|Y], Z) :- menge(X),
              differenz(X, Y, Z1),
              ((member(E, X), streiche(E, Z1, Z)) ;
               (mengengleich(Z1, Z))), ! .

  streiche(E, [E|M], M) :- ! .

  streiche(E, [X|M1], [X|M]) :- streiche(E, M1, M).

Der Aufruf von **differenz/3** darf nur für Mengen erfolgen.

13.2 Parser

Im Bereich des Compilerbaus oder der Verarbeitung natürlicher Sprache muß in einer Phase geprüft werden, ob der zu verarbeitende Ausdruck syntaktisch korrekt ist. Ein Programm, das diese Syntaxüberprüfung vornimmt, nennt man Parser. Normalerweise wird nicht nur die Korrektheit getestet, sondern auch Informationen für die weitere Verarbeitung gesammelt. Wir wollen hier jedoch keine ausführliche Darstellung von Parsern geben und beschränken uns im wesentlichen auf die Frage nach der syntaktischen Korrektheit.

Die Syntax sei gegeben in Backus-Naur-Form oder als eine kontextfreie Grammatik.

Eine Grammatik G = (VN, VT, R, s) besteht aus

> VN einer endlichen Menge von Nichtterminalsymbolen,
> VT einer endlichen Menge von Terminalsymbolen, VN $\cap$ VT = $\emptyset$
> einer Regelmenge R $\subseteq$ (VN $\cup$ VT)* × (VN $\cup$ VT)*
> und einem Startsymbol s.

Die Regeln (v, w)$\in$ R schreiben wir auch als v $--> $ w, dies entspricht in der Backus-Naur-Form v ::= w.

Eine kontextfrei Grammatik liegt dann vor, wenn alle Regeln die Form a $--> $ w mit a $\in$ VN besitzen.

Weiterhin seien alle Terminalsymbole als einelementige Listen gegeben und die Nichtterminalsymbole seien Atome oder Strukturen verschieden von Listen.

Beispiel 13.1 :
Die Grammatik G besitze die folgenden Regeln mit dem Startsymbol s, VN = {s, a, b} und VT = { [d], [f], [g] }.

s $--> $ a, b
a $--> $ [d], a
a $--> $ [f]
b $--> $ [g]

Die Sprache von G, also alle aus dem Startsymbol herleitbaren Terminalworte, ist dann L(G) = {d^{n}fg :$n \geq 0$}.

Ein entsprechendes Prolog-Programm, welches testet, ob ein Wort zu L(G) gehört, sieht z.B. folgendermaßen aus (Worte seien als Liste gegeben).

> s(X0, X) :- a(X0, X1), b(X1, X).
>
> a(Y0, Y) :- Y0 = [d|Y1], a(Y1, Y).
>
> a([f|X], X).
>
> b([g|X], X).

In der Frage geben wir das zur Diskussion stehende Wort als Liste ein. Das zweite Argument ist die leere Liste [ ].

   ?- s([d, d, f, g], [ ]).

   yes

Die Zeichenfolge d d f g ist aus s herleitbar.

   ?- s([d, f, d, g], [ ])

   no

Die Zeichenfolge d f d g ist aus s nicht herleitbar.

Nach der Strategie von Prolog wird die Grammatik top–down abgearbeitet.

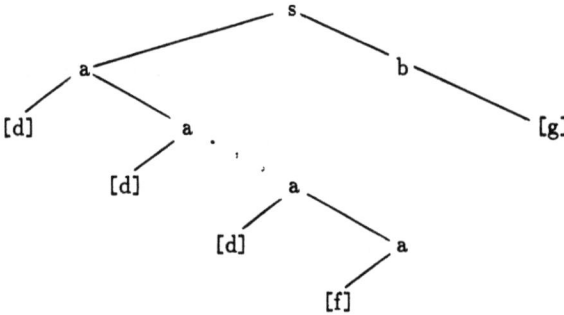

Als Vereinfachung bieten einige Prolog-Versionen einen Operator "-- >" an. Die Abkürzung entspricht dem Pfeil der Grammatiken und muß der folgenden Syntax genügen.

1. Nichtterminalsymbole sind Atome oder Strukturen verschieden von Listen.

2. Ein Wort bestehend aus Terminalsymbolen entspricht der Liste bestehend aus den Symbolen. Das leere Wort ist die leere Liste.

3. Auf der linken Seite einer Regel steht immer ein Nichtterminalsymbol.

4. Für Alternativen kann das Semikolon ";" benutzt werden. Dies entspricht in der Backus–Naur–Form dem Metasymbol |.

5. Auf der rechten Seite von Regeln dürfen in geschweiften Klammern Prolog-Strukturen stehen. Sie werden an dieser Stelle ausgewertet.

6. Der Cut darf auf der rechten Seite einer Regel auch ohne geschweifte Klammern stehen.

Dazu wollen wir einige Beispiele angeben.

Beispiel 13.2 :

> s -- > a, b.
> a -- > a, [d]. $L = \{f\ d^n g : n \geq 0\}$
> a -- > [f].
> b -- > [g].

Die Grammatik unterscheidet sich vom Beispiel 13.1 dadurch, daß in der zweiten Regel a und [d] vertauscht worden sind. Rufen wir nun auf

> ?- s([f, d, g], [ ]).

so erhalten wir eine Endlosschleife, da die Regel a -- > a, [d] immer wieder aufgerufen wird. Um dieses zu vermeiden, müssen wir in der Regel die Linksrekursion durch eine Rechtsrekursion ersetzen. Dies können wir durch die Einführung einer Hilfsvariablen erreichen.

Beispiel 13.3 :

> s -- > a, b.
> a -- > [f], {write('f ')}, ahilf.
> ahilf -- > [d], {write('d ')}, ahilf. $L = \{f\ d^n g : n \geq 0\}$
> ahilf -- > [ ].   % leeres Wort
> b -- > [g], {write('g ')}.

In diesem Beispiel haben wir das Prädikat write eingefügt. Dadurch erhalten wir den aktuellen Stand beim Parsing auf dem Monitor angezeigt.

Gehört das eingegebene Wort nicht zur Sprache, so wird zumindest ein korrektes Anfangsstück gezeigt. Syntaktisch falsch ist dann das nächste Zeichen in der Liste.

> ?- s([f, d, d, g], [ ]).
>
> f d d g
>
> yes
>
> ?- s([f, d, d, f, d, g], [ ]).
>
> f d d
>
> no

Das nach f d d folgende f ist syntaktisch falsch.

Beispiel 13.4 :
Grammatik für das IF-Statement (PASCAL)

    s --> [if], c, [then], s.

    s --> [if], c, [then], s, [else], s.

    s --> [statmt].

    c --> [cond].

    ?- s([if, cond, then, if, cond, then, statmt], [ ]).

yes

Beispiel 13.5 :
Eine Grammatik für einfache natürliche Sprache :

    start --> [ich], singular.

    start --> [sie], plural.

    singular --> ([lese];[schreibe]), rest.

    plural --> ([lesen];[schreiben]), rest.

    rest --> [das], sinrest.

    rest --> [die], plurest.

    sinrest --> [buch].

    plurest --> [buecher].

    ?- start([ich, lese, die, buecher], [ ]).

yes

    ?- start(Y, [ ]), write(Y), nl, fail.

Als Antwort auf diese Frage erhalten wir alle syntaktisch korrekten Sätze der obigen Grammatik.

Beispiel 13.6 :
Eine Grammatik für 2-disjunktive Normalform (vergl. mit Beispiel 8.9) :

  disj2 --- > *konj*.

  disj2 --- > *konj*, [#], *disj*.   % [#] *steht fuer 'oder'*

  konj --- > *literal*, [&], *literal*.   % [&] *steht fuer 'und'*

  literal --- > [^], *identifier*.   % [^] *steht fuer 'nicht'*

  literal --- > *identifier* .

  identifier --- > [C], {atom(C), name(C, [97|X]) }.

     % *identifier ist ein Atom und beginnt mit a*

  ?- *disj2([a1, &, a2, #, ^, a2, &, a3], [ ])*.

  yes

Beispiel 13.7 :
Die Nichtterminalsymbole können auch aus Strukturen bestehen. Diese Möglichkeit ist besonders hilfreich für eine gleichzeitige Auswertung oder für die Erzeugung eines Ableitungsbaums, der anschließend ausgedruckt werden soll. Die nachfolgende Grammatik analysiert und wertet gleichzeitig arithmetische Ausdrücke aus :

  ausdruck(Z) --- > *term(X)*,[+], *ausdruck(Y)*, {Z is X + Y }.

  ausdruck(Z) --- > *term(Z)*.

  term(Z) --- > *nummer(X)*,[*], *term(Y)*, {Z is X * Y }.

  term(Z) --- > *nummer(Z)*.

  nummer(X) --- > [C], {integer(C), X is C }

Das Prädikat **ausdruck/3** wird nun aufgerufen mit einer Variablen als erstes Argument, der Liste der Terminalzeichen als zweites und der leeren Liste als drittes Argument. Die Variable ist nach Ausführung des Programmes mit dem Wert des arithmetischen Ausdrucks unifiziert.

  ?- **ausdruck(Z, [4, +, 5, *, 8], [ ])**.

  Z = 44

  yes

  ?- **ausdruck(Z, [4, +, *, 5], [ ])**.

  no

13.3 Spiele

13.3.1 Nimm

Das Spiel Nimm ist für 2 Personen gedacht. Am Anfang liegt eine Reihe von Streichhölzern auf dem Tisch.

Abwechselnd nimmt jeder Spieler höchstens 3 aber mindestens 1 Streichholz vom Ende der Reihe. Gewonnen hat derjenige Spieler, der die letzten Streichhölzer aufnimmt. Die Beschränkung auf maximal 3 Streichhölzer ist nicht wesentlich.

Eine Anzahl Streichhölzer ist entweder eine Gewinnsituation oder eine Verlustsituation. Eine Gewinnsituation X ist dabei wie folgt definiert : Es gibt eine Anzahl I ($1 \leq I \leq 3$) von wegzunehmenden Streichhölzern, so daß der Gegner bei eigener optimaler Spielweise verliert. Eine Verlustsituation X liegt dann vor, wenn X keine Gewinnsituation ist.

Damit haben wir das Spiel rekursiv beschrieben, wobei wir noch verlust(0) festlegen.

Das nachfolgende Programm gibt durch den Aufruf von zug(X) dem Spieler die Information, wieviel Streichhölzer er nehmen soll oder es zeigt ihm die Verlustsituation an.

Beispiel 13.8 :

```
verlust(0).                    % Verlustsituationen
verlust(X) :- not(gewinn(X)).

gewinn(1).                     % Gewinnsituationen
gewinn(2).
gewinn(3).
gewinn(X) :- ( ( Z1 is X-1, Z1 > 0, verlust(Z1) );
               ( Z2 is X-2, Z2 > 0, verlust(Z2) );
               ( Z3 is X-3, Z3 > 0, verlust(Z3) ) ).
zug(X) :- ( (N is X-1) ; (N is X-2) ; (N is X-3) ),
          verlust(N), Wert is X-N,
          write('Nimm '), write(Wert), write(' Streichhoelzer.'), nl.
zug(X) :- write(' Der Gegner kann gewinnen, nimm beliebig .').
```

?- zug(4).

Der Gegner kann gewinnen, nimm beliebig.

?- zug(7).

Nimm 3 Streichhoelzer.

Natürlich ist dieses Programm sehr langsam, denn in der Berechnung werden Situationen mehrfach überprüft. Dies führt zu einem exponentiellen Wachstum der Zeit.

Um Wiederholungen zu vermeiden, können wir schon einmal gefundene Ergebnisse in der internen Datensammlung abspeichern. Dabei vergrößert sich der Platzbedarf. Er ist aber durch die Zahl der Streichhölzer begrenzt. In der internen Datensammlung mit Schlüssel *nimm_verlust* speichern wir alle aufgetretenen Verlustsituationen. Das Prädikat *test_daten* überprüft, ob X eine Verlustsituation ist. Hinzugefügt wird eine Verlustsituation X mit Hilfe von **add_daten(X)**.

>   *verlust(0).*
>
>   *verlust(X) :− test_daten(X) ;*
>   *(not(gewinn(X)), add_daten(X)).*
>
>   *test_daten(X) :− recorded(nimm_verlust, X, _).*
>
>   *add_daten(X) :− recorda(nimm_verlust, X, _).*
>
>   *gewinn(1).*
>
>   *gewinn(2).*
>
>   *gewinn(3).*
>
>   *gewinn(X) :− ((Z1 is X−1, Z1 > 0, verlust(Z1));*
>   *(Z2 is X−2, Z2 > 0, verlust(Z2));*
>   *(Z3 is X−3, Z3 > 0, verlust(Z3))).*
>
>   *zug(X) :− ((N is X−1); (N is X−2); (N is X−3)),*
>   *verlust(N), Wert is X−N,*
>   *write('Nimm '), write(Wert), write(' Streichhoelzer.'), nl.*
>
>   *zug(X) :− write(' Der Gegner kann gewinnen, nimm beliebig. ').*

Die Frage nach **zug(X)** bewirkt, daß alle Verlustsituationen kleiner als X in der internen Datensammlung gespeichert werden.

>   ?- **zug(18).**
>
>   Nimm 2 Streichhoelzer.
>
>   yes
>
>   ?- **recorded(nimm_verlust, Y, _), write(Y), write(' '), fail.**
>
>   16 12 8 4
>
>   yes

Aus der Ausgabe ersehen wir schon, daß jede Zahl X = 0 (mod 4) eine Verlustsituation ist. Jeder eigene Zug sollte also zu einem solchen Wert führen.

13.3.2 Siebzehn und Vier

Bei diesem Kartenspiel spielen zwei Spieler gegeneinander. Jeder nimmt sich von einem Stapel so viele Karten wie er möchte. Sinn des Spiels ist es, Karten mit einem Wert möglichst nahe bei 21 zu besitzen, aber nicht darüber. Gewonnen hat, wer die Karten mit höherem Wert hat. Hat ein Spieler mehr als 21 Punkte, so hat er verloren. Haben beide mehr als 21 Punkte oder gleichviel Punkte, so geht das Spiel an die Bank.

Wir wollen nun ein Prolog-Programm schreiben, welches es ermöglicht, dieses Kartenspiel gegen den Computer zu spielen. Dabei müssen wir für die Spielweise des Computers eine Strategie entwickeln. In diesem Fall kann man sich sogar eine Strategie ausdenken, bei der der Computer aus Erfahrung "lernt".

Wir lösen das Problem mit folgendem Ansatz :

1. Sind schon Karten im Wert von 20 oder mehr Punkten gezogen, dann soll keinesfalls eine weitere Karte gezogen werden.

2. Sind bisher lediglich Karten im Wert von 10 oder weniger Punkten gezogen, dann soll auf alle Fälle eine weitere Karte gezogen werden.

3. In allen anderen Fällen soll auf eine Statistik zurückgegriffen werden. Diese enthält für jede mögliche Punktzahl zwischen 11 und 19 folgende Werte :

    - Anzahl der Entscheidungen, eine Karte genommen zu haben und anschließend gewonnen zu haben. (G_GS)

    - Anzahl der Entscheidungen, eine Karte genommen zu haben und anschließend verloren zu haben. (G_VS)

    - Anzahl der Entscheidungen, keine Karte genommen zu haben und anschließend gewonnen zu haben. (NG_GS)

    - Anzahl der Entscheidungen, keine Karte genommen zu haben und anschließend verloren zu haben. (NG_VS)

Dazu definieren wir ein Faktum *statistik(Punkt, G_GS, G_VS, NG_GS, NG_VS)* für jede in Frage kommende Punktzahl zwischen 11 und 19. Diese Fakten sind in einer getrennten Datei zu halten, welche zu Beginn des Spiels in die Datensammlung geladen wird. Am Ende werden sie mit Hilfe des Prädikats *listing* wieder auf diese Datei zurückgeschrieben. Dabei haben sich die Argumente entsprechend der Erfahrungen des Computers verändert. Vor dem ersten Spiel hat diese Datei die folgende Gestalt :

statistik(11, 0, 0, 0, 0).

statistik(12, 0, 0, 0, 0).

statistik(13, 0, 0, 0, 0).

statistik(14, 0, 0, 0, 0).

statistik(15, 0, 0, 0, 0).

statistik(16, 0, 0, 0, 0).

statistik(17, 0, 0, 0, 0).

statistik(18, 0, 0, 0, 0).

statitsik(19, 0, 0, 0, 0).

zuf_start(17).

Das zusätzliche Faktum *zuf_start/1* wird als Initialisierung zur Erzeugung der Zufallszahl für das Kartenmischen benötigt. Der Datei geben wir den Namen *statistik*.

Nun muß die Strategie für die Auswertung der Statistik für eine bestimmte Punktzahl zwischen 11 und 19 noch angegeben werden. Dabei sind folgende Fälle zu unterscheiden :

a) Alle vier Zahlen sind null. Dann muß die Chance geprüft werden.

b) Die Anzahl der Verlustsituationen ist für "genommen" und "nicht genommen" null. Dann wird die Anzahl der jeweiligen Gewinnsituationen verglichen und die Entscheidung für die höhere Zahl getroffen. Sind beide gleich, muß die Chance geprüft werden.

c) Ist bis jetzt sowohl G_GS als auch G_VS gleich null, wird der Quotient NG_GS/NG_VS gebildet. Ist er größer als 1, wird keine weitere Karte genommen, bei gleich 1 wird die Chance geprüft, sonst zieht der Computer eine weitere Karte.

d) Ist bis jetzt sowohl NG_GS als auch NG_VS gleich null, ist die Vorgehensweise analog.

e) Existieren für den Fall "nicht genommen" sowohl Gewinn- als auch Verlustsituationen und hat der Computer immer gewonnen, falls er eine Karte genommen hat, nimmt er auch diesmal eine.

f) In der umgekehrten Situation zu e) ist die Vorgehensweise analog.

g) Bleibt noch der Fall, daß alle 4 Situationen schon aufgetreten sind. Dann werden die Quotienten G_GS/G_VS und und NG_GS/NG_VS gebildet und miteinander verglichen. Für die Situation des höheren Quotienten entscheidet sich der Computer. Sind beide gleich, wird die Chance geprüft.

Falls aus der Statistik also nichts zu erkennen ist, muß die Chance geprüft werden. Dabei gehen wir von folgender Überlegung aus : Sind im Kartenspiel mehr Karten vorhanden, mit denen wir die Siegchancen vergrössern oder mit denen wir sie verschlechtern ? Dementsprechend ist es besser bis zu 14 Punkten noch eine zusätzliche Karte zu ziehen und darüber keine mehr zu nehmen.

216 Anwendungen

Nachdem nun diese Strategie festgelegt ist, können wir an die Lösung der eigentlichen Aufgabe gehen. Diese besteht im wesentlichen aus vier Teilen :

- Mischen der Karten, also bereitstellen des Kartenstapels
- Ziehen der Karten nach der Strategie durch den Computer
- Ziehen der Karten durch den Spieler (interaktiv)
- Auswertung und Ergebnisausgabe

Als Programm erhalten wir :

```
% Teil 1 : Mischen der Karten
% Dazu ziehen wir eine nach dem Zufallsprinzip ermittelte Karte und
% legen sie als nächstes auf den neuen Stapel. Dies machen wir solange,
% bis der gesamte Kartenvorrat aufgebraucht ist. Fuer das Praedikat,
% mit dem die Zufallszahl ermittelt wird (random/2), benoetigen wir
% eine 'unbekannte' Zahl, die auf der Statistikdatei unter zuf_start/1
% abgespeichert ist.
    kartenstapel(List) :-
        mischen([7, 7, 7, 7, 8, 8, 8, 8, 9, 9, 9, 9, 10, 10, 10, 10,
                 2, 2, 2, 2, 3, 3, 3, 3, 4, 4, 4, 4, 11, 11, 11, 11], List).

    mischen([ ], [ ]).

    mischen(Karten, [H|T]) :- length(Karten, N),
                              random(N, I),
                              delete(I, Karten, Rest, H),
                              mischen(Rest, T).

    random(N, X) :- retract(zuf_start(S)),
                    X is (S mod N) + 1,
                    New is (125 * S + 1) mod 4096,
                    asserta(zuf_start(New)), ! .

    delete(1, [H|T], T, H).
    delete(I, [H|T1], [H|T2], X) :- Hilf is I - 1 ,
                                    delete(Hilf, T1, T2, X).

% Teil 2 : Ziehen der Karten durch den Computer
% Der Computer entscheidet nach der im Text beschriebenen Strategie,
% ob er noch eine weitere Karte nimmt. Dabei werden die verschiedenen
% Faelle der Strategie in test/5 ueberprueft. Das Pruefen der Chance
% erfolgt mit chance/4. In der internen Datensammlung wird die letzte
% Entscheidung vor Abschluß des Ziehens unter dem Schluessel zug
% vermerkt.
```

zug_comp([H|T], R, Ap, Np) :- Ap =< 10,
                              Zp is Ap + H,
                              zug_comp(T, R, Zp, Np).

zug_comp(L, L, P, P) :- P >= 20.

zug_comp(L, R, Ap, Np) :- statistik(Ap, Erg),
                           ((Erg == ja, nehme(L, R, Ap, Np));
                             (Erg == nein, nicht(L, R, Ap, Np));
                             (Erg == egal, chance(L, R, Ap, Np))).

nehme([H|T], R, Ap, Np) :- Zp is Ap + H,
                           recorded(zug, _, Dbn), erase(Dbn),
                           recorda(zug, [Ap, g], _),
                           zug_comp(T, R, Zp, Np).

nicht(L, L, P, P) :- recorded(zug, _, Dbn), erase(Dbn),
                     recorda(zug, [P, ng], _).

chance(L, R, Ap, Np) :- Ap < 15, nehme(L, R, Ap, Np).

chance(L, R, Ap, Np) :- nicht(L, R, Ap, Np).

statistik(Ap, Erg) :- stat(Ap, G_GS, G_VS, NG_GS, NG_VS),
                      test(G_GS, G_VS, NG_GS, NG_VS, Erg).

test(0, 0, 0, 0, egal).

test(G_GS, 0,NG_GS,0,Erg) :- (G_GS > NG_GS, Erg = ja);
                              (G_GS =:= NG_GS, Erg = egal);
                              (G_GS < NG_GS, Erg = nein).

test(0, 0, NG_GS, NG_VS, Erg) :- Hilf is NG_GS / NG_VS,
                                  ((Hilf > 1, Erg = nein);
                                    (Hilf =:= 1, Erg = egal);
                                    (Hilf < 1, Erg = ja)).

test(G_GS, G_VS, 0, 0, Erg) :- Hilf is G_GS / G_VS,
                                ((Hilf > 1, Erg = ja);
                                  (Hilf =:= 1, Erg = egal);
                                  (Hilf < 1, Erg = nein)).

test(G_GS, 0, NG_GS, NG_VS, ja).

test(G_GS, G_VS, NG_GS, 0, nein).

218 Anwendungen

```prolog
test(G_GS, G_VS, NG_GS, NG_VS, Erg) :-
            G_Hilf is G_GS / G_VS,
            NG_Hilf is NG_GS / NG_VS,
            ( ( G_Hilf > NG_Hilf , Erg = ja);
              ( G_Hilf =:= NG_Hilf, Erg = egal);
              ( G_Hilf < NG_Hilf, Erg = nein) ).
```

% Teil 3 : Interaktives Ziehen des Spielers

```prolog
    zug_spieler([H|T], Ap, Np) :-
                repeat,
                nl, nl,
                write('Sie haben bis jetzt '), write(Ap),
                write(' Punkte. Wollen Sie noch eine Karte ? '),
                write(' (j./n.) '),
                read(Ant),
                ( (Ant == j, Zp is Ap + H, zug_spieler(T, Zp, Np));
                  (Ant == n, Ap = Np) ).
```

% Teil 4 : Auswertung des Spiels
% Dazu muss zuerst geprueft werden, wer das Spiel gewonnen hat. Dann
% muss der Erfolg des Computers in der Statistik ergaenzt werden.
% Dementsprechend muss das zu der Punktzahl gehoerende Faktum des
% Praedikats statistik/5 abgeaendert werden.

```prolog
    auswertung(Cp, Sp) :- nl, nl, nl,
                write('Ich habe '), write(Cp), write(' Punkte !'), nl,
                write('Sie haben '), write(Sp), write(' Punkte !'),
                nl, nl, auswert(Cp, Sp).

    auswert(Cp, Sp) :- Cp > 21, Sp > 21,
                write('Das Spiel geht an die Bank !!'),
                stat_erg(verl).

    auswert(Cp, Sp) :- Cp > 21,
                write('Sie haben gewonnen !!'),
                stat_erg(verl).

    auswert(Cp, Sp) :- Sp > 21,
                write('Ich habe gewonnen !!'),
                stat_erg(gew).

    auswert(P, P) :- write('Das Spiel geht an die Bank !!'),
                stat_erg(verl).

    auswert(Cp, Sp) :- Cp > Sp,
                write('Ich habe gewonnen !!'),
                stat_erg(gew).
```

```
auswert(Cp, Sp) :- write('Sie haben gewonnen !!'),
                   stat_erg(verl).
stat_erg(_) :- recorded(zug, [ ], _).
stat_erg(GV) :-
    recorded(zug, [P, GNG], _),
    stat(P, G_GS, G_VS, NG_GS, NG_VS),retract(stat(P, _, _, _, _)),
    ( (GNG == g, succ(G_GS, Neu1), succ(G_VS, Neu2),
        ( (GV == gew, asserta(stat(P, Neu1, G_VS, NG_GS, NG_VS)));
          (GV == verl, asserta(stat(P, G_GS, Neu2, NG_GS, NG_VS))) ));
      (GNG == ng, succ(NG_GS, Neu3), succ(NG_VS, Neu4),
        ( (GV == gew, asserta(stat(P, G_GS, G_VS, Neu3, NG_VS)));
          (GV == verl, asserta(stat(P, G_GS, G_VS, NG_GS, Neu4))) )) ).
% Das folgende Programmstueck stellt das Rahmenprogramm dar.
    init :- freeze_predicates,
            [-statistik],
            recorda(zug, [ ], _).
    spielrunde :- kartenstapel(Karten),
                  zug_comp(Karten, Rest, 0, Cp),
                  zug_spieler(Rest, 0, Sp),
                  auswertung(Cp, Sp), ! .
    spiel :- init,repeat,
             spielrunde,
             nl, nl, nl,
             write('Wollen Sie nochmal spielen ? (j./n.) '),
             read(A),
             nl, nl, nl,
             A \== j,
             tell(statistik),
             listing,
             told.
```

Aufgerufen wird das Spiel durch ?- **spiel.**

13.4 Logik

Der Kern der Programmiersprache Prolog ist die Beschreibung von Problemen durch Formeln der Prädikatenlogik 1.Stufe, die einer gewissen syntaktischen Struktur genügen. Daneben gibt es eine Reihe von zusätzlichen Hilfsmitteln prozeduraler und auch nicht–prozeduraler Art, die wir nicht oder nur mit großen Schwierigkeiten durch die Prädikatenlogik 1.Stufe beschreiben können. Für den Einsatz in der Praxis sind diese Hilfsmittel aber von entscheidender Bedeutung.

In Kapitel 3 haben wir schon einige theoretische Grundlagen der Logik in Hinblick auf Prolog diskutiert. An dieser Stelle wollen wir uns damit beschäftigen, wie wir Formeln in Prolog programmieren, wie beschränkte Quantoren beschrieben werden können und wie für Teile der Aussagenlogik die Query- , Insert- und Zyklenproblematik behandelt werden kann.

13.4.1 Transformation in Prolog–Form

Nicht alle Beschreibungen von Problemen durch Formeln der Prädikatenlogik 1.Stufe besitzen die Form eines Prolog-Programms. Da jede Formel in Prolog-Form widerspruchsfrei ist, können wir in sich widersprüchliche Probleme nicht durch ein Prolog-Programm (ohne Frage) spezifizieren. Durch die Äquivalenz (aus a folgt b) gdw. (a und nicht(b) ist widerspruchsvoll) motiviert, stellt sich die Frage, ob die eventuell enthaltene Widersprüchlichkeit der Formel nicht durch eine Zuordnung von Prolog-Programm und Prolog-Frage beschrieben werden kann. Den Zusammenhang verdeutlicht die folgende Aussage.

<u>Satz 13.1</u>

> Es gibt ein effektives Verfahren, welches je zwei beliebigen Formeln A und B ein Prolog-Programm P(A, B) und eine Prolog-Frage F(A, B) zuordnet, so daß gilt : (Aus A folgt B) genau dann, wenn die Frage ?- F(A, B) an das Programm P(A, B) mit yes beantwortet wird.

Die Aussage des Satzes ist mehr theoretischer Natur, denn die Programmgröße und die Umformung ist i.a. wegen der großen Komplexität nicht praktisch durchführbar.

Der Satz läßt sich mit Hilfe eines Maschinenmodells, nämlich Registermaschinen, beweisen. Dieses theoretische Maschinenmodell hat eine große Bedeutung. Deshalb wollen wir an einem Beispiel zeigen, wie eine Registermaschine in Prolog programmiert werden kann. Ein Programm und der Anfangsinhalt der Register lassen sich kanonisch durch ein Prolog-Programm beschreiben. Ob die Maschine den Haltezustand erreicht, kann dann als Frage an das Prolog-Programm formuliert werden. Wir wollen die Programmierung hier exemplarisch am Beispiel einer Addition vorführen. Die Inhalte der Register werden dabei als Listen beschrieben.

M sei ein 3-Registermaschinen-Programm für die Addition, wobei das Ergebnis im 3-ten Register steht.

$M \equiv 0$: if $R_1 \neq 0$ then $R_1 := R_1 - 1$, goto 1
  else goto 2

  1 : $R_3 := R_3 + 1$, goto 0

  2 : if $R_2 \neq 0$ then $R_2 := R_2 - 1$, goto 3
  else goto 4

  3 : $R_3 := R_3 + 1$, goto 2

  4 : halt

Jedem Zustand i ($0 \leq i \leq 4$) wird nun ein Prädikat **zustand_i/3** zugeordnet.

Beispiel 13.9 :

  zust_0([1], [1, 1, 1],[ ]).   % $R1 = 1, R2 = 3, R3 = 0$

  zust_1(X, Y, Z) :- zust_0([1|X], Y, Z).   % $R1 > 0$, sub $R1$

  zust_2([ ], Y, Z) :- zust_0([ ], Y, Z).   % $R1 = 0$

  zust_0(X, Y, [1|Z]) :- zust_1(X, Y, Z).   % add $R3$

  zust_3(X, Y, Z) :- zust_2(X,[1|Y], Z).   % $R2 > 0$, sub $R2$

  zust_4(X, [ ], Z) :- zust_2(X, [ ], Z).   % $R2 = 0$

  zust_2(X, Y, [1|Z]) :- zust_3(X, Y, Z).   % add $R3$

  ?- **zust_4([ ], [ ], [1, 1, 1, 1])** .

  yes

Die Registermaschine hält mit Registerinhalten $R1 = 0$, $R2 = 0$ und $R3 = 4$.

13.4.2 Syntaktische Transformation

Eine Möglichkeit, aus Formeln Prolog-Programme zu erhalten, die natürlich nicht immer zum Erfolg führt, ist die syntaktische Umformung von Formeln. Die einzelnen Schritte sind

- Negation nach Innen ziehen
- Pränexe Normalform erstellen (Quantoren an den Anfang)
- Skolem Normalform (Existenz-Quantoren eliminieren)

- Konjunktive Normalform des Kerns erzeugen
- Überprüfung der Klauseln auf Prolog-Form
- Generierung des Prolog-Programms.

Dem Programm ist vorangestellt die Einführung der Operationen &/2 , #/2 und ^/1 , wie sie in Kapitel 8 erläutert worden ist.

Wir vereinbaren für die Operatoren :

    ?- op(30, fx, ^).

    ?- op(35, xfy, &).

    ?- op(40, xfy, #).

Das Rahmenprogramm

Das Rahmenprogramm führt die einzelnen Schritte der Umformung durch. Nach jedem Umformungsschritt wird das Ergebnis der Umformung ausgegeben. Sollte der Test auf Prolog-Form ergeben, daß es nicht möglich ist, die Formel als Prolog-Programm zu schreiben, da z.B. nicht jede Klausel genau ein nichtnegiertes Literal enthält, wird eine entsprechende Meldung ausgegeben, ansonsten wird das Prolog-Programm ausgegeben.

Zulässige Formeln bestehen aus den Junktoren
    &   (und),
    #   (oder),
    ^   (nicht)
und den Quantoren
    all(x, a(x))   (Allquantor),
    exists(x, a(x))   (Existenzquantor).

Der Einfachheit halber seien Funktionssymbole und das Gleichheitssymbol nicht vorhanden. Die Formel muß geschlossen sein, d.h. alle Variablen werden durch Quantoren gebunden, sonst werden sie als Konstanten angesehen. Außerdem wird verlangt, daß alle Variablen unterschiedliche Namen haben. Dies wird vom Programm nicht überprüft. Im Gegensatz zu bisher verwenden wir hier zur Darstellung von Variablen Atome.

```
% Rahmenprogramm :
% Die praedikatenlogische Formel P wird syntaktisch in ein Prolog-
% Programm umgeformt. Hierbei werden die Ergebnisse jedes einzelnen
% Umformungsschrittes ausgegeben. Sollte eine Umformung nicht
% moeglich sein, erfolgt eine Meldung.
```

```
umformen(P) :- nl, write('Die Formel         : '), write(P), nl , nl,
               neg_innen(P, P1),
               write('Negation innen       : '), write(P1), nl, nl,
               praenex(P1, P2),
               write('Praenexe NF          : '), write(P2), nl, nl,
               skolem(P2, P3),
               write('Skolem NF            : '), write(P3), nl, nl,
               knf(P3, P4, VL),
               write('Der Kern in KNF  : '), write(P4), nl,
               write('Die Variablen        : '), write(VL), nl, nl,
               ( (prologform(P4, KL), !,
                   write('Die Formel ist in Prolog-Form.'), nl,
                   write('Die Klauselliste :'), write(KL), nl, nl,
                   write('Das Prolog-Programm:'), nl, nl, nl,
                   drucke_programm(KL, VL));
                 (write('Kein Prolog-Programm moeglich.'), nl, nl) ) ,
               nl.
```

Negation nach Innen ziehen

Mit dem Prädikat **neg_innen/2** wird der Formelbaum nach Negationszeichen durchsucht. Wurde ein Negationszeichen gefunden so wird mit **negiere/2** der entsprechende Unterbaum negiert und dabei z.B. der Existenzquantor in einen Allquantor gewandelt. Das Ergebnis ist dann eine Formel, bei der Negationszeichen nur noch auf der innersten Ebene vorkommen.

```
% Negation nach Innen ziehen :
% Wird beim Abarbeiten des Formelbaumes ein Negationszeichen gefunden,
% wird der entsprechende Unterbaum negiert.
     neg_innen((^ P), P1) :- !, negiere(P, P1).

     neg_innen(all(X, P), all(X, P1)) :- !, neg_innen(P, P1).

     neg_innen(exists(X, P), exists(X, P1)) :- !, neg_innen(P, P1).

     neg_innen((P & Q), (P1 & Q1)) :- !, neg_innen(P, P1), neg_innen(Q, Q1).

     neg_innen((P # Q), (P1 # Q1)) :- !, neg_innen(P, P1), neg_innen(Q, Q1).

     neg_innen(P, P).

% Das zweite Argument ist die Negation der Formel im ersten Argument
     negiere((^ P), P1) :- !, neg_innen(P, P1).

     negiere(all(X, P), exists(X, P1)) :- !, negiere(P, P1).
```

>   negiere(exists(X, P), all(X, P1)) :- !, negiere(P, P1).
>   negiere((P & Q), (P1 # Q1)) :- !, negiere(P, P1), negiere(Q, Q1).
>   negiere((P # Q), (P1 & Q1)) :- !, negiere(P, P1), negiere(Q, Q1).
>   negiere(P, (^ P)).

Pränexe Normalform

Da alle Variablen unterschiedliche Namen haben und die Negationszeichen nach Innen gezogen wurden, müssen die Quantoren nur vor die Formel gezogen werden, um die pränexe Normalform zu erhalten.

Das Prädikat **praenex/2** ruft hierzu das Prädikat **bau_praenex/4** auf, das die Formel im ersten Argument rekursiv abarbeitet, dabei im zweiten Argument den quantorenfreien Kern und im dritten Argument die Quantorenstruktur aufbaut. Im vierten Argument wird die innerste Variable der Quantorenstruktur gemerkt, um sie mit dem Kern der Formel zu unifizieren.

> % Praenexe Normalform :
> % Alle Quantoren werden, entsprechend ihrem Auftreten von rechts
> % nach links, vor die Formel gezogen.
>   praenex(FORMEL, PRAENEX_FORM) :-
>   bau_praenex(FORMEL, K, PRAENEX_FORM, K).
>   bau_praenex(all(X, P), P1, all(X, H), K) :- !, bau_praenex(P, P1, H, K).
>   bau_praenex(exists(X, P), P1, exists(X, H), K) :- !, bau_praenex(P, P1, H, K).
>   bau_praenex((P & Q), (P1 & Q1), S, SK) :- !, bau_praenex(P, P1, S, SHK),
>   bau_praenex(Q, Q1, SHK, SK).
>   bau_praenex((P # Q), (P1 # Q1), S, SK) :- !, bau_praenex(P, P1, S, SHK),
>   bau_praenex(Q, Q1, SHK, SK).
>   bau_praenex(P, P, K, K).

Skolem Normalform

Um aus der pränexen Normalform die Skolem Normalform zu bilden, müssen die Existenzquantoren eliminiert werden und die durch sie gebundenen Variablen durch neue Funktionen mit den vorher durch Allquantoren gebundenen Variablen als Argumente ersetzt werden. Hierzu ruft das Prädikat **skolem/2** das Prädikat **bau_skolem/3** auf, nachdem es den alten Startwert für die Numerierung der Funktionssymbole gelöscht hat.

Das dritte Argument von **bau_skolem/3** ist hierbei die Liste der bisher aufgetretenen Variablen, die durch Allquantoren gebunden sind. Tritt ein Existenzquantor auf, so wird die durch ihn gebundene Variable durch eine neue Funktion mit den Elementen dieser Liste als Argumente ersetzt. Das neue Funktionssymbol wird hierbei von **gensym/2** geliefert, das an den angegebenen Stamm eine Nummer anhängt und, durch Einfügen von **gensymwert/1** mit der nächsthöheren Nummer, den Wert für den nächsten Aufruf von **gensym/2** bereitstellt.

Die Substitution wird mit dem Prädikat **ersetze/4** erreicht, das mit Hilfe von **ersetze_arg/5** auch auf die Argumente von Strukturen angewendet wird.

```
% Skolem Normalform :
% Die Existenzquantoren werden eliminiert, indem alle Vorkommen
% der durch sie gebunden Variablen durch neue Funktionen ersetzt
% werden, deren Argumente die vorher durch Allquantoren gebundene
% Variablen sind.
      skolem(FORMEL, SKOLEM_FORM) :-
            abolish(gensymwert, 1),
            bau_skolem(FORMEL, SKOLEM_FORM, [ ]).
      bau_skolem(all(X, P), all(X, P1), V) :- !, append(V, [X], VX),
                                        bau_skolem(P, P1, VX).
      bau_skolem(exists(X, P), P2, V)  :- !, gensym(f, F), SK = .. [F|V],
                                        ersetze(SK, X, P, P1),
                                        bau_skolem(P1, P2, V).
      bau_skolem(P, P, _).

% Ein neues Funktionssymbol wird generiert, indem an den Stamm
% die naechsthoehere Nummer gehaengt wird.
      gensym(STAMM, SYMBOL)  :-
            ( (retract(gensymwert(N)), !); (N is 1) ),
            name(STAMM, SL), name(N, NL),
            append(SL, NL, SYL), name(SYMBOL, SYL),
            N1 is N + 1,
            asserta(gensymwert(N1)).
% Die neue Struktur entspricht der alten Struktur, in der alle
% Vorkommen von ALT durch NEU ersetzt wurden.
      ersetze(NEU, ALT, ALT, NEU) :- !.

      ersetze(NEU, ALT, SYM, SYM) :- atomic(SYM), !.

      ersetze(NEU, ALT, ALTSTRUK, NEUSTRUK) :-
            functor(ALTSTRUK, F, N),
            functor(NEUSTRUK, F, N),
            ersetze_arg(N, NEU, ALT, ALTSTRUK, NEUSTRUK).

      ersetze_arg(0, _, _, _, _) :- !.
```

```
ersetze_arg(N, NEU, ALT, ALTSTRUK, NEUSTRUK) :-
    arg(N, ALTSTRUK, ALTARG),
    arg(N, NEUSTRUK, NEUARG),
    ersetze(NEU, ALT, ALTARG, NEUARG),
    N1 is N - 1,
    ersetze_arg(N1, NEU, ALT, ALTSTRUK, NEUSTRUK).
```

Konjunktive Normalform

Das Prädikat **knf/3** liefert im zweiten Argument den quantorenfreien Kern der Formel in konjunktiver Normalform und im dritten Argument eine Liste der in der Formel vorkommenden Variablen, die sonst nach Entfernen der Allquantoren nicht mehr zu bestimmen wären. Mit Hilfe von **knf_kern/2** und **distrib/2** wird der Kern in die konjunktive Normalform gewandelt.

```
% Konjunktive Normalform :
% Die Quantoren werden entfernt und in einer Liste die in der
% Formel auftretenden Variablen gesammelt.
    knf(all(X, P), P1, [X|T]) :- !, knf(P, P1, T).

    knf(P, P1, [ ]) :- knf_kern(P, P1).

% Der quantorenfreie Kern wird in konjunktive Normalform umgewandelt.
    knf_kern((P # Q), R) :- !, knf_kern(P, P1), knf_kern(Q, Q1),
                            distrib((P1 # Q1), R).

    knf_kern((P & Q), (P1 & Q1)) :- !, knf_kern(P, P1), knf_kern(Q, Q1).

    knf_kern(P, P).

% Ausmultiplizieren der oder-Verknuepfungen.
    distrib(((P & Q) # R), (P1 & Q1)) :- !, knf_kern((P # R), P1),
                                         knf_kern((Q # R), Q1).

    distrib((P # (Q & R)), (P1 & Q1)) :- !, knf_kern((P # Q), P1),
                                         knf_kern((P # R), Q1).

    distrib(P, P).
```

Test auf Prolog-Form

Das Prädikat **prologform/2** testet, ob jede Klausel der in konjunktiver Normalform stehenden Formel genau ein nichtnegiertes Literal enthält. Nur solche Klauseln lassen sich in unserem Sinne als Prolog-Klauseln schreiben, da wir sonst die logische Verneinung in Prolog bräuchten, die wir aber durch das Built-in-Prädikat **not/1** nicht erreichen. Hierzu wird von **prologklausel/3** als zweites Argument eben dieses nichtnegierte Literal

als Kopf der Prologregel und im dritten Argument eine Liste der anderen Literale ohne
Negation, die den Rumpf der Regel bilden, geliefert. Diese zwei Argumente werden in
einer Liste zusammengefaßt, wobei der Regelkopf den Kopf der Liste darstellt. Das zweite
Argument von **prologform/2** enthält dann eine Liste dieser Klausellisten.

% Test auf Prolog-Form :
% Jede Klausel der Formel muss genau ein nichtnegiertes Literal
% enthalten. Das zweite Argument enthaelt eine Liste der Klauseln,
% wobei jede Klausel in einer Liste dargestellt wird, deren Kopf
% den Kopf der Prolog-Regel darstellt und in deren Rumpf der Rumpf
% Prolog-Regel steht, d.h. die restlichen Teile der Klausel ohne
% Negation.
    prologform((P & Q), L) :- !, prologform(P, L1), prologform(Q, L2),
                        append(L1, L2, L).

    prologform(P, [[KOPF|RUMPF]]) :- prologklausel(P, KOPF, RUMPF).

    prologklausel((ˆP # Q), K, [P|T]) :- !, prologklausel(Q, K, T).

    prologklausel((P # Q), P, L) :- !, prologklausel(Q, P, L).

    prologklausel((ˆ P), K, [P]) :- !, nonvar(K).

    prologklausel(P, P, [ ]).

Umformung in ein Prolog-Programm

War der letzte Schritt erfolgreich, steht einer Umformung in ein Prolog-Programm nichts
mehr im Wege. Das Prädikat **drucke_programm/2** erhält als erstes Argument die
Klausenliste aus dem letzten Schritt und als zweites Argument die Liste der Variablen,
die von **knf/3** geliefert wurde. Da die Variablen bisher durch Atome bezeichnet wurden,
wird ihnen beim Ausdruck ein Underline-Zeichen vorangestellt, um sie so syntaktisch zu
Prolog-Variablen zu machen. Diese Aufgabe übernimmt **drucke_struktur/2**.

% Umformung in ein Prolog-Programm :
% Die Klauselliste wird als Prolog-Programm ausgedruckt.
% Den Variablen wird ein Underline-Zeichen vorangestellt, um sie
% dem Syntax von Prolog entsprechend zu Variablen zu machen.
    drucke_programm([ ], _).

    drucke_programm([[K]|T], VL) :- !, drucke_struktur(K, VL),
                          write('.'), nl, nl,
                          drucke_programm(T, VL).

```
drucke_programm([[K|RL]|T], VL) :- drucke_struktur(K, VL),
                                   write(' '), write((:-)), nl,
                                   drucke_rumpf(RL, VL), nl,
                                   drucke_programm(T, VL).

drucke_rumpf([P], VL) :- !, write('    '),
                         drucke_struktur(P, VL), write('.'), nl.

drucke_rumpf([P|T], VL) :- write('    '),
                           drucke_struktur(P, VL), write(','), nl,
                           drucke_rumpf(T, VL).

drucke_struktur(P, VL) :- atom(P), member(P, VL), !,
                          write('_'), write(P).

drucke_struktur(P, VL) :- atom(P), !, write(P).

drucke_struktur(P, VL) :- P =.. [F|AL], write(F),
                          drucke_argl(AL, VL, auf).

drucke_argl([], _, auf).

drucke_argl([], _, zu) :- write(')').

drucke_argl([K|T], VL, auf) :- write('('), drucke_struktur(K, VL),
                               drucke_argl(T, VL, zu).

drucke_argl([K|T], VL, zu) :- write(','), drucke_struktur(K, VL),
                              drucke_argl(T, VL, zu).
```

Beispiele

Es folgen drei Beispiele für die Arbeitsweise des Programmes. Im dritten Beispiel ist die Umformung in ein Prolog-Programm nicht möglich, da keine Prolog-Form vorliegt, weil alle Teile der Klausel nicht negiert sind.

?- **umformen**(^ (^ p(a) # ^ q(b)) & all(x, p(x) # ^ all(y, q(y) & r(y)))).

Die Formel	: ^ (^ p(a) # ^ q(b)) & all(x, p(x) # ^ all(y, q(y) & r(y)))
Negation innen	: (p(a) & q(b)) & all(x, p(x) # exists(y, ^ q(y) # ^ r(y)))
Praenexe NF	: all(x, exists(y, (p(a) & q(b)) & (p(x) # ^ q(y) # ^ r(y))))
Skolem NF	: all(x, (p(a) & q(b)) & (p(x) # ^ q(f1(x)) # ^ r(f1(x))))
Der Kern in KNF	: (p(a) & q(b)) & (p(x) # ^ q(f1(x)) # ^ r(f1(x)))
Die Variablen	: [x]

Die Formel ist in Prolog-Form.

Die Klauselliste : [[p(a)], [q(b)], [p(x), q(f1(x)), r(f1(x))]]

Das Prolog-Programm :
p(a).
q(b).
p(_x) :-
    q(f1(_x)),
    r(f1(_x)).

?- **umformen**(all(x, exists(y, all(z, ^ (q(z) # p(y))
                                 # exists(w, r(x, w) & t(y)))))).

Die Formel	: all(x, exists(y, all(z, ^ (q(z) # p(y)) # exists(w, r(x, w) & t(y))))
Negation innen	: all(x, exists(y, all(z, ^ q(z) & p(y) # exists(w, r(x, w) & t(y))))
Praenexe NF	: all(x, exists(y, all(z, exists(w, ^ q(z) & ^ p(y) # r(x, w) & t(y))))
Skolem NF	: all(x, all(z, ^ q(z) & ^ p(f1(x)) # r(x, f2(x, z)) & t(f1(x))))
Der Kern in KNF	: ((^ q(z) # r(x, f2(x, z))) & (^ q(z) # t(f1(x)))) & (^ p(f1(x)) # r(x, f2(x, z))) & (^ p(f1(x)) # t(f1(x)))
Die Variablen	: [x, z]

Die Formel ist in Prolog-Form.

Die Klauselliste : [[r(x, f2(x, z)), q(z)], [t(f1(x)), q(z)], [r(x, f2(x, z)), p(f1(x))],
    [t(f1(x)), p(f1(x))]]

Das Prolog-Programm :
r(_x, f2(_x, _z)) :-
    q(_z).
t(f1(_x)) :-
    q(_z).
r(_x, f2(_x, _z)) :-
    p(f1(_x)).
t(f1(_x)) :-
    p(f1(_x)).

?- umformen(all(x, exists(y, p(x, y) # all(z, p(z, z))))).

Die Formel   : all(x, exists(y, p(x, y) # all(z, p(z, z))))

Negation innen : all(x, exists(y, p(x, y) # all(z, p(z, z))))

Praenexe NF   : all(x, exists(y, all(z, p(x, y) # p(z, z))))

Skolem NF   : all(x, all(z, p(x, f1(x)) # p(z, z)))

Der Kern in KNF : p(x, f1(x)) # p(z, z)

Die Variablen : [x, z]

Kein Prolog-Programm möglich.

13.4.3 Beschränkte Quantoren

Sehr häufig stehen wir vor dem Problem, als Ergebnis einer Beschreibung Formeln der folgenden Art zu erhalten :

$$\forall X : \bigl(p(X) \leftarrow (\forall I \ (Unten \leq I \leq Oben) : q(X, I))\bigr)$$

Mit Worten ausgedrückt besagt die Formel, daß p(X) wahr ist, falls für alle I zwischen Unten und Oben q(X, I) wahr ist. Noch allgemeiner könnten wir die oberen und unteren Schranken als Argumente in das Zielprädikat aufnehmen.

$$\forall X : \bigl(p(X, Unten, Oben) \leftarrow (\forall I \ (Unten \leq I \leq Oben) : q(X, I))\bigr).$$

Die Schranken und die Laufvariable seien in unserem Falle natürliche Zahlen.

Im ersten Lösungsansatz beschreiben wir die Situation durch ein rekursives Aufrufen von p, solange bis wir die obere Schranke erreicht haben oder q zwischendurch falsch geworden ist. Durch die Rekursion entstehen aber sehr viele Querverweise, so daß sehr schnell ein Stack-Overflow auftritt.

Beispiel 13.10 :

> p(X, Unten, Oben) :- q(X, Unten),
> I is Unten + 1,
> ((I is Oben + 1) ; p(X, I, Oben)).

Der zweite Ansatz benutzt einen sogenannten Zähler. In einem Prädikat **zaehler/1**, welches vor dem Aufruf von p nicht existieren darf, speichern wir den aktuellen Wert der Laufvariablen. Zuerst wird mit Hilfe von **assertz(zaehler(Unten))** die untere Schranke festgehalten. Nach der positiven Entscheidung von q(X, I) wird der alte Zählerstand um 1 erhöht. Wird die Laufvariable grösser als die obere Schranke, so ist das Zielprädikat **p(X, Unten, Oben)** wahr. Schließlich muß der Zähler noch gelöscht werden. Ist q(X, I) für ein I falsch, so eliminiert die letzte Zeile das Prädikat **zaehler/1**. Jetzt entsteht kein Stack-Overflow, denn es müssen keine Querverweise gespeichert werden.

Beispiel 13.11 :

> p(X, Unten, Oben) :- assertz(zaehler(Unten)),
> zaehler(I),
> q(X, I),
> retract(zaehler(I)), J is I + 1, assertz(zaehler(J)),
> J > Oben,
> abolish(zähler, 1).
> p(X, Unten, Oben) :- abolish(zaehler, 1), fail.   % Zaehler loeschen

Die Programmierung des beschränkten Existenz-Quantors

$$\forall X : \big(p(X, Unten, Oben) \leftarrow (\exists I \ (Unten \leq I \leq Oben) : q(X, I))\big)$$

ist durch eine leichte Umstellung der obigen Beschreibung möglich.

Beispiel 13.12 :

    p(X, Unten, Oben) :- assertz(zaehler(Unten)),
                                     zaehler(I), I =< Oben,
                                     retract(zaehler(I)), J is I + 1, assertz(zaehler(J)),
                                     q(X, I),
                                     abolish(zähler, 1).
    p(X, Unten, Oben) :- abolish(zaehler, 1), fail.   % Zaehler loeschen

13.4.4 Query und Insert für Teile der Aussagenlogik

Sei P ein aussagenlogisches Prolog–Programm ohne not. Fragen wir nach Fakten, so stimmt die Antwort von Prolog mit dem Folgerungsbegriff der Logik überein. Möchten wir wissen, ob eine Regel a ← b aus einem Programm folgt, so könnten wir die Frage stellen

    ?- a; not(b).

Folgt b nicht aus dem Programm, so erhalten wir die Antwort yes. Dies stimmt aber nicht unbedingt, denn aus a ← c folgt nicht a ← b, aber für Prolog gilt :

    a :- c.

    ?- a; not(b).

    yes.

Der Grund für diese Diskrepanz ist die unterschiedliche Bedeutung des Built–in–Prädikats *not* und dem logischem *nicht*.

Andererseits möchten wir aber gerne wissen, ob aus einer Menge von Regeln und Fakten eine Regel folgt, die nicht notwendig explizit als Regel gegeben sein muß.

Eine Möglichkeit ist die Ausnutzung der folgenden Äquivalenz : Aus A folgt B genau dann, wenn (A und nicht B) widerspruchsvoll ist. Eine Formel E ← F ist ja nichts anderes als eine Abkürzung für (E oder nicht(F)).

Damit gilt dann : (A kann ein Programm sein)

    Aus A folgt d ← $(b_1, \ldots, b_n)$ gdw. $(A, b_1, \ldots, b_n, nicht(d))$ ist widerspruchsvoll gdw. aus $(A, b_1, \ldots, b_n)$ folgt d.

Wir fügen nun zeitweilig b_i $(1 \leq i \leq n)$ zu A hinzu, fragen dann nach d und löschen anschließend b_i $(1 \leq i \leq n)$.

Gleichzeitig wollen wir unser Programm verbessern, indem wir Literale (Fakten), die aus dem Programm folgen, als Fakten hinzunehmen und die Regeln mit diesem Kopf streichen. Das Prädikat nennen wir **query**, wobei der Kopf der Regel das erste Argument ist. Der Rumpf der Regel steht als Liste an der zweiten Stelle.

Beispiel 13.13 :

% Frage nach Faktum (Falls Faktum folgt,Programmverbesserung !)

query(Y, [ ]) :- Y, abolish(Y, 0), asserta(Y).

% Frage nach einer Regel

query(Y, L) :- add(L), Y, streiche(L).

query(Y, L) :- streiche(L), !, fail.

add([ ]).

add([X|L]) :- asserta(X), add(L).

streiche([ ]).

streiche([X|L]) :- retract(X), streiche(L).

Die Formel in der Datensammlung sei nun

a :- b.

b :- c, d.

c :- f.

f.

?- **query(a, [d, f])**

yes

Zwischenzeitlich standen d und f in der Datensammlung.

?- **query(a, [f])**

no

?- **query(c, [ ])**

yes

Danach steht in der Datensammlung die Formel

    c.

    a :- b.

    b :- c, d.

    f.

Im nächsten Schritt möchten wir nur noch solche Fakten bzw. Regeln in das Programm aufnehmen, die nicht schon aus dem Programm folgen. Deshalb fragen wir mit dem Prädikat **query**, ob die Regel bzw. das Faktum aus dem Programm folgt. Falls dies zutrifft, soll nichts eingefügt werden, aber das Programm soll, wenn möglich, verbessert werden. Außerdem soll nach jedem *insert* das Programm ausgegeben werden.

Beispiel 13.14 :

    insert(Y, L) :- query(Y, L), listing.

    insert(Y, [ ]) :- abolish(Y, 0), asserta(Y), listing.

    insert(Y, L) :- wandle(L, W), asserta((Y :- (W))), listing.

    wandle([H], H).

    wandle([H|T], Y) :- wandle(T, Z), Y = (H, Z).

    ?- **insert(a, [b])**.

    a :- b.

    ......

    yes

Nun ist es sicherlich nicht schön, daß bei jedem Listing die Regeln für **insert** und **query** mit ausgegeben werden. Mit Hilfe des Built-in-Prädikates *freeze_predicates* können wir dieses Programmstück unsichtbar machen. Wir laden als erstes das Programm für **query** und **insert**, das den Filenamen "*aussagenlogik*" besitze, und frieren dann die in diesem Programmstück enthaltenen Prädikate ein.

    ?- **[aussagenlogik]**.

    ?- **freeze_predicates**.

Beim Listing werden insert und query nicht mehr gezeigt.

?- *insert(a, [b])*.

a :- b.

yes

?- *insert(b, [c, e])*.

a :- b.

b :- c, e.

yes

?- *insert(a, [e, c])*.

a :- b.

b :- c, e.

yes

Die Klausel a ← e, c wird nicht hinzugefügt, da sie schon aus den beiden Klauseln folgt.

13.4.5 Erkennen von Zyklen

Ein großes Problem sind die Zyklen in einem Programm. Wir beschränken uns wieder auf die Aussagenlogik mit Klauseln maximal der Länge 2. Das nachfolgende Programm gerät bei der Frage nach a in eine Endlosschleife.

a :- b.

b :- a.

b.

Der Grund ist hierbei, daß das Faktum b unter der Regel für b steht und (a :- b, b :- a) einen Zyklus bilden. Die Suche nach Zyklen kann in unserem Fall aufgefaßt werden als die Frage nach Kreisen in einem gerichteten Graphen.

Es gibt einen nichttrivialen Zyklus, falls für zwei verschiedene Knoten X und Y Wege von X nach Y und umgekehrt existieren. Das nachfolgende Programm prüft mit dem Prädikat *weg((X => Y), [ ], R)*, ob der Graph einen Weg von X nach Y enthält. In der Liste R wird der Weg gespeichert. Die Liste im zweiten Argument dient dazu, sich zwischendurch zu merken, welche Kanten schon durchlaufen worden sind.

Beispiel 13.15 :

```
?- op(50, xfy, '=>').
```

weg((X => X), T, [ ]).
weg((X => Y), T, R) :- kante((X => Z)),
                       not(member((X => Z), T)),
                       append([(X => Z)], R1, R),
                       weg((Z => Y), [(X => Z)|T], R1).
zyklus :- weg((X => Y), [ ], HW), not(X == Y),   % HW Hinweg
          weg((Y => X), [ ], RW),   % RW Rueckweg
          append(HW, RW, W), write(W).   % W Zyklusweg
kante((a => b)).
kante((a => f)).
kante((f => e)).
kante((e => t)).
kante((e => g)).
kante((g => f)).

?- zyklus.

[(f => e), (e => g), (g => f)]

yes

Sind mehrere Zyklen im Graphen vorhanden, so wird nur ein Zyklus ausgegeben. Die Auswahl hängt natürlich von der Reihenfolge der Kanten in der Datensammlung ab.

13.5 Mathematik

13.5.1 Differenzieren

Wollen wir einen Ausdruck differenzieren, so wenden wir dafür verschiedenen Regeln an, z.B. die Produktregel. Daher ergibt sich recht schnell die Idee, diese Differentiationsregeln als Prolog-Regeln zu schreiben und so ein Prolog-Programm zu erhalten, welches arithmetische Ausdrücke differenziert.

Ein solches Programm sollte zum Beispiel folgende Anfrage ermöglichen :

?- **differenziere(X * X, X, Ergebnis)**.

Ergebnis = 2 * X

yes

Wie können wir nun die einzelnen Ableitungsregeln in Prolog formulieren? Wir betrachten zunächst eine der einfachsten Regeln :

Die Funktion f(x) = x hat als Ableitung f'(x) = 1.

In Prolog können wir dafür schreiben :

dif(X,X, 1) :- !.

Im Grunde übersetzen wir also die Ableitungsregeln eins zu eins nach Prolog. Insgesamt erhalten wir also eine Sammlung von Regeln :

% X abgeleitet nach X ergibt 1

dif(X, X, 1) :- !.

% Konstante abgeleitet ergibt 0

dif(c, X, 0) :- atom(c); number(c).

% Die Ableitung einer Summe ist die Summe der Ableitungen

dif(V+W, X, DV+DW) :- dif(V, X, DV), dif(W, X, DW).

% Die Ableitung einer Differenz ist die Differenz der Ableitungen

dif(V-W, X, DV-DW) :- dif(V, X, DV), dif(W, X, DW).

% Produktregel

dif(V * W, X, DV * W + DW * V) :- dif(V, X, DV), dif(W, X, DW).

% Quotientenregel

dif(V/W, X, (W * DV - V * DW)/(W * W)) :- dif(V, X, DV), dif(W, X, DW).

% Regel für Sinus-Funktion

dif(sin(F), X, DF * cos(F)) :- dif(F, X, DF).

% Regel für Cosinus-Funktion

dif(cos(F), X, -DF * sin(F)) :- dif(F, X, DF).

Es bleibt nun dem Leser selbst überlassen, diese Regeln um weitere Ableitungsregeln zu ergänzen und so die Eingabe und korrekte Abarbeitung noch komplizierterer Ausdrücke zu ermöglichen.

Es ergibt sich allerdings ein Problem. Die Ausdrücke für das Ergebnis werden immer komplizierter. Betrachten wir nur folgende Anfrage :

?- **dif(X * X, X, Erg)**.

Erg = 1 * X + 1 * X

yes

Dieses Ergebnis könnte noch weiter vereinfacht werden. Die Möglichkeiten der Vereinfachung sind aber erneut als Regeln aus der Arithmetik vorhanden und können wiederum als Prolog-Regeln formuliert werden.

Damit ergibt sich insgesamt als Programm (wobei durch **simple/2** die Vereinfachungsregeln aufgerufen werden) :

differenziere(X, Y, E) :- dif(X, Y, E1)
simple(E1,E).

13.5.2 Umwandlung der p-adischen Zahlendarstellung in die Dezimaldarstellung

Eine schnelle Umrechnung von der p-adischen Zahlendarstellung in die Dezimaldarstellung läßt sich mit dem sogenannten Horner-Schema durchführen. Die Berechnung eines Polynoms $pol(X) = \sum_{0 \leq i \leq n} a_i X^i$ er basiert dabei auf der er Auswertung der Ausdrücke innerhalb der Klammern von Innen nach Außen :

$$pol(X) = a_n X^n + ... + a_1 X^1 + a_0$$
$$= ((....(a_n X + a_{n-1})X + a_{n-2})X + ..)X + a_1)X + a_0$$

Sei $a_n....a_0$ eine p-adische Zahl, so ist die Dezimaldarstellung zu berechnen aus $pol(p) = \sum_{0 \leq i \leq n} a_i p^i$. Die Koeffizienten seien dabei als Liste $[a_n, ..., a_0]$ gegeben.

Beispiel 13.16 :

    horner([X], P_adisch, Dezi) :- Dezi is X.

    horner([X, Y], P_adisch, Dezi) :- Dezi is (X * P_adisch + Y).

    horner([X, Y|L], P_adisch, Dezi) :- Z is (X * P_adisch + Y),
                                                     horner([Z|L], P_adisch, Dezi).

    ?- **horner([2, 3, 1], 4, Zahl)**.

    Zahl = 45

    yes

Der Wert 45 berechnet sich aus $2 * 4^2 + 3 * 4^1 + 1 * 4^0$.

14 Expertensysteme

14.1 Der Begriff des Expertensystems

Bevor wir einen Lösungsansatz für die Implementation eines Expertensystems angeben, wollen wir den Begriff Expertensystem, oder besser wissensbasiertes System, erläutern und die generelle Struktur solcher Systeme kurz darstellen.

Expertensysteme sollen die Fähigkeiten eines Experten simulieren. Damit können solche Systeme zur Unterstützung von Expertentätigkeiten herangezogen werden. Wie schon der Name "wissensbasierte Systeme" besagt, ist das Wesentliche an diesen Systemen, daß sie eine Wissensbasis beinhalten, also Wissen in einem solchen System abgespeichert werden kann. Mit Hilfe eines entsprechenden Abarbeitungsprogramms können dann aus diesem Wissen Schlüsse gezogen werden, ähnlich wie auch Experten Lösungsvorschläge auf Grund ihres Wissens erarbeiten.

Wollen wir also wissen, was ein Expertensystem leisten soll, müssen wir demnach die Fähigkeiten eines Experten analysieren. Ein Experte kann Wissen erwerben und "abspeichern". Dabei wird er das Wissen nach Inhalten gliedern. Ferner kann er ein Problem analysieren, sein Wissen entsprechend darauf anwenden und so das Problem auch lösen. Hat er eine Lösung gefunden, so kann er diese auch erläutern, wobei er die Fähigkeit haben sollte, die Vorkenntnisse seines Gegenüber zu berücksichtigen. Darüberhinaus sollte ein guter Experte erkennen, welche Probleme überhaupt zu seinem Fachgebiet gehören, und in der Lage sein, aus seinen Erfahrungen zu lernen.

Aus der Komplexität der Aufgabenstellung wird auch ersichtlich, daß es nicht sinnvoll sein kann, Expertensysteme für große und unüberschaubare Bereiche zu entwickeln. Erfolgversprechend sind vielmehr kleine bis mittlere, gut strukturierte Bereiche. Allerdings muß darauf geachtet werden, daß kein System erstellt wird, welches Probleme löst, die ein Mensch auch durch "genaues Hinsehen" lösen kann.

Als Anwendungsgebiete für Expertensysteme haben sich entsprechend dieser Abgrenzung bisher vor allem Bereiche der Diagnose und Fehlererkennung (z.B. Medizin, Systemfehler bei Computern, Unterstützung bei Autoreparaturen), des Entwurfs (z.B. Zusammenstellen von Rechnerkonfigurationen, Bereiche des CAD) und der Planung (z.B. Planung von Finanzanlagen) herausgestellt.

Im folgenden Abschnitt werden wir die Struktur von Expertensystemen erläutern, bevor wir die Lösungsidee zur Realisierung in Prolog darstellen.

14.2 Die Struktur eines Expertensystems

14.2.1 Komponenten eines Expertensystems

Entsprechend der verschiedenen oben genannten Fähigkeiten eines Experten läßt sich ein Expertensystem in verschiedene Komponenten zerlegen. Wir wollen uns zunächst alle Komponenten zusammenstellen, die für ein Expertensystem wünschenswert wären, ohne dabei die Möglichkeiten der Realisierung sofort zu berücksichtigen.

Dazu stellen wir die Struktur eines solchen Systems graphisch dar :

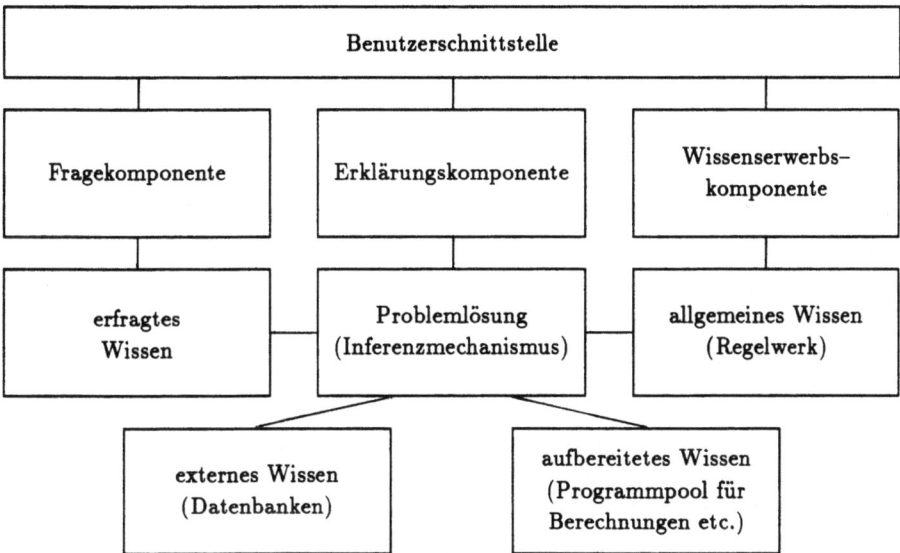

Abb. 14.1 Allgemeine Struktur eines Expertensystems

Nun können wir uns die einzelnen Komponenten des Systems und ihre Bedeutung näher ansehen. Wie schon aus der Abbildung ersichtlich ist das Herzstück des Systems die *Problemlösungskomponente*. Wir benötigen also einen Mechanismus, welcher eine Lösung des Problems unter Verwendung der verschiedenen Wissensarten liefert. Für die Realisierung des Mechanismus kennen wir verschiedene Ansätze, wie z.B. Vorwärtsverkettung oder Rückwärtsverkettung bei regelbasierten Systemen. Wollen wir den Inferenzmechanismus mit Hilfe von Prolog lösen, so können wir dabei teilweise die in Prolog vorhandene Strategie ausnutzen. Es genügt aber nicht, die Regeln einfach in Prolog anzugeben. Darüberhinaus muß eine Umgebung für die Regelabarbeitung zur Verfügung gestellt werden.

Eng verknüpft mit dem Inferenzmechanismus ist natürlich das Wissen und insbesondere dessen Darstellung, die *Wissensrepräsentation*. Betrachten wir zunächst das *allgemeine*

Wissen. Darunter verstehen wir das Wissen eines oder mehrerer Experten, welches allgemeingültig für das betrachtete Gebiet ist.

Da das System auch fähig sein soll, Schlußfolgerungen zu ziehen, wird das allgemeine Wissen nicht nur aus Fakten, sondern hauptsächlich aus Regeln bestehen. Mit diesen Regeln ist es dann möglich, verschiedenes Wissen bei der Lösungssuche zu verknüpfen. Dies ist auch einer der wesentlichen Punkte, worin sich ein solches System von einer Datenbank unterscheidet. Für die Repräsentierung in Prolog bietet sich natürlicherweise eine Darstellung als Regeln und Fakten an.

Von diesem allgemeinen Wissen über das betrachtete Gebiet müssen wir das *erfragte Wissen* trennen. Damit meinen wir Dinge, die für einen speziellen Fall zutreffen und vom Benutzer erfragt werden müssen. Beispielsweise kann eine Bank einen allgemeingültigen Zusammenhang zwischen Bilanzkennzahlen und der Kreditwürdigkeit eines Kunden aufstellen. Dies müßten wir dann als allgemeines Wissen abspeichern. Die Höhe des gewünschten Kredits muß dagegen vom Kunden erfragt werden und ist dann dem erfragten spezifischen Wissen zuzuordnen. Fallspezifisches Wissen kann allerdings auch durchaus als externes Wissen in einer Datenbank vorliegen wie z.B. die Höhe der Bilanzkennzahl.

Verbleiben noch zwei Arten von Wissen, das *externe Wissen* und das *aufbereitete Wissen*. Dies sind zwei Komponenten, die in ein Expertensystem integriert sein können, aber der "konventionellen" Programmierung zugeordnet werden müssen. Fast jeder Experte wird zu seiner Problemlösung nämlich diese Hilfsmittel, also Abfragen von Daten aus einer Datenbank sowie Ergebnisse "herkömmlicher" Programme, nutzen. Es erscheint demnach sinnvoll, Schnittstellen zu solchen Modulen zu schaffen. Dadurch ist es möglich, bisher schon genutzte Möglichkeiten der Datenverarbeitung bei der Einführung eines Expertensystems weiter zu nutzen.

Wie komfortabel ein solches System ist, und damit auch die Akzeptanz durch den Benutzer, hängt allerdings wesentlich von der *Benutzerschnittstelle* ab. Beim Design dieser Schnittstelle müssen wir drei Arten des Dialogs zwischen System und Benutzer unterscheiden.

Als erstes haben wir die *Fragekomponente*. Über diese wird das erfragte Wissen in das System eingelesen. Wir brauchen also eine Schnittstelle zum Anwender des Systems. Dementsprechend sollten Hilfefunktionen vorgesehen werden, die durch Erklärungen auch weniger geübten und vorgebildeten Benutzern den Dialog ermöglichen.

Die zweite Art von Benutzerschnittstelle ist die *Erklärungskomponente*. Hat das System nämlich eine Lösung gefunden, so genügt es nicht, diese lediglich auszugeben. Dem Anwender muß auch erklärt werden, warum ausgerechnet diese und keine andere Lösung gefunden wurde. Ansonsten ist es fraglich, ob die Lösung auch akzeptiert wird. Daneben ist es auch für den Experten wichtig, Erklärungen über den Lösungsweg zu erhalten, weil er dadurch eine Kontrollmöglichkeit für das im System abgelegte allgemeine Wissen erhält.

Als letzte Art von Schnittstelle bleibt die *Wissenserwerbskomponente*. Über sie hat der Benutzer die Möglichkeit, die Wissensbasis zu pflegen. Dabei sollten ihm Hilfsmittel zur Verfügung gestellt werden, die je nach verwendeter Wissensrepräsentation die Eingabe unterstützen. Ein Beispiel hierfür sind syntaktische Prüfungen bei regelbasierten Systemen. Gerade zur Unterstützung bei Änderungen sollte es auch möglich sein, eine strukturierte Wissensbasis aufzubauen und so entsprechende Wissensteile durch geeignete Benutzerführung (z.B. Menüauswahlen, Windowtechniken) schnell aufzufinden.

Bisher noch im Stadium der Forschung sind allerdings noch weitergehende Hilfswerkzeuge bei der Aktualisierung. Hier sind beispielsweise Tools zur Erkennung von inkonsistenten Wissensbasen, Zyklen oder auch Redundanzen von Interesse. Genauso gibt es verschiedene Forschungsansätze im Bereich maschinelles Lernen, etwa Lernen aus Beispielen. Dies bedeutet, daß der Benutzer lediglich Beispiele angeben muß, aus denen dann Regeln o.ä. generiert werden. Alle diese Bereiche sind, wie schon erwähnt, Gegenstand der Forschung und werden bisher kaum kommerziell genutzt.

14.2.2 Realisierungsmöglichkeiten

Zur Realisierung von Expertensystemen stehen uns verschiedene Möglichkeiten zur Verfügung. Betrachten wir nochmals die Struktur eines solchen Systems. Erkennbar ist, daß viele Komponenten wie Inferenzmaschine, Wissensrepräsentation, Benutzerschnittstelle als unabhängig vom Anwendungsgebiet betrachtet werden können. Ein wesentliches Kennzeichen der Architektur ist also die Trennung von Wissen und Wissensverarbeitung. Dementsprechend ist es möglich, ein System mit leerer Wissensbasis zu erstellen. Diese kann dann bei Bedarf mit Wissen aus verschiedenen Anwendungsbereichen gefüllt werden.

Solche leeren Schalen (Shells) sind als Softwarepakete erhältlich und können als Werkzeug zur Erstellung von Expertensystemen eingesetzt werden. Vorteile sind dabei die Einsparung von Aufwand, da lediglich die Wissensbasis aufgefüllt werden muß. Eine Programmierung der einzelnen Module eines Expertensystems dagegen entfällt. Der Nachteil besteht in der relativ starren Bindung an die vorgegebene Wissensrepräsentation und Wissensverarbeitung.

Als weitere Realisierungsmöglichkeit gibt es die Gruppe der hybriden Werkzeuge (Tools). Ein solches Tool enthält mehrere vorgegebene Möglichkeiten der Wissensrepräsentation und unterschiedliche Inferenzstrategien. Diese sind relativ frei kombinierbar. Allerdings ist dadurch der Erstellungsaufwand höher. Auch für die Benutzerschnittstelle sind verschiedene Hilfsmittel, wie z.B. graphische Darstellungsmöglichkeiten, vorhanden, aber die Gestaltung einer konkreten Oberfläche für die Anwendung muß erst vorgenommen werden.

Schließlich gibt es auch die Möglichkeit, ein wissensbasiertes System von Grund auf mit einer Programmiersprache zu erstellen. Hier gibt es zum einen die Gruppe der "konventionellen" Sprachen, also beispielsweise C, Pascal, Pl/1 oder ähnliche. Auf der anderen Seite kann aber auch eine Sprache aus der Gruppe der sogenannten "KI-Sprachen" (LISP, Prolog, usw.) herangezogen werden. Diese haben den Vorteil, daß sie Anforderungen wie symbolische Programmierung, Regeldarstellung usw. besser unterstützen. Eine Realisierung eines Expertensystems von Grund auf in einer Programmiersprache bietet natürlich den Vorteil größtmöglicher Flexibilität und Anpassung an die Problemstruktur. Dem steht allerdings der Nachteil eines größeren Aufwands und höheren Anforderungen an den Ausbildungsstand gegenüber.

Welche der verschiedenen Möglichkeiten zur Realisierung herangezogen werden, hängt von unterschiedlichen Faktoren ab. Hierbei spielt die Struktur des Problems eine große Rolle (Gibt es eine Schale mit entsprechender Struktur?). Aber auch Anforderungen wie Integration in die vorhandenen Datenverarbeitungsmöglichkeiten sind zu berücksichtigen.

Im folgenden wollen wir Ansätze vorstellen, wie ein Expertensystem mit Prolog realisiert werden kann. Ziel ist es dabei nicht, eine komplette Schale zu erstellen. Dazu fehlen Teile wie die Wissenserwerbskomponente. Wir wollen vielmehr den Leser in die Lage versetzen, durch geeignete Kombination der vorgestellten Techniken sein eigenes Problem zu lösen, und auch eine Vorstellung über den erforderlichen Aufwand geben.

14.3 Die Realisierung eines Expertensystems in Prolog
14.3.1 Struktur und Aufbau

Nach dieser kurzen allgemeinen Einführung zum Begriff des Expertensystems wollen wir nun einen Ansatz vorstellen, wie man ein solches System mit Hilfe von Prolog realisieren kann. Dafür werden wir allerdings nicht alle Komponenten der oben vorgestellten Struktur realisieren, sondern lediglich einen *Prototyp* eines Expertensystems, bei dem vor allem die Realisierung der Benutzerschnittstelle improvisiert ist. Wegen der recht einfachen Features für Input und Output in Standard-Prolog-Versionen ist eine komfortable Realisierung der Benutzerschnittstelle in anderen Programmiersprachen besser möglich. Deshalb sollte eine solche Schnittstelle mit einem speziell dafür gedachten Software-Paket programmiert werden.

Außerdem verzichten wir in diesem Ansatz auf einen Wissenseditor. Wir geben also das allgemeine Expertenwissen über einen Editor ein, der uns im benutzten Betriebssystem zur Verfügung steht.

Damit erhalten wir folgende vereinfachte Struktur :

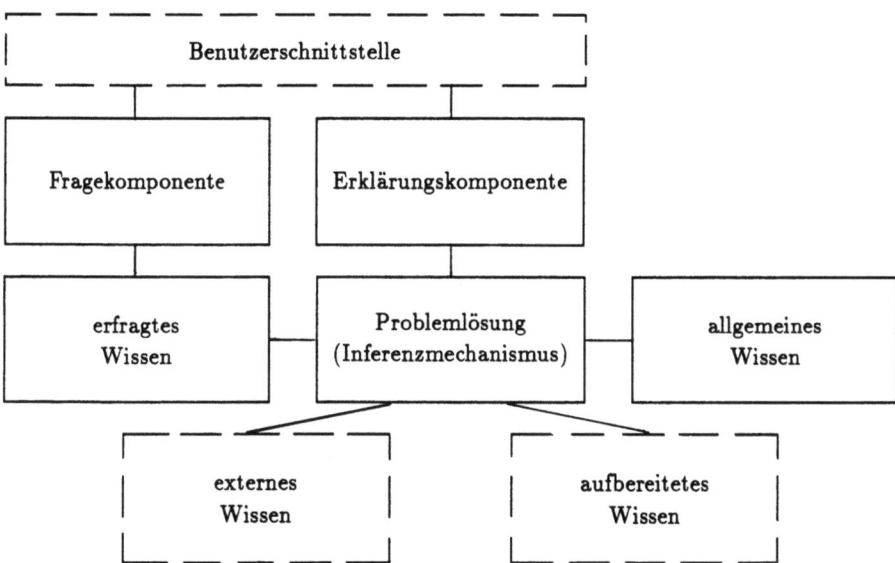

Abb. 14.2 Struktur der realisierten Schale

Bei dem von uns gewählten Beispiel für ein Expertensystem, Ermittlung eines 'optimal' den Wünschen entsprechenden Autos, werden keine Datenbankzugriffe und Aufrufe anderer Programme benötigt. Wir gehen auf die Vorgehensweise zur Realisierung dieser Komponenten im Anschluß an die Vorstellung dieses kleinen Expertensystems ein. Trotzdem erscheint uns das Beispiel zur Erklärung der Implementation eines Expertensystems geeignet, da es sehr einfach ist und so das Hauptgewicht auf die Schale des Systems gelegt werden kann. Diese ist allgemein gehalten, kann also für verschiedene Problemkreise verwendet werden.

Betrachten wir zunächst das Expertenwissen, welches wir in unserem Beispiel zugrunde legen wollen. Als Darstellungsform wählen wir dabei *Regeln*, da sich eine Wissensrepräsentation in Prolog durch Regeln anbietet :

Golf Turbodiesel, *falls* der Preis maximal 20000 DM betragen soll   und
                        es ein Diesel sein soll   und
                        der Motor einen Turbolader haben soll   und
                        das Auto 3 oder 5 Türen haben soll.

Passat Turbodiesel, *falls* der Preis maximal 25000 DM betragen soll   und
                        es ein Diesel sein soll   und
                        der Motor einen Turbolader haben soll   und
                        das Auto 5 Türen haben soll   und
                        das Auto geräumig sein soll   und
                        das Auto als Variant lieferbar sein soll.

Mercedes 560 SEL, *falls* der Preis maximal 100000 DM betragen soll   und
                        der Autotyp = Limousine sein soll   und
                        es kein Diesel sein soll   und
                        es ein deutsches Auto sein soll   und
                        der Motor keinen Turbolader haben soll.

Porsche 911 turbo, *falls* der Preis maximal 90000 DM betragen soll   und
                        der Autotyp = Sportwagen sein soll   und
                        der Motor einen Turbolader haben soll.

Diesel, *falls* das Auto einen geringen Spritverbrauch haben soll   und
        der Motor mit dem Prinzip der Selbstzündung arbeiten soll.

Autotyp = Limousine, *falls* das Auto 4 Türen haben soll   und
                        es ein geräumiger Wagen sein soll.

Autotyp = Sportwagen, *falls* das Auto 2 Türen haben soll   und
                        es ein zweisitziges Fahrzeug sein soll   und
                        das Auto schneller als 200 km/h fahren soll und
                        es kein Diesel sein soll.

Dieses kleine Regelsystem hat also einen vierelementigen *Lösungsraum*, nämlich den Raum mit den vier durch die Regeln charakterisierten Autos. Dieser Lösungsraum wird nun nach *gültigen Lösungen* durchsucht, wobei sich die Strategie der Lösungssuche an die von Prolog gewohnte Vorgehensweise anlehnt. Da wir von den Lösungen aus rückwärts die Bedingungen testen, wird dieses Verfahren auch mit *Rückwärtsverkettung* bezeichnet.

Es wird also versucht, eine der Regeln für eine mögliche Lösung zu erfüllen. Dafür brauchen wir eine Strategie zur Lösung des Konflikts, welche Regel zuerst getestet wird. Wie von Prolog gewohnt, wird dies über die Reihenfolge gelöst. Es wird also zuerst die erste Regel, die in Frage kommt, getestet, dann die zweite usw..

Beim Test der Bedingungen einer Regel können zwei wesentlich voneinander verschiedene Fälle auftreten. Einmal kann eine Bedingung wieder durch eine Regel definiert sein, dann wird diese Regel untersucht. Dies entspricht der Depth-first-search Strategie von Prolog. Zum anderen kann eine solche Bedingung nicht durch eine weitere Regel definiert sein. Dann sind wir in ein Blatt des Suchbaums gelangt. An dieser Stelle müssen wir den Anwender fragen, ob diese bestimmte Bedingung im spezifischen Fall vorliegt oder nicht (je nach Expertensystem könnte eine solche Information auch aus einer Datenbank geholt werden oder durch das Ergebnis eines Programms bestimmt sein). Wir nehmen für den Prototyp eine feste Reihenfolge der Quellen für Parameter, auch Sourcing Sequence genannt, an. Die Sourcing Sequence ist "Regel vor Benutzer".

Bei mehrstufigen Systemen kann es natürlich auftreten, daß sich nach der Auswahl einer Regel der entsprechende Zweig im Suchbaum als falsch herausstellt. In diesem Fall wird dann, wie von Prolog gewohnt, über das Backtracking der nächste mögliche Lösungsweg gesucht.

Damit haben wir also als Strategie für den Inferenzmechanismus genau die von Prolog gewohnten Vorgehensweisen übernommen: *Konfliktlösung durch die Reihenfolge, Depth-first-search Strategie, Backtracking*.

In den folgenden Abschnitten werden wir die einzelnen Komponenten entwickeln. Wir werden dabei auf die Fragekomponente einschließlich Hilfestellungen zur Beantwortung von Fragen, auf die Darstellung der Regeln, auf die Realisierung der Abarbeitung und schließlich auf die Realisierung der Erklärungskomponente eingehen. Zuvor müssen wir jedoch einige globale Variablen einführen, mit denen wir Informationen speichern, die wir vor allem zur Realisierung der Erklärungskomponente benötigen.

14.3.2 Merken von Antworten, Lösungsweg und benutzten Regeln

Zur Realisierung der Erklärungskomponente sowie der Hilfefunktionen bei der Fragekomponente ist es notwendig, sich die erfolgten Antworten, den historischen Lösungsweg sowie die jeweils aufrufenden Regeln bei mehrstufigen Regelsystemen zu merken. Dazu benutzen wir die interne Datensammlung.

In diesem Abschnitt definieren wir das Format, in dem wir diese Information abspeichern. Eine genaue Beschreibung des Zwecks dieser "globalen Variablen" wird an den Stellen bei der Erklärungskomponente, sowie der Hilfefunktion gegeben, an denen wir auf sie zurückgreifen werden.

Antworten

Unter dem Schlüssel *key_antworten* halten wir eine Liste, in der wiederum Listen enthalten sind. Diese enthalten jeweils zwei Elemente, nämlich eine Frage und die zugehörigen Antwort. Diese Liste wird zu Beginn jedes Laufs des Expertensystems auf die leere Liste gesetzt und bei jeder erfolgten Eingabe des Benutzers um eine Liste, bestehend aus der gerade gestellten Frage und dieser Eingabe ergänzt. Dabei ist die zuletzt ergänzte Liste immer der Kopf der gesamten Liste.

Beispiel 14.1 :
Eine solche Liste kann zu einem bestimmten Zeitpunkt beispielsweise folgende Gestalt haben :
    [['Selbstzuender', ja], ['Geringer Spritverbrauch', ja], ['Preisobergrenze', 50000]]

Lösungsweg

Unter dem Schlüssel *key_loesung* wird ebenfalls eine Liste gehalten, deren Elemente Listen sind. Allerdings haben wir nun zwei verschiedene Arten von Listen. Zum einen merken wir uns jeweils alle abgeprüften Bedingungen, die ein Blatt des Suchbaums darstellen und vom Benutzer erfragt werden müssen. Im Gegensatz zu *key_antworten* werden diese Antworten nicht nur dann eingetragen, wenn sie tatsächlich eingegeben wurden, sondern auch wenn eine Bedingung lediglich eine schon zuvor erfolgte Antwort abprüft. Als zweites merken wir uns, wenn eine Regel erfüllt wurde bzw. fehlgeschlagen ist.

Zur Unterscheidung dieser beiden Listen dient die unterschiedliche Anzahl der Elemente der einzelnen Listen. Listen, in denen Frage und Antwort gespeichert werden, haben drei Elemente, nämlich Regelnummer, Frage und Antwort. Listen, in denen der Erfolg einzelner Regeln vermerkt wird, haben zwei Elemente, nämlich Regelnummer und Erfolg.

Beispiel 14.2 :
Eine solche Liste hat beispielsweise folgende Gestalt :
    [[r1, w], [r1, 'Wieviel Tueren', 3], [r1, 'Motor mit Turbolader', ja], [r1_2, w],
    [r1, 'Selbstzuender', ja], [r1, 'Geringer Spritverbrauch', ja],
    [r1, 'Preisobergrenze', 20000]]

Aufrufende Regeln

Im Falle eines mehrstufiges Regelsystems ist es möglich, daß die aktuell zu prüfende Regel von einer weiteren Regel aufgerufen wurde, diese sogar wiederum Unterregel einer weiteren Regel ist usw. bis schließlich eine Regel erreicht ist, die letztendlich eine mögliche Lösung definiert. Dann ist es sinnvoll sich diesen Weg des Regelaufrufs zu merken. Dazu speichern wir unter dem Schlüssel *key_regel* eine Liste mit den entsprechenden

Regelnummern, wobei der Kopf dieser Liste der aktuell geprüften Regel entspricht und das letzte Element der Liste die Regel bezeichnet, die alle weiteren Aufrufe initiiert hat.

Beispiel 14.3 :
Eine solche Liste hat beispielsweise folgende Gestalt :
[r4_2, r3_1, r2_5, r1_2, r6]

14.3.3 Die Fragekomponente
14.3.3.1 Das Grundgerüst der Fragekomponente

Wie wir bei der Skizzierung des Aufbaus unseres Systems festgehalten haben, müssen wir immer dann, wenn keine Regel für eine Bedingung existiert, den Benutzer des Systems auffordern, eine Information einzugeben, ob diese Bedingung erfüllt ist. Dazu muß ihm eine Frage gestellt werden. Je nach Antwort ist dann die Bedingung erfüllt oder nicht. Da eine Bedingung möglicherweise mehrfach auftreten kann (vgl. 'Motor mit Turbolader' im vorliegenden Beispiel), muß dabei sichergestellt werden, daß eine Frage nur *einmal* gestellt wird. Im System muß also vermerkt werden, daß und wie diese Frage schon beantwortet wurde. Wird dann die entsprechende Bedingung noch einmal getestet, muß diese Information verwendet werden, statt den Benutzer noch einmal zu fragen.

Außerdem müssen wir uns die erfolgte Antwort sowohl in der Liste der Antworten als auch in der Liste für den Lösungsweg vermerken.

Als Programmstück erhalten wir damit für das Grundgerüst :

```
es_frage(F, Ant, Ri)  :-  repeat,
                          es_eingabe(F, A),
                          asserta((es_frage(F, _, _) :-
                                   es_merke(key_loesung, [Ri, F, A]),!, fail)),
                          asserta((es_frage(F, A, _) :-
                                   es_merke(key_loesung, [Ri, F, A]),!)),
                          es_merke(key_antworten, [F, A]),
                          es_merke(key_loesung, [Ri, F, A]),
                          !, A = Ant.

es_merke(X, Newhead) :- recorded(X, Oldlist, Ref), erase(Ref),
                          append([Newhead], Oldlist, Newlist),
                          recorda(X, Newlist, _), !.
```

Der Aufruf von **es_frage**('Wieviele Tueren', 5, r2) entspricht dann beispielsweise folgender Bedingung, welche in Regel 2 auftritt : *'Die Anzahl der Türen ist gleich 5'*. Da eine Information über die gewünschte Anzahl der Türen nicht vorliegt, muß diese vom Benutzer erfragt werden. Für dieses Beispiel wollen wir uns nun die Wirkungsweise von **es_frage** ansehen.

Durch **es_eingabe/2** wird der Eingabedialog realisiert und gleichzeitig geprüft, ob die Eingabe für die Fragestellung zulässig ist, in diesem Beispiel wird also auf Zugehörigkeit zu den natürlichen Zahlen überprüft. Falls eine unzulässige Antwort vorliegt, ist **es_eingabe/2** falsch. Aus diesem Grund brauchen wir das **repeat**, damit der Benutzer erneut zur Eingabe aufgefordert wird. Ansonsten ist anschließend A an die Antwort des Benutzers gebunden.

Danach werden in die Datensammlung zwei neue Regeln zum Prädikat **es_frage** eingefügt, die bei allen zukünftigen Prüfungen des Parameters 'Anzahl der Türen' benutzt werden. Zwei Regeln sind notwendig, da einmal vermerkt werden muß, daß von nun an die Bedingung 'Anzahl' = 'Antwort' in jeglicher Regel immer richtig ist, dagegen alle Bedingungen, bei denen diese Gleichheit nicht gilt, nicht erfüllt sind. Außerdem muß ein Aufruf der Bedingung immer im Lösungsweg vermerkt werden. Dies bewirkt **es_merke/2** in den neu eingefügten Regeln. Nach dem Aufruf der beiden **asserta**-Statements hat die Datensammlung damit folgenden Inhalt, falls der Benutzer mit 3 geantwortet hätte :

```
...

es_frage('Wieviele Tueren', 3, _) :-
        es_merke(key_loesung, [r2, 'Wieviele Tueren',3]),
        !.
es_frage('Wieviele Tueren', _, _) :-
        es_merke(key_loesung, [r2, 'Wieviele Tueren',3]),
        !, fail.
es_frage(F, Ant, Ri) :- repeat,
                       es_eingabe(F, A),
                       ...
...
```

Klar dürfte auch sein, daß die Reihenfolge der beiden **asserta**-Statements *nicht* vertauscht werden darf, da zuerst festgestellt werden muß, ob die Bedingung erfüllt ist, bevor für alle anderen Fälle das fail festgestellt wird.

Nachdem wir nun also in die Datensammlung diese beiden Regeln eingefügt haben, ergänzen wir mit Hilfe von **es_merke/2** die erfolgte Antwort in den unter *key_antworten* und *key_loesung* gehaltenen Listen.

Abschließend wird durch einen Vergleich zwischen geforderter Antwort und tatsächlich erfolgter Antwort ($A = Ant$) festgestellt, ob die Bedingung erfüllt ist oder nicht. Entsprechend ist **es_frage** wahr oder falsch. Hätten wir also 3 eingegeben, so hätte der Vergleich $3 = 5$ ein fail zur Folge, **es_frage** würde falsch und entsprechend wäre die geprüfte Bedingung der Regel nicht erfüllt.

14.3.3.2 Hilfefunktionen zur Fragekomponente

Dem Benutzer müssen bei der Beantwortung der Fragen Hilfestellungen gegeben werden können. Wir wollen hier zwei verschiedene Möglichkeiten vorstellen. Zum einen kann es sein, daß der Benutzer mit der Frage an sich nichts anfangen kann, da er beispielsweise einen Begriff der Frage nicht kennt oder nicht weiß, welche Antworten zulässig sind. Für diesen Fall soll ihm die Möglichkeit gegeben werden, sich dafür Erklärungen geben zu lassen. Zum anderen ist es denkbar, daß ein Benutzer die Frage zwar versteht, aber ihm unklar ist, in welchem Zusammenhang diese Frage sinnvoll ist. Dies kann ihm verdeutlicht werden, indem er sich die zugehörige Regel anschaut und möglicherweise auch noch die aufrufende Regel dieser Regel.

Erklärungen zum erfragten Begriff

Dazu ist es notwendig, zu jeder Frage des Systems einen Erklärungstext bereitzustellen, der durch Eingabe einer bestimmten Zeichenkombination oder einer Funktionstaste als Antwort auf die gestellte Frage dem Benutzer gezeigt wird. Bei Benutzung von Softwarepaketen zur Realisierung von Benutzerschnittstellen wird eine solche Hilfefunktion meist unterstützt.

Da wir in unserem Beispiel die Realisierung dieser Schnittstelle nur simulieren wollen, halten wir den Text in einer Datei als Liste, wobei der Kopf als Kennung der entsprechenden Frage dient. Unter Performance-Gesichtspunkten ist dies sicherlich eine schlechte Lösung, aber zur Realisierung eines Prototyps erscheint sie uns ausreichend. Eine Verbesserung der Ausführungsgeschwindigkeit läßt sich auch dadurch erreichen, daß zu Beginn eines Programmlaufs die Erklärungstexte in der internen Datensammlung abgespeichert werden. Bei manchen Versionen wird für die Abspeicherung sogar die Unterstützung z.B. durch eine B-Baum-Struktur angeboten, wodurch sich die Abarbeitung noch weiter beschleunigt.

Beispiel 14.4 :

>   ['Geringer Spritverbrauch',
>   'Als gering wird ein Spritverbrauch unter 7 l/100 km im Drittelmix nach DIN',
>   'verstanden. Falls Ihr Wagen weniger verbrauchen soll, antworten Sie mit ja, ',
>   'ansonsten mit nein.'].

Diese Liste beinhaltet also den Erklärungstext zur Frage nach dem geringen Spritverbrauch.

Wird nun auf eine Frage mit *'wie'* oder *'wie bitte'* geantwortet, so wird dies als Standardantwort erkannt und die Hilfefunktion gestartet, die auf der entsprechenden Datei den Text sucht und ausgibt. Dies geschieht über ein einfaches Programmstück :

```
es_erklaeren(Ri) :- es_erkl_dat(Erkl_dat),
                    see(Erkl_dat),
                    repeat,
                    read(Fileelement),
                    ( (Fileelement = end_of_file,
                        write('Keine Erklaerungen gespeichert !'), seen, !);
                      (Fileelement = [Ri|T],
                        nl, es_schreiben(T), seen, !) ).

es_schreiben([ ]).

es_schreiben([H|T]) :- nl, write(H), es_schreiben(T).
```

Erklärung des Zusammenhangs der Frage

Den Zusammenhang der Frage wollen wir durch die Ausgabe der Regel erklären, die gerade benutzt wird. Da die Regel in Prolog-Form nur schwer verständlich ist, benötigen wir die Regel in einer verbalen Form. Entsprechend der Improvisation der Benutzerschnittstelle halten wir diesen Text in der gleichen Form wie die Hilfetexte in einer Datei, allerdings besteht nun die Kennung aus der Regelnummer. Alternativen zu dieser Vorgehensweise sind einmal erneut die Unterstützung durch ein entsprechendes Programmpaket oder auch die automatische Generierung dieser Texte aus der entsprechenden Prolog-Regel.

Beispiel 14.5 :
Folgende Liste entspricht also dem Text zu einer Regel :

```
    [r4, 'Das gesuchte Fahrzeug ist ein Porsche 911 turbo, falls',
       ' ',
       '  - der Preis maximal 90 000 DM betragen soll',
       '  - es ein Sportwagen sein soll',
       '  - das Fahrzeug einen Motor mit Turbolader haben soll.'].
```

Außerdem soll die Möglichkeit gegeben sein, die aufrufende Regel zu der gerade aktuellen Regel zu sehen, falls eine solche existiert. Dazu greifen wir auf die in der internen Datensammlung unter dem Schlüssel *key_regel* gespeicherte Liste zurück, in der wir ja gerade den Weg von Regel zu Regel vermerkt haben. Enthält diese mehr als ein Element, so existiert eine aufrufende Regel. Deren Nummer können wir dann der Liste entnehmen und die entsprechende Regel ausgeben. Als Programmstück für die Hilfsfunktion erhalten wir damit :

```
es_warum(Ri) :- es_bildfrei,
                write('Zugehoerige Regel :'),
                nl, es_erklaeren(Ri),
                nl, nl,
                recorded(key_regel, [H|T], _),
                es_vater_regel(T).
es_vater_regel([H|T]) :-
                write('Wollen Sie die aufrufende Regel dazu sehen ?'),
                es_einlesestring(A),
                member(A, [j, ja, y, yes]),
                nl, nl, es_erklaeren(H),
                nl, nl,
                es_vater_regel(T).
es_vater_regel(_).
```

Das noch unbekannte Prädikat *es_bildfrei* bewirkt lediglich, daß der Bildschirm gelöscht und der Cursor auf die "home"-Position gesetzt wird.

Aufgerufen wird diese Hilfefunktion durch die Standardantwort *'warum'* auf die gestellte Frage.

Damit können wir nun das Grundgerüst der Fragekomponente um die Hilfefunktionen ergänzen :

```
es_frage(F, Ant, Ri) :- repeat,
                es_eingabe(F, A),
                ( (A == warum,
                   es_warum(Ri), nl, fail);
                  (A == wie,
                   es_erklaeren(F), nl, fail);
                  (not member(A, [wie, warum])) ),
                asserta((es_frage(F, _, _) :-
                        es_merke(key_loesung, [Ri, F, A]),!, fail)),
                asserta((es_frage(F, A, _) :-
                        es_merke(key_loesung, [Ri, F, A]),!)),
                es_merke(key_antworten, [F, A]),
                es_merke(key_loesung, [Ri, F, A]),
                !, A = Ant.
```

Wir integrieren in dieses Prädikat durch die drei 'Oder'-Fälle einen Verteiler, der entscheidet, ob die Eingabe einer der beiden Hilfefunktionen entspricht oder eine tatsächlich erfolgte Antwort ist. Nach Ausführung der Hilfefunktion wird durch das fail zurück zu repeat gegangen, da die Frage noch beantwortet werden muß.

14.3.3.3 Rückgängigmachen einer Antwort

Dem Benutzer wird ferner die Möglichkeit geboten, zur letzten Frage zurückzugehen, anstatt die gerade gestellte Frage zu beantworten. Dadurch ist es zum einen möglich, Flüchtigkeitsfehler rückgängig zu machen. Andererseits erlaubt es dem Benutzer auch, Schritt für Schritt auf dem Lösungsweg zurückzugehen, wenn er merkt, daß er an einer falschen Stelle im Suchbaum angelangt ist.

Kritisch kann die Möglichkeit allerdings an Stellen werden, an denen zuvor ein Datenbankaufruf mit Schreibzugriff oder ein Programmlauf mit Veränderung von Daten erfolgt ist. Ferner kann es sein, daß es Stellen gibt, an denen ein Zurückgehen unsinnig ist. Aus diesem Grund soll es möglich sein, das Zurückgehen auch zu *sperren*.

Bevor dargestellt wird, wie dies programmtechnisch realisiert werden kann, wollen wir uns zuerst überlegen, welche Einträge in der Programmdatensammlung und internen Datensammlung zurückgenommen werden müssen.

Aus der Programmdatensammlung müssen die bei der zuvor erfolgten Antwort mit **asserta** eingefügten Regeln zu *es_frage* wieder entfernt werden. Dann muß aus der Liste der Antworten die letzte Antwort gestrichen werden. Aus der Liste, in der der Lösungsweg festgehalten wird, müssen alle Informationen über erfüllte oder falsifizierte Regeln sowie abgefragte Bedingungen bis einschließlich zur tatsächlich zuletzt gegebenen Antwort gelöscht werden. Und schließlich muß der Weg durch die Regeln wieder bis zu der Stelle verkürzt werden, wo die letzte Antwort erfolgt ist.

Das Hauptproblem bleibt allerdings, wie wir an genau die Stelle im Suchbaum gelangen können, an der *zuletzt gefragt* wurde. Der naheliegendste Vorschlag scheint zunächst dabei das Backtracking von Prolog auszunutzen und durch ein einfaches fail für das Prüfen der Bedingung wieder an diese Stelle zu gelangen. Dies ist allerdings nicht möglich, da keine Information darüber vorliegt, daß durch das Entfernen der letzten Antwort an dieser Stelle ein weiterer Lösungsweg möglich ist. Prolog würde also über diese Stelle hinweg zurückgehen und prüfen ob eine *weitere* Regel erfüllt werden kann. Die Wirkung wäre also eine ganz andere.

Daher gehen wir von einem anderen Lösungsansatz aus. Wir entfernen die letzte Antwort aus der in der internen Datensammlung gespeicherten Liste der Antworten. Dadurch erhalten wir eine Information darüber, welche Frage zuletzt gestellt wurde und können somit die zugehörigen Regeln zu *es_frage* mit **retract** aus der Programmdatensammlung entfernen. Dann setzen wir eine Art *Flag*, welches kennzeichnet, daß sich das System im 'Rückwärtszustand' befindet. Dieses Flag bewirkt, daß die Suche nach einer Lösung *insgesamt* falsch wird. Dadurch erreichen wir ein Backtracking bis zum Beginn der Suche. Setzen wir nun ein **repeat** vor den Anfang der Suche, so beginnt diese von neuem. Da aber noch alle Antworten außer der letzten in der Datensammlung gespeichert sind, erfolgt die nächste Interaktion mit dem Benutzer *automatisch* wieder an der Stelle der letzten Antwort.

Allerdings müssen wir nun noch die beiden unter *key_loesung* und *key_regel* in der internen

Datensammlung gehaltenen Listen korrigieren. Dies ist relativ einfach. Wir müssen lediglich zwischen **repeat** und Beginn der Suche die Liste für den Lösungsweg auf die leere Liste setzen. Da der Lösungsweg dann anschließend genau bis zur gewünschten Stelle abgearbeitet wird, hat diese Liste auch automatisch wieder den gewünschten Inhalt. Analog ist das Vorgehen auch bei der Liste der aufrufenden Regeln.

Bleibt noch das *Flag*, welches den Status vorwärts oder rückwärts anzeigt. Dieses speichern wir in der internen Datensammlung ab, indem wir unter dem Schlüssel *key_zur* das Atom *ja* abspeichern, falls das System im Zurückgehen ist, und sonst das Atom *nein*.

Die programmtechnische Realisierung des Aufrufs der Zurückkomponente werden wir nun angeben. Da die Abfrage des Flags sowie die Initialisierung der Liste der aufrufenden Regeln mit der leeren Liste als Teil der Wissensrepräsentation gelöst ist, werden wir auch erst dort näher darauf eingehen.

> *es_zurueck(Zstatus)* :- (var(Zstatus), !, *es_zurueck*);
>   (write('Hinter diese Stelle darf man nicht zurueck !!'),
>   !, fail).
>
> *es_zurueck* :- recorded(key_antworten, Oldlist, Ref),
>   *es_leertest(Oldlist)*,
>   erase(Ref),
>   *es_ant_loe(Oldlist)*,
>   recorded(key_zur, _, Refl), erase(Refl),
>   recorda(key_zur, ja, _).
>
> *es_leertest([ ])* :- write('zurueck nicht mehr moeglich !!'), nl, !, fail.
>
> *es_leertest(X)*.
>
> *es_ant_loe([[Frage, Antwort]|T])* :-
>   recorda(key_antworten, T, _),
>   retract((es_frage(Frage, _, _, _):- es_merke(_, _), !, fail)),
>   retract((es_frage(Frage, _, _, _):- es_merke(_, _), !)),
>   write('Die letzte Frage war : '), nl, write(Frage),
>   write(' ?'), nl, nl, write('Ihre Antwort war : '),
>   write(Antwort), nl, nl.

Der Aufruf der Zurückkomponente erfolgt aus **es_frage** durch **es_zurueck(Zstatus)**. Dabei ist durch *Zstatus* festgelegt, ob an dieser Stelle ein *zurück* überhaupt möglich ist. Dieses Argument muß entsprechend auch als viertes Argument von **es_frage** aufgenommen werden. Dabei legen wir folgende Vereinbarung fest. Ist *Zstatus* beim Aufruf an eine Variable gebunden, so ist *zurück* möglich, ansonsten nicht.

Entsprechend wird auch nur dann **es_zurueck/0** aufgerufen. In **es_zurueck/0** wird die Liste der Antworten aus der internen Datensammlung geholt. Ist diese leer, so ist noch überhaupt keine Antwort gegeben worden, folglich ein *zurück* auch nicht möglich.

Ansonsten wird die Liste ohne die letzte Antwort wieder abgespeichert, das Flag auf ja für *zurück* gesetzt und über **es_ant_loe** die entsprechenden Regeln zu **es_frage** aus der Programmdatensammlung gelöscht. Dabei wird zusätzlich der Benutzer noch über seine Antwort auf die letzte Frage informiert.

Natürlich müssen wir nun unsere zentrale Regel der Fragekomponente **es_frage** auch entsprechend abändern :

```
es_frage(F, Ant, Ri, Zstatus) :-
    repeat,
    es_eingabe(F, A),
    ( (A == warum,
        es_warum(Ri), nl, fail);
      (A == wie,
        es_erklaeren(F), nl, fail);
      (A == zurueck,
        es_zurueck (Zstatus), !, fail);
      (not member(A, [wie, warum, zurueck])) ),
    asserta((es_frage(F, _, _, _) :-
                es_merke(key_loesung, [Ri, F, A]),!, fail)),
    asserta((es_frage(F, A, _, _) :-
                es_merke(key_loesung, [Ri, F, A]),!)),
    es_merke(key_antworten, [F, A]),
    es_merke(key_loesung, [Ri, F, A]),
    !, A = Ant.
```

Wir sehen, daß **es_frage** nach einem Aufruf der Zurückkomponente durch das anschließende *!, fail*-Konstrukt mit falsch verlassen wird. Wir müssen damit zwei Fälle unterscheiden, bei denen **es_frage** falsch wird. Entweder die Bedingung war nicht erfüllt oder es ist eben ein *zurück* gefordert. Dies ist der Grund, warum wir bei der Abarbeitung der Regeln das Flag für *zurück* benötigen.

14.3.4 Die Wissensrepräsentation

Wie wir nun schon gesehen haben, können wir uns bei der Wissensrepräsentation nicht nur auf eine reine Übersetzung der Regeln in Prolog-Regeln beschränken. Zusätzlich müssen wir noch Informationen berücksichtigen, die etwas über die Möglichkeit des Zurückgehens aussagen. Außerdem müssen während der Abarbeitung der Regeln, die Listen zur Speicherung des Lösungswegs sowie der aufrufenden Regeln entsprechend verändert werden. Dabei gehen wir davon aus, daß die Regeln mit Atomen der Gestalt r... durchnumeriert sind.

Betrachten wir allerdings zunächst nur die Darstellung von Regeln ohne diese zusätzlichen Informationen. Nehmen wir dazu zwei Regeln aus unserem Beispiel und schreiben sie in etwas anderer Form :

    Lösung = Golf Turbodiesel, *falls* Preisobergrenze = X   *und*
                                              X >= 20000   *und*
                                              Diesel = ja   *und*
                                              Motor mit Turbolader = ja.

    Diesel = ja, *falls* geringer Spritverbrauch = ja *und*
                             Selbstzündung = ja.

Wir können also sowohl eine Konklusion als auch eine einzelne Bedingung als Tupel eines Parameters und eines Wertes auffassen.

Zunächst versuchen wir nun, eine analoge Prolog-Regel zu erstellen :

    rules(loesung, 'Golf Turbodiesel') :– **es_teste**('Preisobergrenze', X, r1, _),
                                                        X >= 20000,
                                                        es_teste('Diesel', ja, r1, _),
                                                       es_teste('Motor mit Turbolader', ja, r1, _).
    rules('Diesel', ja) :– **es_teste**('Geringer Spritverbrauch', ja, r1_1, _),
                                      es_teste('Selbstzündung', ja, r1_1, _).

Um eine Regel zu erfüllen, müssen alle Bedingungen erfolgreich getestet werden. Als nächstes muß nun festgelegt werden, auf welche Art eine Bedingung getestet wird. In unserem Prototyp gibt es hierfür zwei Möglichkeiten : die Bedingung kann über eine Regel hergeleitet werden oder der Benutzer wird nach dem Parameter gefragt. Für die Auswahl wollen wir hier folgende vereinfachte Strategie verwenden. Existiert eine Regel zu einem Parameter, dann soll versucht werden, die Bedingung über Regeln zu testen, und nur falls keine Regel existiert, soll der Benutzer gefragt werden. Dieser Sachverhalt kann mit folgender Prolog-Regel beschrieben werden :

    es_teste(F, A, Ri, Z) :–
            clause(rule(F, _), _), !,
            rules(F, Ant), Ant = A.
    es_teste(F, A, Ri, Z) :–
            es_frage(F, A, Ri, Z).

Dieses kleine Programmstück kann als Meta-Interpreter für die Abarbeitung der Bedingung aufgefaßt werden. Seine Arbeitsweise könnte nun verfeinert werden, indem wir unterschiedliche Parametertypen einführen (beispielsweise Boolean, einwertige und mehrwertige Parameter, ...) und je nach Parametertyp verschiedene Vorgehensweisen implementieren würden. Darauf soll hier aber verzichtet werden.

Als nächstes müssen die notwendigen zusätzlichen Informationen mit in die Regel aufgenommen werden. Dabei sind folgende Dinge zu berücksichtigen :

- Zu Beginn der Abarbeitung einer Regel muß diese in der globalen Variablen **key_regel** vermerkt werden.

- Wird eine Regel mit Erfolg verlassen, muß dies bei **key_loesung** vermerkt werden. Außerdem muß die Regelnummer aus **key_regel** wieder gestrichen werden.

- Wird eine Regel ohne Erfolg verlassen, so muß dies auch bei **key_loesung** entsprechend markiert werden. Außerdem muß die Regelnummer aus **key_regel** gestrichen werden. Zusätzlich muß jetzt aber noch unterschieden werden, ob sich das System im Zurückzustand befindet.

Die Aktionen, die ergriffen werden müssen, falls die Regel nicht erfolgreich war, führen zu der Einführung einer zweiten "Pseudoregel", die genau diese Fälle abdeckt. Als veränderte Gestalt unserer Regeln erhalten wir damit :

> *rules(loesung, 'Golf Turbodiesel')* :-
>   **es_merke**(key_regel, r1),
>   es_teste('Preisobergrenze', X, r1, _),
> $X >= 20000$,
>   es_teste('Diesel', ja, r1, _),
>   es_teste('Motor mit Turbolader', ja, r1, _),
>   **es_regelende**([r1, w]).
>
> *rules(loesung, 'Golf Turbodiesel')* :-
>   (**es_zuruecktest**, !, fail) ;
>   (**es_regelende**([r1, f]), fail).
>
> *rules('Diesel', ja)* :-
>   **es_merke**(key_regel, r1_1),
>   es_teste('Geringer Spritverbrauch', ja, r1_1, _),
>   es_teste('Selbstzündung', ja, r1_1, _),
>   **es_regelende**([r1_1, w]).
>
> *rules('Diesel', ja)* :-
>   (**es_zuruecktest**, !, fail);
>   (**es_regelende**([r1_1, f]), fail).

Die Ergänzungen haben folgende Wirkung :

a) Wird eine Regel überprüft, so wird dies zu Beginn mit **es_merke/2** im Lösungsweg vermerkt.

b) Bei erfolgreichem Verlassen wird **es_regelende([ri, w])** aufgerufen. Das Prädikat **es_regelende** ist wie folgt definiert :

>   *es_regelende(Neu)* :-
>   *recorded(key_loesung, Oldlist, Ref1), erase(ref1),*
>   *append([Neu], Oldlist, Newlist),*
>   *recorda(key_loesung, Newlist),*
>   *recorded(key_regel, [H| T], Ref2), erase(Ref2),*
>   *recorda(key_regel, T, _).*

Es bewirkt also zweierlei, den entsprechenden Eintrag in **key_loesung** und das Löschen der Regelnummer aus dem Regelweg.

c) Wird die eigentliche Regel mit fail verlassen, dann wird die zweite "Pseudoregel" abgearbeitet. Dies kann in zwei unterschiedlichen Situationen geschehen. Deshalb enthält der Rumpf der Regel zwei Fälle.

- Konnte die Regel nicht erfolgreich verlassen werden, weil ein Zurück verlangt wurde, so muß die Anfrage mit fail verlassen werden. Dies wird durch die Cut/fail-Kombination erreicht, falls *es_zuruecktest* erfolgreich ist. Das Prädikat ist dabei wie folgt definiert :

>   *es_zuruecktest* :- *recorded(key_zur, ja, _).*

- Konnte die Regel dagegen nicht erfolgreich verlassen werden, weil eine der Bedingungen nicht zutraf, so muß die Regel als falsch markiert und nach alternativen Regeln gesucht werden. Dies wird durch ein einfaches fail nach Aufruf von *es_regelende* mit der Markierung f erreicht.

Die Suche nach einer Lösung in einem solchen Regelsystem kann nun durch die Frage nach **rules(loesung, X)** angestoßen werden. Die Variable X wird dann an die Antwort gebunden, falls eine Lösung existiert, ansonsten erhalten wir ein Fail. Wollen wir dieses Fail im Falle der Nichtexistenz einer Lösung vermeiden, so können wir dies durch Programmieren des folgenden Catch-all nach allen Regeln zu **loesung** erreichen :

>   *rules(loesung, default).*

Damit erhalten wir dann zumindest "default" als Lösung.

14.3.4.1 Besonderheiten bei möglichen Mehrfachlösungen

Bevor wir darauf eingehen, wie es programmtechnisch realisiert werden kann, daß alle möglichen Lösungen gefunden werden, müssen wir uns den Zusammenhang zwischen getesteten Bedingungen und notwendigen Bedingungen für die Richtigkeit einer Lösung vergegenwärtigen.

Dazu bezeichnen wir die getesteten Bedingungen mit $g_1, \ldots, g_n$ und die notwendigen Bedingungen mit $n_1, \ldots, n_m$. Wie man sich leicht überlegen kann, erhalten wir dann folgenden Zusammenhang :

Eine mögliche Lösung ist Lösung, falls für sie gilt :

$$\{n_1, \ldots, n_m\} \subseteq \{g_1, \ldots, g_n\}$$

Dies bedeutet, daß das System den Benutzer durchaus nach Bedingungen fragen kann, die aber am Ende nicht relevant für das Finden der Lösung waren. Dies ist dann der Fall, wenn sie im Regelsystem für diese Lösung nicht auftreten. Dieser Sachverhalt ist für den Entwurf der Regeln von großer Bedeutung, da dadurch möglicherweise auch unerwünschte Ergebnisse auftreten könnten.

Liegt nun der Fall vor, daß zwei Elemente des Lösungsraums die gleiche Menge an notwendigen Bedingungen haben oder sich die notwendigen Bedingungen zumindest nicht ausschließen, ferner die getesteten Bedingungen eine Obermenge dieser beiden Mengen an notwendigen Bedingungen sind, sind folglich *beide* Elemente auch Lösung des Problems. So kann es in unserem Beispiel sein, daß sowohl Golf Turbodiesel als auch Passat Turbodiesel Lösung sind.

Bisher würden wir allerdings nur die Lösung erhalten, deren zugehörige Regel (zufälligerweise) an erster Stelle steht. Das ist sicherlich unerwünscht. Deshalb wollen wir das System nun um die Möglichkeit erweitern, *mehrere Lösungen* zu liefern.

Dazu können wir ein Built-in-Prädikat verwenden, daß für genau solche Fälle zur Verfügung steht : *setof/3*.

Wir starten nun die Lösungssuche mit *setof(X, rules(loesung, X), L)* anstelle von *rules(loesung, X)*. Damit erhalten wir eine Liste L, in der alle Lösungen des Problems enthalten sind. Beachten müssen wir dabei allerdings, daß diese Liste auch immer die default-Lösung enthält. Diese müssen wir also anschließend wieder entfernen.

Ferner ist dadurch eine kleine Änderung bei der Wissensrepräsentation notwendig. Da das System nun versucht, jeden möglichen Lösungsweg wahr zu machen, würde nach erfolgreichem Abschließen einer Regel nun unerwünschterweise anschließend noch der zweite Teil der Regel benutzt, der lediglich für die Bearbeitung der Zurückkomponente bzw. für den Fall, daß eine Regel nicht erfüllt wurde, gedacht ist.

Damit ergibt sich folgende Modifikation :

```
rules(loesung, 'Porsche 911 turbo') :- es_merke(key_regel, r4),
                                       es_teste('Preisobergrenze', X, r4, _),
                                       X>= 90000,
                                       es_teste(typ, sportwagen),
                                       es_teste('Motor mit Turbolader', ja, r4, _),
                                       es_regelende([r4, w]).
```

Die Realisierung eines Expertensystems in Prolog 261

> rules(loesung, 'Porsche 911 turbo') :- (es_zuruecktest, !, fail);
> (**not es_wahr_test**(r4),
> es_regelende([r4, f]), fail).

Die Änderung besteht also im Einfügen von es_wahr_test, welches wie folgt definiert ist :

> **es_wahr_test**(Ri) :- recorded(key_loesung, List, _),
> member([Ri, w] , List).

Damit fangen wir den unerwünschten Fall ab.

Nun haben wir alle notwendigen Konstrukte für die Wissensrepräsentation kennengelernt. Die komplette Darstellung der Wissensbasis für das Autoexpertensystem befindet sich im Anhang.

Außerdem ist im Anhang die Vorgehensweise zur Übersetzung eines Regelsystems in diese Wissensrepräsentation an einem weiteren Beispiel erläutert. Dies sollte dem Leser erleichtern, eigene Regelsysteme bei der Verwendung dieser einfachen Schale für ein Expertensystem in der dazu erforderlichen Form zu schreiben.

14.3.5 Die Erklärungskomponente

Nachdem nun das System eine oder mehrere Lösungen gefunden hat, können wir aufbauend auf den unter den Schlüsseln *key_antworten* und *key_loesung* in der internen Datensammlung gehaltenen Listen dem Benutzer verschiedene Erklärungen zur Lösung anbieten.

In diesem Abschnitt werden wir dabei die programmtechnische Realisation zu folgenden Erklärungsmöglichkeiten angeben :

- Ausgabe aller Fragen und zugehörige Antworten
- Ausgabe aller getesteten und dabei erfüllten Regeln
- Ausgabe aller getesteten und dabei falsifizierten Regeln einschließlich einer Begründung, warum sie nicht erfüllt waren
- Möglichkeit, sich anzusehen, an welcher Stelle der Lösungsweg für ein nicht erreichtes Element des Lösungsraums abgeschnitten wurde

Darüberhinaus sind sicherlich noch weitere Erklärungsmöglichkeiten denkbar, wie beispielsweise lediglich eine Begründung dafür zu erhalten, warum eine bestimmte Regel nicht erfüllt war. Diese sind aber auf Grund der vorhandenen Informationen durch einfache Modifikationen zusätzlich zu programmieren.

14.3.5.1 Ausgabe aller Fragen und Antworten

Zu diesem Zweck greifen wir auf die unter *key_antworten* abgespeicherte Liste zurück.

Diese brauchen wir lediglich auszugeben, wobei wir allerdings beachten müssen, daß dies von hinten nach vorne geschehen sollte, wollen wir die historische Reihenfolge erhalten :

> es_antworten_aus :- recorded(key_antworten, AntList, Ref),
>   es_schreibe_antworten(AntList),
>   nl, nl,
>   write('Weiter mit <return>'), get0(_).
>
> es_schreibe_antworten([ ]).
>
> es_schreibe_antworten([H|T]) :- es_schreibe_antworten(T),
>   H = [Frage, Antwort],
>   write(Frage), write(' : '),
>   write(Antwort), nl.

14.3.5.2 Ausgabe aller getesteten und erfolgreichen Regeln

Diese Regeln können wir der Liste, die unter *key_loesung* abgespeichert ist, entnehmen. Dabei müssen wir allerdings beachten, daß diese Liste auch die falsifizierten Regeln sowie die gestellten Fragen mit zugehörigen Antworten enthält. Diese Elemente müssen natürlich überschlagen werden.

Außerdem kann es durchaus vorkommen, daß eine Regel während eines Laufs mehrfach erfüllt wurde. Diese wollen wir aber nicht auch noch mehrfach auf dem Bildschirm erhalten. Das Problem können wir aber einfach lösen, indem wir eine Liste aus allen bereits ausgegebenen Regeln aufbauen und nur Regeln ausgeben, die nicht Element dieser Liste sind. Am Ende der Bearbeitung können wir diese Liste zusätzlich verwenden, um abzutesten, ob der Fall vorliegt, daß keine einzige Regel erfüllt worden ist, und dann eine entsprechende Meldung ausgeben.

Für den Text der Regel greifen wir auf die Datei zurück, die schon bei der Darstellung der Hilfefunktionen der Fragekomponente erläutert worden ist. Damit erhalten wir folgendes Programmstück, welches durch *es_regel_aus(w)* gestartet wird :

> es_regel_aus(X) :- recorded(key_loesung, AntList, _),
>   es_aus(X, AntList, L), es_keine_aus(L).
>
> es_keine_aus([ ]) :-
>   write('Bei diesem Durchlauf trifft dies auf kein Regel zu !'),
>   nl, nl,
>   write('Weiter mit <return>'), get0(_).
>
> es_keine_aus(_).
>
> es_aus(w, [ ], [ ]).
>
> es_aus(w, [[Ri, Frage, Antwort]|T], L) :- es_aus(w, T, L).

```
es_aus(w, [[Ri, Boolsch]|T], L) :- es_aus(w, T, L1), nl, nl,
                                   ( (Boolsch == w,
                                     not member([Ri, Boolsch], L1),
                                     append([[Ri, Boolsch]], L1, L),
                                     write('Folgende Regel wurde erfuellt :'),
                                     nl, es_erklaeren(Ri),
                                     nl, nl,
                                     write('Weiter mit <return>'), get0(_));
                                     L = L1).
```

14.3.5.3 Ausgabe der falsifizierten Regeln

Vom Grundkonzept ergibt sich hier dasselbe wie bei der Ausgabe der erfolgreichen Regeln.

In diesem Fall wollen wir allerdings zusätzlich eine Begründung dafür angeben, warum diese Regel nicht erfüllt wurde. Dazu greifen wir auf das nächste Element in der Liste des Lösungswegs zurück, welches vom Ablauf her gerade *vor* dem Ausscheiden der Regel produziert worden ist, und damit auch der Grund dafür war. Ist dies eine Antwort, so geben wir diese als Grund an. Ist dies dagegen eine Regel, so wird diese ausgegeben und wir setzen die Ausgabe rekursiv fort bis wir zu der Antwort gelangen, die letztendlich entscheidend war.

Als Programmstück, welches mit *es_regel_aus(f)* gestartet wird, erhalten wir :

```
es_aus(f, [ ], [ ]).

es_aus(f, [[Ri, Frage, Antwort]|T], L) :- es_aus(f, T, L).

es_aus(f, [[Ri, Boolsch]|T], L) :-
         es_aus(f, T, L1), nl, nl,
         ( (Boolsch == f,
           not member([Ri, Boolsch], L1),
           append([[Ri, Boolsch]], L1, L),
           write('Folgende Regel wurde nicht erfuellt :'),
           nl, es_erklaeren(Ri), nl, nl,
           write('Grund :'), nl,
           es_grund(T),
           nl, nl,
           write('Weiter mit <return>'), get0(_));
           L = L1).

es_grund([[Ri, Frage, Antw]|T]) :-
         write('Sie haben die Frage '''), write(Frage),
         write(''' mit '''), write(Antw),
         write(''' beantwortet.').
```

>   es_grund([[Ri, Boolsch]|T]) :- write('Die folgende Regel wurde '),
>   ((Boolsch == w, write('erfuellt :'));
>   (Boolsch == f, write('nicht erfuellt :'))),
>   nl, nl,
>   es_erklaeren(Ri),
>   nl, nl, write('Grund :'), nl,
>   es_grund(T).
>
> es_grund([ ]).

14.3.5.4 Warum eine mögliche Lösung keine Lösung ist

Für diese Erklärung benötigen wir eine Liste aller möglichen Lösungen. Diese muß als *Faktum der Wissensbasis* zur Verfügung gestellt werden. Ferner müssen wir auf die Liste des Lösungswegs für die Begründung zurückgreifen.

Für die Ausgabe sind dann mehrere einzelne Schritte durchzuführen, welche im folgenden Prädikat enthalten sind. Beim Aufruf des Prädikats muß dabei *Erglist* an die um die default-Lösung bereinigte Liste der Lösungen gebunden sein :

>   es_erkl_komp(Erglist, 4) :- nl, nl,
>   es_moegl_loes(Moelist),
>   es_entfernen(Erglist, Moelist, Nichtlist),
>   es_anbiet(Nichtlist, Auswahl),
>   ((Auswahl == 0);
>   (es_elem(Auswahl, Nichtlist, Elem),
>   es_bildfrei,
>   es_begruende(Elem))),
>   !, fail.

Dabei wird wie folgt vorgegangen. Zuerst wird die Liste der möglichen Lösungen geholt (*es_moegl_loes(Moelist)*). Dann werden die Elemente, die Lösungen des Problems sind, aus dieser Liste entfernt (*es_entfernen(Erglist, Moelist, Nichtlist)*) und diese dem Benutzer zur Auswahl angeboten (*es_anbiet(Nichtlist, Auswahl)*). Das gewünschte Element wird dann der Liste entnommen (*es_elem(Auswahl, Nichtlist, Elem)*) und zu diesem dann die Begründung gesucht (*es_begründe(Elem)*), wobei auf das Prädikat *es_grund* von oben zurückgegriffen werden kann.

Programmtechnisch sieht dies im einzelnen folgendermaßen aus :

>   es_entfernen([ ], L, L).
>   es_entfernen([H|T], L1, L2) :- es_raus(H, L1, Zl),
>   es_entfernen(T, Zl, L2).

es_raus(_, [ ], [ ]).

es_raus(X, [[Ri, X]|T], T).

es_raus(X, [H|T1], [H|T2]) :- *es_raus*(X, T1, T2).

es_anbiet([ ], 0) :- write('Alle moeglichen Loesungen sind Loesungen!'), nl, nl,
  write('Weiter mit <return>'), get0(_).

es_anbiet(Nichtlist, Auswahl) :-
  es_bildfrei,
  write('Bitte geben Sie die entsprechende Nummer an :'),
  nl, nl,
  es_nili_aus(1, Nichtlist),
  repeat,
  nl, nl,
  write('Ihre Antwort ? '),
  es_einlesestring(X),
  integer(X), X > 0,
  length(Nichtlist, N),
  X =< N,
  Auswahl = X.

es_nili_aus(_, [ ]).

es_nili_aus(N, [[_, Loe]|T]) :- write(N), tab(10),
  write(Loe), nl,
  M is N + 1,
  es_nili_aus(M, T).

es_elem(1, [Elem|_], Elem).

es_elem(N, [H|T], Elem) :- M is N - 1,
  es_elem(M, T, Elem).

es_begruende([Ri, _]) :- recorded(key_loesung, List, _),
  append(_, [[Ri, f]|T], List),
  write('Grund :'), nl, nl,
  es_grund(T),
  nl, nl, write('Weiter mit <return>'), get0(_).

14.3.6 Der Rahmen für die einzelnen Komponenten

Die einzelnen Komponenten müssen nun in einem Rahmen zusammengebunden werden. Dazu definieren wir ein Prädikat, welches den Ablauf des gesamten Systems anstößt und steuert. Dieses soll allerdings *unabhängig* von dem aktuellen Problem gehalten werden, also gleich sein für alle mit dieser Schale implementierten Systeme.

Außerdem soll dem Benutzer die Möglichkeit gegeben werden, das System mehrmals hintereinander ablaufen zu lassen. Dies eröffnet ihm die Chance, schnell auszutesten, welche Lösungen produziert werden, wenn er verschiedene Antworten variiert.

Diesen Ablauf stellen wir zuerst schematisch in einem Flußdiagramm dar. Dabei ist allerdings zu berücksichtigen, daß in Prolog Schleifen durch Backtracking realisiert werden, also nicht durch Sprunganweisungen wie möglicherweise in herkömmlichen Programmiersprachen. Die dafür in Prolog im allgemeinen verwendete Konstruktion mit dem Built-in-Prädikat repeat dürfte dem Leser inzwischen aber hinlänglich geläufig sein.

Die Realisierung eines Expertensystems in Prolog 267

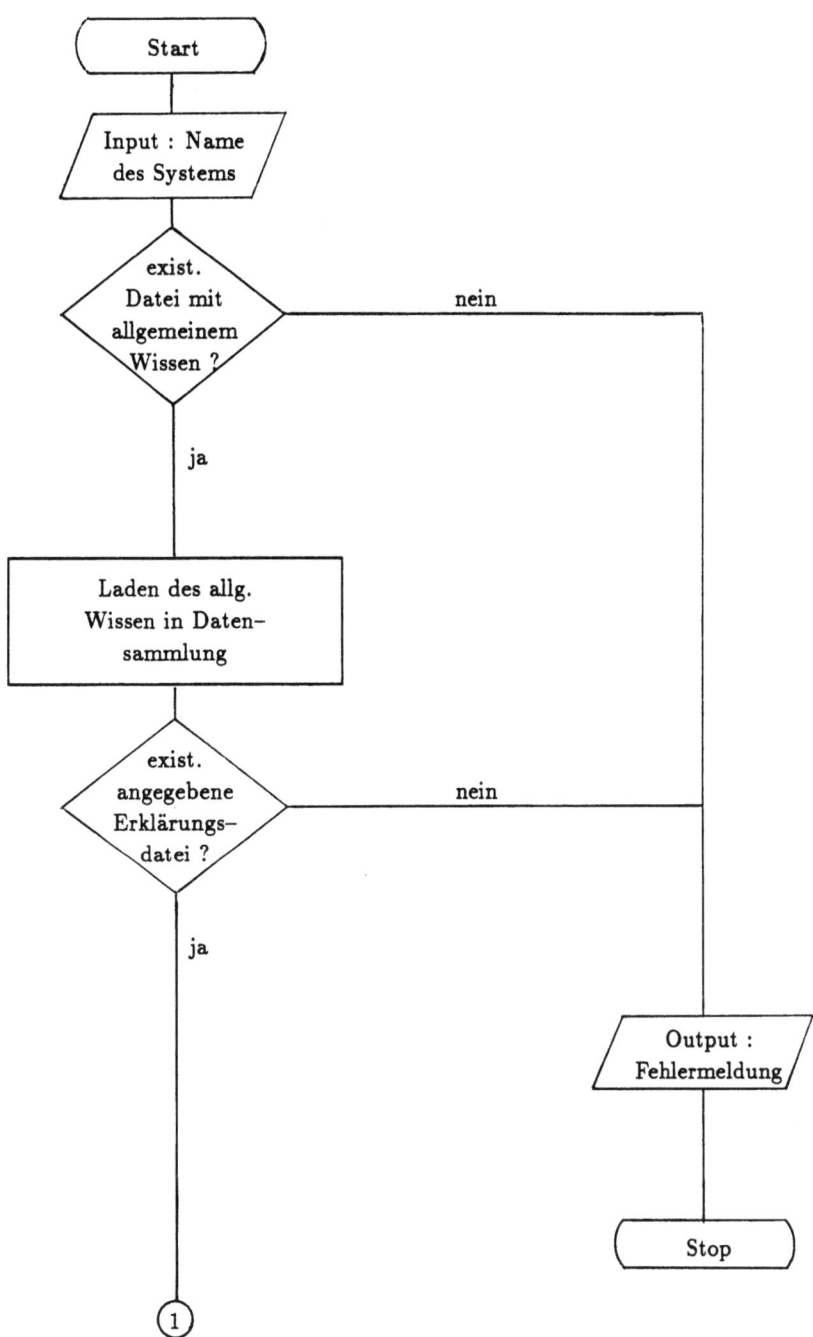

268 Expertensysteme

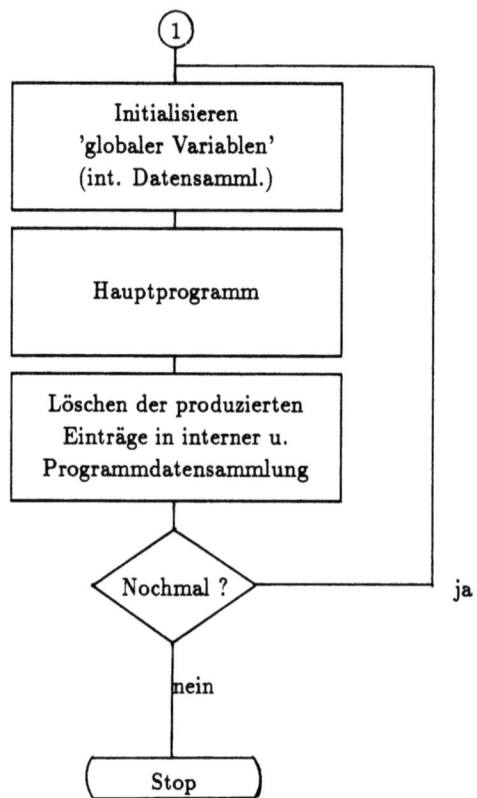

Abb. 8.3 Flußdiagramm des Rahmenprogramms

Das zugehörige Prolog-Programmstück lautet :

>   **es_start(System)** :- exists(System),
>   consult(System),
>   **es_erkl_dat**(Erkldat),
>   exists(Erkldat),
>   repeat,
>   **es_bildfrei**,
>   **es_vor_init**,
>   **es_main**,
>   **es_loeschen**,
>   **es_ende**,
>   halt.

```
es_start(_) :- write('ERROR : Eine der zum System gehoerenden Dateien '),
               write('existiert nicht !'),
               halt.

es_bildfrei :- put(27), put(69).

es_vor_init :- recorda(key_antworten, [ ], _),
               recorda(key_zur, nein, _),
               recorda(key_loesung, [ ], _),
               recorda(key_regel, [ ], _).

es_loeschen :- retract((es_frage( _, _, _, _):- (es_merke(_, _), Rest))),
               fail.

es_loeschen :- recorded(key_antworten, _, Ref1), erase(Ref1),
               recorded(key_zur, _, Ref2), erase(Ref2),
               recorded(key_loesung, _, Ref3), erase(Ref3),
               recorded(key_regel, _, Ref4), erase(Ref4).

es_ende :- nl, nl, nl,
           write('Nochmal ? '), es_einlesestring(A),
           ( (member(A, [ja, j, yes, y]), !, fail);
             (true) ).
```

Der Start des Systems erfolgt also, nachdem die Prädikate, die zur Schale des Expertensystems gehören, in die Datensammlung geladen sind, durch die Frage

?- *es_start(System).*

wobei *System* an eine Datei gebunden sein muß, in der das zugehörige Wissen abgespeichert ist.

Das Prädikat *es_bildfrei* bewirkt lediglich, daß der Bildschirm gelöscht und der Cursor auf die "home"-Position gesetzt wird. Dies kann dadurch bewirkt werden, daß die entsprechende Steuersequenz ausgegeben wird. Diese ist allerdings von der verwendeten Hardware abhängig und lautet bei der für das Erstellen des Programms verwendeten Konfiguration <*esc*>-*E*. Alternativ könnte das Prädikat auch mit Hilfe des entsprechenden Betriebssystembefehls definiert werden.

Bleibt noch das Hauptprogramm, welches näher zu spezifizieren ist. Dazu geben wir wieder zuerst das entsprechende Flußdiagramm an :

270 Expertensysteme

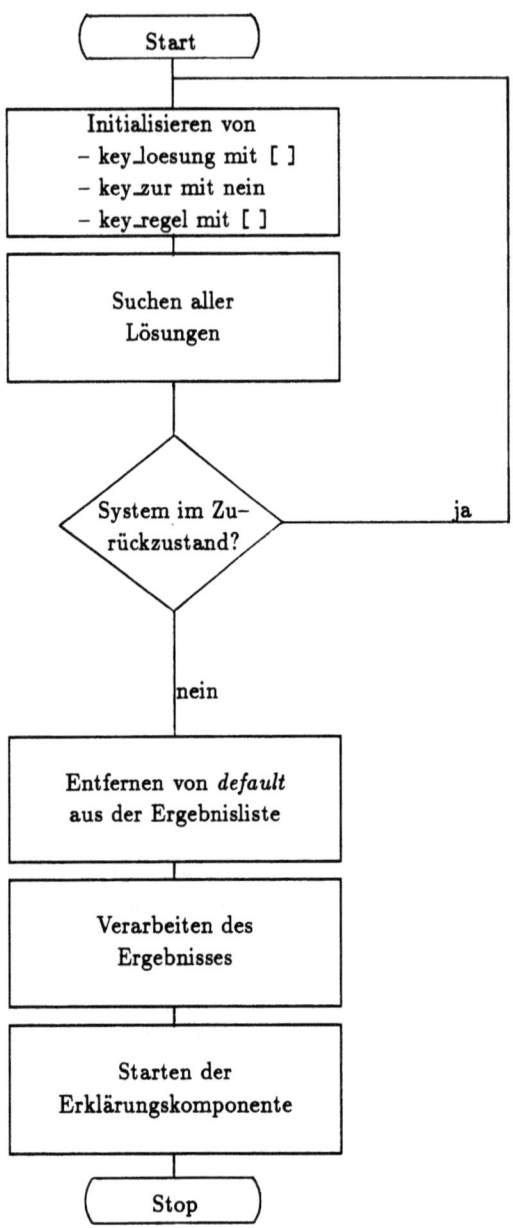

Abb. 8.4 Flußdiagramm zum Hauptprogramm

Das zugehörige Programmstück lautet :

>   **es_main** :- *repeat*,
>   *es_init*,
>   *setof(E*, **rules(loesung, E)**, *Zwilist)*,
>   *not es_zuruecktest*,
>   **es_bildfrei**,
>   **es_weg**(*default*, *Zwilist*, *Erglist*),
>   *action(Erglist)*,
>   *nl*, *nl*,
>   *write('Weiter mit <return>')*, *get0(_)*,
>   *es_erkl(Erglist)*,
>   !.

Die Schleife in diesem Programmstück ist zur Realisierung der Zurückkomponente notwendig. Wir lassen, wie im entsprechenden Abschnitt schon erläutert, die Regelabarbeitung von vorne ablaufen, falls ein *zurück* erfolgt ist. Dies wird durch das **repeat** gewährleistet.

Unterscheiden müssen wir allerdings zwei Fälle, an denen man erkennt, daß sich das System im Rückwärtsgehen befindet. Dies hängt mit der Wirkungsweise von *setof* zusammen. Existiert überhaupt keine Lösung für **rules(loesung, E)**, d.h. wird *setof* mit fail verlassen, dann muß sich das System im Rückwärtszustand befinden, da sonst zumindest die default-Lösung gefunden worden wäre. Dagegen bedeutet das Finden einer Lösung und damit auch das Erfüllen von *setof* noch nicht, daß das System sich nicht im Rückwärtszustand befindet. Es kann nämlich sein, daß eine Lösung gefunden wurde und erst bei der Suche nach einer weiteren Lösung ein *zurück* gewünscht wird. Dann hat **setof** eine reguläre Lösung schon in der Ergebnisliste und ist wahr, obwohl das System sich im Zurückzustand befindet. Deshalb ist der zusätzliche Test notwendig.

Was unter *Verarbeiten des Ergebnisses* geschieht, hängt von der jeweiligen Anwendung ab. Hier kann lediglich eine Ausgabe der Lösungen erfolgen, aber auch gleich der Start eines weiteren Programmpakets aufgrund der gefundenen Lösungen. Dadurch kann es in manchen Systemen auch sinnvoll sein, die Erklärungskomponente als Teil dieser Aktionen einzubauen, beispielsweise zwischen einer Meldung, welcher Algorithmus nun gestartet wird, und dem tatsächlichen Start. Ferner muß die Erklärungskomponente natürlich noch eine Art Menüangebot enthalten, welches dem Benutzer gestattet, den gerade gewünschten Teil der Erklärungen auszuwählen.

Damit haben wir einen kleinen Prototyp für ein wissensbasiertes System vorgestellt, soweit dieser sich in Prolog gut realisieren läßt. Dabei haben wir versucht, eine strenge Trennung zwischen dem Teil, der unabhängig von einer speziellen Anwendung ist, und dem Teil, der zu einer bestimmten Anwendung gehört, durchzuführen. Entsprechend haben wir alle Prädikate, die zur unabhängigen Schale gehören, mit Namen benannt, welche mit *es_* beginnen, um dem Leser dies noch stärker zu verdeutlichen. Alle diese

Prädikate sind im Anhang nochmals im Zusammenhang dargestellt.

14.3.7 Einbinden von Datenbankaufrufen und Programmen

Da die genaue Realisierung von Datenbankaufrufen und Aufrufen anderer Programme oder Programmpakete stark von den Schnittstellen abhängen, die einmal im verwendeten Dialekt von Prolog und zum anderen auch von diesen "konventionellen" Softwarepaketen angeboten werden, verzichten wir an dieser Stelle auf eine genaue programmtechnische Beschreibung. Dies würde zu weit von der Darstellung der Programmiersprache Prolog, die der Sinn dieses Buchs ist, wegführen.

Stattdessen werden wir in diesem Abschnitt die grundsätzliche Vorgehensweise erläutern. Entsprechend schreiben wir an den Stellen eines Datenbank- oder Programmaufrufs lediglich <*Aufruf*>. Wie man dabei vorgehen kann ist dem Leser zudem schon von der Darstellung des Built-in-Prädikats *system* bekannt.

Zu unterscheiden sind zwei Fälle :

a) Eine Forderung ist erfüllt *und* ein Aufruf soll erfolgen, falls die Bedingungen $b_1,\ldots,b_n$ erfüllt sind. Abstrakt dargestellt ergibt sich damit folgende Regel :

Forderung erfüllt **und Aufruf**, *falls* b_1 und
$\qquad\qquad\qquad\qquad\qquad\qquad b_2$ und
$\qquad\qquad\qquad\qquad\qquad\qquad \ldots$
$\qquad\qquad\qquad\qquad\qquad\qquad b_n.$

Ein solcher Aufruf muß dann im Bedingungsteil der Regel nach dem Abprüfen aller Bedingungen programmiert werden :

```
rules(parameter, wert) :- es_merke(key_regel, ri),
                         es_teste(b1, ja, ri, _),
                         es_teste(b2, ja, ri, _),
                         ...
                         es_teste(bn, ja, ri, _),
                         es_regelende([ri, w]),
                         <Aufruf>.
rules(parameter, wert) :- (es_zuruecktest, !, fail) ;
                         (not es_wahr_test(ri),
                         es_regelende([ri, f]), fail).
```

Zusätzlich kann es allerdings möglich sein, daß bei der nächsten Frage nach dem Aufruf die Zurückkomponente gesperrt werden soll. Das Vorgehen hierfür wollen wir an einem Aufruf in einer Regel zeigen. Dazu nehmen wir an, der Aufruf finde als Teil der Regel für den Parameter *datenbank* statt.

rules(loesung, ...) :− es_merke(key_regel, ri),
            es_teste(b1, ja, ri, _),
            ...
            es_teste(bi, ja, ri, _),
            es_teste(datenbank, ja, ri, _),
            es_teste(bj, ja, ri, **1**),
            ...
            es_teste(bn, ja, ri, _),
            es_regelende([ri, w]).

rules(loesung, ...) :− ...

rules(datenbank, ja) :− es_merke(key_regel, ri_j),
            ...
            es_regelende([ri_j, w]), ! ,
            <**Aufruf**>.

rules(datenbank, ja) :− ...

Durch die Angabe der Konstanten *1* für den *Zstatus* wird nun in der auf den Datenbankaufruf folgenden Frage die Zurückkomponente gesperrt. In den darauf folgende Fragen kann sie aber durchaus wieder zugelassen werden.

b) Der Aufruf soll im Bedingungsteil als Teil der Bedingungen stattfinden. Als abstrakte Regel erhalten wir hier :

Forderung erfüllt, *falls* b_1 und
            ...
            Aufruf und
            ...
            b_n.

In diesem Fall müssen wir den Aufruf auch gerade an dieser Stelle programmtechnisch realisieren :

rules(parameter, wert) :− es_merke(key_regel, ri),
            es_teste(b1, ja, ri, _),
            ...
            es_teste(bi, ja, ri, _),
            <**Aufruf**>,
            es_teste(bj, ja, ri, **1**),
            ...
            es_regelende([ri, w]).

rules(parameter, wert) :− ...

Dabei sind wir erneut davon ausgegangen, daß die Zurückkomponente für die Frage nach dem Aufruf gesperrt werden soll.

14.3.8 Abänderungen und Erweiterungsmöglichkeiten

Wir haben mit den bisherigen Programmstücken einen Prototyp zur Realisierung eines wissensbasierten Systems beschrieben. Unser Ziel war es dabei nicht, eine vollständige Expertensystemschale in Prolog aufzubauen. Vielmehr wollten wir verdeutlichen, welche Problemstellungen bei einer solchen Aufgabe auftreten können, und dazu jeweils Lösungsansätze vorstellen. Deshalb haben wir auch versucht, die Programmstücke Schritt für Schritt zu entwickeln.

Sicher sind dabei auch noch einige Fragestellungen offen geblieben. Hierzu zählt zum Beispiel die Erstellung eines Wissenseditors. Ausgehend von einer Regeleingabe in einer festgelegten Syntax könnte man alle zusätzlich notwendigen Teile der Regeln automatisch generieren und auch die entsprechenden Erklärungstexte erstellen.

Ein weiterer Punkt stellt der Meta-Interpreter dar, wie auch schon weiter oben angedeutet. Mit der gleichzeitigen Einführung von unterschiedlichen Parametertypen ist hier eine Verbesserung möglich. Ferner könnte man, wie bei Produktionssystemen üblich, auch das über die Regeln hergeleitete Wissen mit in die Datensammlung aufnehmen. Dadurch wird natürlich die Performance verbessert, da keine Regel zweimal getestet werden muß. Wie der Leser sich leicht überlegen kann, sind dafür dann auch Änderungen für die Erklärungskomponente notwendig, da z.B. die Liste **key_loesung** eine andere Form erhält. Schließlich könnte man auch die Anzahl der möglichen Quellen zur Parameterwertermittlung erhöhen, indem man beispielsweise Zugriffsmöglichkeiten auf Datenbanken, einfache Tabellen oder Berechnungsprogramme erlaubt.

Weitere Änderungsmöglichkeiten bestehen bei der Erklärungskomponente. Je nach Anwendung sind hier unterschiedliche Forderungen zu erfüllen. Dazu besteht die Möglichkeit aufbauend aus den mitgehaltenen Informationen andere spezifische Erklärungen zu generieren. Interessant ist auch die Möglichkeit, Teile der Zurück-Komponente zu verwenden, um die Erklärungen um eine "What-if"-Frage zu ergänzen, also die Möglichkeit, eine oder mehrere Antworten zu ändern und dann das Ergebnis dazu zu erhalten.

Durch diese Punkte sollte deutlich geworden sein, daß wir hier kein komplettes abgeschlossenes System erstellt haben. Es besteht jederzeit die Möglichkeit, Änderungen und Neuerungen mit aufzunehmen. Gerade diese Flexibilität stellt den Vorteil dar, wenn man ein wissensbasiertes System von Grund auf mit einer Programmiersprache realisiert.

A Die Syntax von PROLOG

upper case letter ::= A | B | C | D | E | F | G | H | I | J | K | L | M |
                      N | O | P | Q | R | S | T | U | V | W | X | Y | Z

lower case letter ::= a | b | c | d | e | f | g | h | i | j | k | l | m |
                      n | o | p | q | r | s | t | u | v | w | x | y | z

digit ::= 0 | 1 | 2 | 3 | 4 | 5 | 6 | 7 | 8 | 9

symbol ::= ! | # | $ | % | ˆ | & | * | (|) | _ | + | ˜ | { |
           } | : | " | < | > | ? | - | = | ` | ' | [|] | ; | ' |
           , | | | . | /

letter ::= <upper case letter> | <lower case letter>

atom ::= <textual atom> | <symbol atom> | (:-) | (?-) | !

textual atom ::= <lower case letter>{<letter> | _ | <digit>}$_0^*$ |
                 '{<letter> | <digit> | <symbol>}$_0^*$ '

symbol atom ::= {<symbol>}$_1^*$

unsigned integer ::= {<digit>}$_1^*$

integer ::= {+ | -}$_0^1$ <unsigned integer>

real ::= {+ | -}$_0^1$ <unsigned integer>.<unsigned integer>{E<integer>}$_0^1$

number ::= <real> | <integer>

primitive ::= <number> | <db_ref_nr>

atomic ::= <atom> | <integer> | <real> | <db_ref_nr>

variable ::= <anonymous variable> |
             <upper case letter>{<letter> | _ | <digit>}$_0^*$ |
             _{<letter> | _ | <digit>}$_1^*$

anonymous variable ::= _

276 Die Syntax von PROLOG

structure ::= <functor>|
           <functor>({<argument>}, $_1^*$)

argument ::= <structure>|
          <atomic>|<variable>|
          <operation>|
          <list>

functor ::= <textual atom>|<symbol atom>|<operator>

operation ::= <predefined operation>|
          <user defined operation>

operator ::= <predefined operator>|
          <user defined operator>

predefined operator ::= + | − | * | mod | / | // | << |
          >> | /\ | \/ | \ | abs | sqrt | sin |
          cos | tan | asin | acos | atan | exp | log |
          log10 | −−> | ?− | :−

user defined operator ::= <textual atom>|<symbol atom>

fact ::= <user defined structure>

user defined structure ::= <structure>   so daß der Funktor und die Stellenzahl der Struktur mit keinem Built–in–Prädikat bzgl. Funktor und Stellenzahl übereinstimmen.

rule ::= <rule head>:− <rule body>

rule head ::= <user defined structure>

rule body ::= {<structure>|<variable>|(<rule body>)}$_{\{,|;\}1}^{*}$

question ::= ?− {<structure>|<()-structure>}$_{\{,|;\}1}^{*}$

()-structure ::= ({<structure>|<()-structure>}$_{\{,|;\}1}^{*}$)

program ::= {<fact>.␣|<rule>.␣}$_1^*$

q-program ::= {<fact>.␣|<rule>.␣|<question>.␣}$_1^*$

term ::= (<rule>)|<fact>|(<question>)|
       <variable>|<atomic>|
       <list>|
       <structure>|
       <operation>|
       (<program>)|
       (<q-program>)|
       ({<term>},$_1^*$)|
       ({<term>};$_1^*$)

list ::= [ ]|[{<term>},$_1^*$]

list ::= .(<head>, <tail>)

head ::= <term>

tail ::= <list>

ASCII-list ::= "{<letter>|<digit>|<symbol>}$_1^*$"

B Built-in-Prädikate

Prädikat	Beschreibung	Seite
X < Y	X ist kleiner als Y (X, Y vom Typ *number*).	99
X =:= Y	X ist gleich Y (X, Y vom Typ *number*).	99
X =< Y	X ist kleiner oder gleich Y (X, Y vom Typ *number*).	99
X =\= Y	X und Y sind ungleich (X, Y vom Typ *number*).	99
X >= Y	X ist größer oder gleich Y (X, Y vom Typ *number*).	99
X > Y	X ist größer als Y (X, Y vom Typ *number*).	99
X == Y	X und Y sind identisch (X, Y vom Typ *term*).	96
X = Y	X und Y sind unifizierbar (X, Y vom Typ *term*).	96
X @< Y	X ist kleiner als Y (X, Y vom Typ *term*).	96
X @=< Y	X ist kleiner oder gleich Y (X, Y vom Typ *term*).	96
X @>= Y	X ist größer oder gleich Y (X, Y vom Typ *term*).	96
X @> Y	X ist größer als Y (X, Y vom Typ *term*).	96
X \== Y	X und Y sind nicht identisch (X, Y vom Typ *term*).	96
abolish(F, N)	Löscht das Prädikat mit Funktor F und Stelligkeit N.	183
abort	Abbruch der Programmausführung.	167
append(F)	Das File F wird zum aktuellen Ausgabekanal und der neue Output zum alten Inhalt hinzugefügt.	174
append(L1, L2, L3)	Die Liste L3 entsteht durch Aneinanderhängen von L1 und L2.	132
arg(N, S, A)	Das N-te Argument der Struktur S ist A.	153
assert(C)	Fügt die Klausel C in die Datensammlung ein.	179
asserta(C)	Fügt die Klausel C vor alle Klauseln gleichen Namens und gleicher Stelligkeit in die Datensammlung ein.	179
assertz(C)	Fügt die Klausel C hinter alle Klauseln gleichen Namens und gleicher Stelligkeit ein.	179
atom(T)	Der Term T ist vom Typ *atom*.	149
atomic(T)	Der Term T ist vom Typ *atomic*.	149
bagof(X, G, L)	Die Sammlung aller Belegungen von X, so daß das Ziel G erfolgreich ist, ist L.	195
break	Unterbrechung der Programmausführung.	166
call(G)	Aufruf von Ziel G.	166
clause(K, R)	Eine Klausel mit Kopf K und Rumpf R ist in der Datensammlung enthalten.	186
close(F)	Schließt das File F.	176
compare(C, X, Y)	C ist das Ergebnis des Vergleichs der Terme X und Y.	98
consult(F)	Fügt die Klauseln aus File F zur Datensammlung hinzu (Abkürzung : [F1, F2, ...]).	178
!	(Cut) Friert die Entscheidungen einschließlich der Wahl der gerade zu prüfenden Regel ein.	166

db_reference(T)	Der Term T ist eine Database Reference Nummer.	149
debug	Schaltet den Debugger ein.	170
debugging	Ausgabe des Debugger-Status.	171
display(T)	Schreibt den Term T in syntaktisch korrekter Form und Prefix-Notation auf den Ausgabekanal.	83
erase(R)	Löscht den Term mit der Database Reference Nummer R aus der internen Datensammlung.	190
exists(F)	Das File F ist vorhanden.	176
fail	Ist als Ziel immer falsch. (Initiierung eines Backtracking)	166
freeze_predicates	Einfrieren des derzeitigen Inhalts der Datensammlung.	185
functor(S, F, N)	Die Struktur S hat den Funktor F und die Stelligkeit N.	151
get(C)	Liest das nächste druckbare Zeichen vom Eingabekanal und unifiziert es mit C.	86
get0(C)	Liest das nächste Zeichen vom Eingabekanal und unifiziert es mit C.	86
halt	Beendet den Interpreterlauf.	167
integer(T)	Der Term T ist vom Typ *integer*.	149
Y is X	Wertet den arithmetischen Ausdruck X aus und unifiziert das Ergebnis mit Y.	91
leash(M)	Setzt den Leashing-Modus auf M.	171
length(L, N)	Die Anzahl der Elemente der Liste L ist N.	135
listing	Gibt den Inhalt der Datensammlung auf dem Ausgabekanal aus.	184
listing(P)	Gibt die Prädikate mit Namen P auf dem Ausgabekanal aus.	185
listing(P/N)	Gibt das Prädikat mit Namen P und Stelligkeit N auf dem Ausgabekanal aus.	185
member(T, L)	Der Term T ist ein Element der Liste L.	130
name(A, S)	Das Atom oder die Zahl A entspricht dem String S.	145
nl	Schreibt das Steuerzeichen für einen Zeilenvorschub auf den Ausgabekanal.	83
nodebug	Schaltet den Debugger ab.	171
nonvar(T)	Der Term T ist keine freie Variable.	149
nospy P	Löscht den Spy-Point der Prädikate mit Namen P.	171
nospy P/N	Löscht den Spy-Point vom Prädikat mit Namen P und Stelligkeit N.	171
not(G)	Das Ziel G ist nicht erfolgreich.	166
number(T)	Der Term T ist vom Typ *number*.	149
op(V, T, A)	Macht das Atom A zu einem Operator mit Vorrang V und der durch T spezifizierten Assoziativität und Position.	158

primitive(T)	Der Term T ist vom Typ *number* oder *db_ref_nr*.	149
put(C)	Schreibt das Zeichen mit ASCII-Code C auf den Ausgabekanal.	84
read(T)	Liest den nächsten Term vom Eingabekanal und unifiziert ihn mit T.	84
reconsult(F)	Fügt die Klauseln von File F in die Datensammlung ein, löscht dabei alle schon vorhandenen Klauseln gleichen Namens und gleicher Stelligkeit (Abkürzung : [-F1, -F2, ...]).	178
recorda(S, T, R)	Fügt den Term T als erstes Element unter dem Schlüssel S in die interne Datensammlung ein, R wird dabei mit der Database Reference Nummer unifiziert.	188
recorded(S, T, R)	Der Term T ist unter dem Schlüssel S mit der Database Reference Nummer R in der internen Datensammlung gespeichert.	189
recordz(S, T, R)	Fügt den Term T als letztes Element unter dem Schlüssel S in die interne Datensammlung ein, R wird dabei mit der Database Reference Nummer unifiziert.	189
repeat	Ist als Ziel immer wahr und ermöglicht unendlich viele Lösungswege.	165
retract(C)	Entfernt die erste Klausel aus der Datensammlung, die mit C unifizierbar ist.	182
save(F)	Sichert den Interpreterstatus auf das File F.	192
see(F)	Macht das File F zum aktuellen Eingabekanal.	174
seeing(F)	Das File F ist der aktuelle Eingabekanal.	175
seen	Schließt den aktuellen Eingabekanal.	175
setof(T, G, L)	Alle Belegungen des Terms T, so daß das Ziel G erfolgreich ist, ergeben sortiert die Liste L.	199
skip(C)	Liest alle Zeichen vom aktuellen Eingabekanal einschließlich des nächsten Zeichens mit ASCII-Code C.	87
sort(L, S)	Die Liste L ergibt sortiert S.	142
spy P	Setzt einen Spy-Point auf alle Prädikate mit Namen P.	171
spy P/N	Setzt einen Spy-Point auf das Prädikat mit Namen P und Stelligkeit N.	171
succ(N, M)	M ist N + 1, N und M sind natürliche Zahlen.	94
system(S)	Führt das durch den String S spezifizierte Betriebssystemkommando aus.	201
tab(N)	Schreibt N Blanks auf den Ausgabekanal.	83
tell(F)	Macht File F zum aktuellen Ausgabekanal.	172
telling(F)	Das File F ist der aktuelle Ausgabekanal.	173
told	Schließt den aktuellen Ausgabekanal.	173
trace	Bewirkt, daß Debugging-Meldungen ausgegeben werden.	171

true	Ist als Ziel wahr.	165
S =.. L	(univ) Der Kopf der Liste L ist mit dem Funktor der Struktur S unifizierbar, der Rest der Liste L enthält die Argumente der Struktur.	155
var(T)	Der Term T ist eine ungebundene Variable.	149
write(T)	Gibt den Term T in vereinbarter Notation aus.	82
writeq(T)	Gibt den Term T in vereinbarter Notation und in syntaktisch korrekter Weise aus.	82

C Realisierung eines Expertensystems

Im Kapitel 8 haben wir den Lösungsansatz zur Implementierung eines Expertensystems dargestellt. Dieser Teil des Anhangs enthält nun alle Programmteile nochmals im Zusammenhang.

C.1 Die Schale des Expertensystems

```
% Auf dieser Datei ist die Schale zur Regelabarbeitung eines Expertensystems
% abgelegt. Diese Praedikate werden also unabhaengig vom jeweiligen Regel-
% system benoetigt und sind vor dem Start des Expertensystems in die Daten-
% sammlung zu laden. Anschliessend kann das System durch Aufruf von
%          ?- es_start(<regel_datei>).    gestartet werden.
%
% Mit diesem Praedikat wird das System gestartet. System muss dabei an einen
% Dateinamen gebunden sein, unter dem das Regelsystem und alle sonstigen
% Informationen ueber das behandelte Problem in der geforderten Form abgelegt
% sind. Die Regel enthaelt eine Schleife (repeat - es_ende), die ein mehr-
% faches Ablaufen des Systems ermoeglicht.
        es_start(System)  :- exists(System),consult(System),
                             es_erkl_dat(Erkldat),
                             exists(Erkldat),
                             repeat,
                             es_bildfrei,
                             es_vor_init,
                             es_main,
                             es_loeschen,
                             es_ende,
                             halt.
        es_start(_)  :- write('ERROR : Eine der zum System gehoerenden Dateien '),
                        write('existiert nicht !'),
                        halt.
% Mit es_ende/0 wird abgetestet, ob der Benutzer einen weiteren Ablauf des
% Systems wuenscht, falls nicht ist das Praedikat wahr.
        es_ende :- nl, nl, nl,
                   write('Nochmal ? '), es_einlesestring(A),
                   ( (member(A, [ja, j, yes, y]), !, fail);
                     (true)).
% In der folgenden Regel ist das Kernstueck des Systems realisiert :
% - die Suche nach allen moeglichen Loesungen
% - die Weiterverarbeitung
```

```
% - die Erklaerungskomponente zur Erlaeuterung des Ergebnisses
% Die Regel enthaelt eine Schleife zur Realisierung der Zurueckkomponente.
% Im Falle eines zurueck, wird die Suche nach einer Loesung falsch,
% es erfolgt ein Backtracking bis zu repeat. Dann beginnt die Suche noch-
% mal, wobei allerdings alle Antworten, bis auf die letzte, noch vorhanden
% sind.
        es_main :- repeat,
                   es_init,
                   setof(E, rules(loesung, E), Zwilist),
                   not es_zuruecktest,
                   es_bildfrei,
                   es_weg(default, Zwilist, Erglist),
                   action(Erglist),
                   nl, nl,
                   write('Weiter mit < return >'), get0(_),
                   es_erkl(Erglist),
                   !.
% es_bildfrei loescht den Bildschirm (die jeweiligen ASCII-Codes haengen
% vom verwendeten Terminal ab und gelten hier z.B. fuer ein Beehive AT20)
        es_bildfrei :- put(27), put(69).

% Mit dem folgenden Programmstueck werden die in der internen Datensammlung
% gehaltenen 'globalen Variablen' vor dem Aufruf des Kernstuecks
% initialisiert. Die Variablen haben folgende Bedeutung :
% - key_antworten - - > Merken der Antworten
% - key_loesung - - > Merken des Loesungswegs
% - key_zurueck - - > Merken, ob zurueck-Status gesetzt oder nicht
% - key_regel - - > Merken der aufrufenden Regeln
        es_vor_init :- recorda(key_antworten, [ ], _),
                       recorda(key_zur, nein, _),
                       recorda(key_loesung, [ ], _),
                       recorda(key_regel, [ ], _).
% es_init belegt diese Variablen dagegen mit den richtigen Werten innerhalb
% des Kernstuecks im Falle eines Neubeginns der Suche infolge eines
% zurueck-Aufrufs.
```

```
es_init :- recorded(key_zur, _, Ref),
           erase(Ref),
           recorda(key_zur, nein, _),
           recorded(key_loesung, _, Ref1),
           erase(Ref1),
           recorda(key_loesung, [ ], _),
           recorded(key_regel, _, Ref2),
           erase(Ref2),
           recorda(key_regel, [ ], _).
```
% es_weg/3 entfernt das angebene Element X aus der Liste.(Dient zum Entfernen
% der default-Loesung aus der Ergebnisliste).
```
    es_weg(X, [X|T1], T1).

    es_weg(X, [Y|T1], [Y|T2]) :- es_weg(X, T1,T2).
```
% Mit es_teste/4 kann eine Bedingung überprüft werden.
% Darin enthalten ist auch der Meta-Interpreter, der die
% Sourcing Sequence berücksichtigt. In diesem Fall ist das die
% Reihenfolge "Regel vor Benutzer".
```
    es_teste(F, A, Ri, Z) :- clause(rules(F, _), _), !,
                             rules(F, Ant), Ant = A.

    es_teste(F, A, Ri, Z) :- es_frage(F, A, Ri, Z).
```
% es_frage stellt die zentrale Prozedur zur Abfrage der Bedingungen dar. Es
% bewirkt, je nach Benutzerwunsch :
% - den Aufruf der warum-Komponente
% - den Aufruf der wie-Komponente
% - den Aufruf der Zurueckkomponente
% - das Einlesen einer Benutzer-Antwort, das Abspeichern dieser Antwort
%   in der Datensammlung, sowie Vermerke in den Listen fuer Antworten
%   und Loesungsweg.

```
es_frage(F, Ant, Ri, Zstatus) :-
    repeat,
    es_eingabe(F, A),
    ( (A == warum,
        es_warum(Ri), nl, fail);
      (A == wie,
        es_erklaeren(F), nl, fail);
      (A == zurueck,
        es_zurueck(Zstatus), !, fail);
      (not member(A, [wie, warum, zurueck])) ),
    asserta((es_frage(F, _, _, _) :-
                    es_merke(key_loesung, [Ri, F, A]),!, fail)),
    asserta((es_frage(F, A, _, _) :-
                    es_merke(key_loesung, [Ri, F, A]),!)),
    es_merke(key_antworten, [F, A]),
    es_merke(key_loesung, [Ri, F, A]),
    !, A = Ant.
```

% es_merke/2 fuegt ein weiteres Element zu einer Liste, welche unter
% dem angegebenen key X in der internen Datensammlung gespeichert ist, hinzu.

```
es_merke(X, Newhead) :- recorded(X, Oldlist, Ref), erase(Ref),
                        append([Newhead], Oldlist, Newlist),
                        recorda(X, Newlist, _), !.
```

% es_regelende(Neu) wird beim Verlassen einer Regel aufgerufen,fügt
% Neu in den Loesungsweg ein und loescht den Kopf der Liste der aufrufenden
% Regeln.

```
es_regelende(Neu) :- recorded(key_loesung, Oldlist, Ref1), erase(Ref1),
                     append([Neu], Oldlist, Newlist),
                     recorda(key_loesung, Newlist, _),
                     recorded(key_regel, [H|T], Ref2), erase(Ref2),
                     recorda(key_regel, T, _).
```

% es_wahr_test(Ri) ist wahr,falls die angegebenen Regelnummer
% im Loesungsweg schon als erfuellt vermerkt ist.

```
es_wahr_test(Ri) :- recorded(key_loesung, List, _),
                    member([Ri, w], List).
```

% Die folgenden fuenf Praedikate werden zur Realisierung der
% Zurueckkomponente benoetigt.
% Das naechste Praedikat testet, ob das System gerade den Status der Bearbei-
% tung eines zurueck-Befehls hat.

```
es_zuruecktest :- recorded(key_zur, ja, _).
```

% es_leertest/1 wird benoetigt, um zu testen, ob in der Antwortliste ein
% Element enthalten ist, also ein zurueck ueberhaupt moeglich ist.

286 Realisierung eines Expertensystems

es_leertest([ ]) :- write('zurueck nicht mehr moeglich !!'), nl, !, fail.

es_leertest(X).

% es_zurueck stellt das Kernstueck der Zurueckkomponente dar : Abtesten auf
% Moeglichkeit des zurueck, Loeschen der letzten Antwort, Setzen des zurueck-Status
    es_zurueck :- recorded(key_antworten, Oldlist, Ref),
               es_leertest(Oldlist),
               erase(Ref),
               es_ant_loe(Oldlist),
               recorded(key_zur, _, Ref1), erase(Ref1),
               recorda(key_zur, ja, _).

% Mit dem folgenden Programmstueck wird die letzte Antwort geloescht, die
% unter den Antworten in der internen Datensammlung abgespeichert wurde,
% und die Antwort aus der Datensammlung entfernt. Damit ist also
% die letzte Antwort geloescht.
    es_ant_loe([[Frage, Antwort]|T]) :-
               recorda(key_antworten, T, _),
               retract((es_frage(Frage, _, _, _):- es_merke(_, _), !, fail)),
               retract((es_frage(Frage, _, _, _):- es_merke(_, _), !)),
               write('Die letzte Frage war : '), nl, write(Frage),
               write(' ?'), nl, nl, write('Ihre Antwort war : '),
               write(Antwort), nl, nl.

% Mit es_zurueck/1 wird die Zurueckkomponente in es_frage aufgerufen, dabei
% wird getestet, ob das Argument eine Variable ist. Falls nicht, wird
% zurueck als unzulaessig an dieser Stelle erkannt (z.B. nach einem Daten-
% bankzugriff mit Schreiben, Programmausfuehrung mit Datenveraenderungen
% o.ae.) und nicht ausgefuehrt. Das Argument muss bei der Konstruktion
% der Regeln entsprechend angegeben werden.
    es_zurueck(Zstatus) :- (var(Zstatus), !, es_zurueck);
                           (write('Hinter diese Stelle darf man nicht zurueck !!'),
                           !, fail).

% es_warum(Ri) startet die Hilfefunktion, die Erklaerungen ueber den aktuellen
% Stand der Regelabarbeitung liefert.
    es_warum(Ri) :- es_bildfrei,
               write('Zugehoerige Regel :'),
               nl, es_erklaeren(Ri),
               nl, nl,
               recorded(key_regel, [H|T], _),
               es_vater_regel(T).

% es_vater_regel(List) ermoeglicht, die aufrufende Regel der aktuellen Regel
% zu sehen, falls es eine solche gibt und es vom Benutzer gewuenscht wird.

```
        es_vater_regel([H|T]) :- write('Wollen Sie die aufrufende Regel dazu sehen ?'),
                                 es_einlesestring(A),
                                 member(A, [j, ja, y, yes]),
                                 nl, nl, es_erklaeren(H),
                                 nl, nl,
                                 es_vater_regel(T).
    es_vater_regel(_).
```

% Mit es_erklaeren wird auf der Erklaerungsdatei nach den entsprechenden
% Erlaeuterungen gesucht und diese ueber es_schreiben ausgegeben. Ent-
% sprechend dem Prototyp-Charakter dieser Schale kann dies in einer end-
% gueltigen Version ueber eine entsprechende Benutzerschnittstelle besser
% und schneller geloest werden.

```
        es_erklaeren(Ri) :- es_erkl_dat(Erkl_dat),
                            see(Erkl_dat),
                            repeat,
                            read(Fileelement),
                            ( (Fileelement = end_of_file,
                                write('Keine Erklaerungen gespeichert !'), seen, !);
                              (Fileelement = [Ri|T],
                                nl, es_schreiben(T), seen, !) ).
    es_schreiben([ ]).
    es_schreiben([H|T]) :- nl, write(H),
                           es_schreiben(T).
```

% Der folgende Programmabschnitt realisiert die Erklaerungen nach Auffinden
% der Loesungen. Der Aufruf erfolgt aus dem Kernprogrammstueck es_main
% mit es_erkl(List), wobei List eine Liste der gefundenen Loesungen ist.
% Ueber dieses Praedikat wird dann ein Menue an moeglichen Erklaerungen
% angeboten. Innerhalb des gesamten Programmstuecks ist die Realisierung
% des Input/Output durch den Benutzer wiederum als Improvisation anzusehen
% und sollte ueber ein entsprechendes User-Interface in einer endgueltigen
% Version geloest werden.

```
es_erkl(Erglist) :-
    repeat, es_bildfrei,
    write('Sie haben nun die Moeglichkeit'), nl, nl,
    write(' - sich alle Fragen und Antworten nochmal anzusehen   (1)'),
    nl,
    write(' - sich alle erfuellten Regeln anzusehen              (2)'),
    nl,
    write(' - sich alle getesten und nicht erfuellten Regeln anzusehen(3)'),
    nl,
    write(' - sich anzusehen, warum etwas nicht Loesung ist      (4)'),
    nl,
    write(' - keine weiteren Erlaeuterungen zu sehen             (5)'),
    nl, nl,
    write('Ihre Auswahl :'), es_einlesestring(Weiter),
    member(Weiter, [1, 2, 3, 4, 5]),
    es_bildfrei,
    es_erkl_komp(Erglist, Weiter), !.
% Das naechste Praedikat startet die gewaehlte Erklaerung :
% 1 - - > ueber es_antworten_aus werden alle Antworten ausgegeben
% 2 - - > ueber es_regel_aus(w)werden alle erfuellten Regeln ausgegeben
% 3 - - > ueber es_regel_aus(f)werden alle getesteten und nicht erfuellten
%                Regeln ausgegeben
% 4 - - > ueber eine weitere Menueauswahl kann eine Erklaerung verlangt
%                werden, warum etwas nicht Loesung ist.
% Als Grundlage fuer diese Erklaerungen dienen die in der internen
% Datensammlung unter den Schlüsseln key_antworten bzw. key_loesung gespeicherten
% Vermerke ueber Antworten bzw. Regelerfuellung und Abfragen von Bedingungen.
    es_erkl_komp(_, 1) :- nl, nl,
                         es_antworten_aus,
                         !, fail.
    es_erkl_komp(_, 2) :- nl, nl,
                         es_regel_aus(w),
                         !, fail.
    es_erkl_komp(_, 3) :- nl, nl,
                         es_regel_aus(f),
                         !, fail.
```

```prolog
es_erkl_komp(Erglist, 4) :- nl, nl,
                            es_moegl_loes(Moelist),
                            es_entfernen(Erglist, Moelist, Nichtlist),
                            es_anbiet(Nichtlist, Auswahl),
                            ( ( Auswahl == 0 );
                              ( es_elem(Auswahl, Nichtlist, Elem),
                                es_bildfrei,
                                es_begruende(Elem) ) ),
                            !, fail.
es_erkl_komp(_, 5).

% Komponente : Antworten ausgeben.
        es_antworten_aus :- recorded(key_antworten, AntList, Ref),
                            es_schreibe_antworten(AntList),
                            nl, nl,
                            write('Weiter mit < return >'), get0(_).

es_schreibe_antworten([ ]).

es_schreibe_antworten([H|T]) :- es_schreibe_antworten(T),
                                H = [Frage, Antwort],
                                write(Frage), write(' : '),
                                write(Antwort), nl.

% Komponente : erfuellte Regeln ausgeben.
        es_regel_aus(X) :- recorded(key_loesung, AntList, _),
                           es_aus(X, AntList, L), es_keine_aus(L).

es_keine_aus([ ]) :- write('Bei diesem Durchlauf trifft dies auf keine Regel zu !'),
                    nl, nl,
                    write('Weiter mit < return >'), get0(_).

es_keine_aus(_).

es_aus(w, [ ], [ ]).

es_aus(w, [[Ri, Praedikat, Antwort]|T], L ) :- es_aus(w, T, L).

es_aus(w, [[Ri, Boolsch]|T], L) :- es_aus(w, T, L1), nl, nl,
                                   ( (Boolsch == w,
                                      not member([Ri, Boolsch], L1),
                                      append([[Ri, Boolsch] ], L1, L),
                                      write('Folgende Regel wurde erfuellt :'),
                                      nl, es_erklaeren(Ri),
                                      nl, nl,
                                      write('Weiter mit < return >'), get0 (_));
                                     L = L1).
```

% Komponenete : getestete und nicht erfuellte Regeln ausgeben
% (benutzt es_regel_aus/1 aus erfuellte Regeln ausgeben)
    es_aus(f, [ ], [ ]).

    es_aus(f, [[Ri, Frage, Antwort]|T], L) :- es_aus(f, T, L).

    es_aus(f, [[Ri, Boolsch]|T], L) :-
        es_aus(f, T, L1), nl, nl,
        ((Boolsch == f,
           not member([Ri, Boolsch], L1),
           append([[Ri, Boolsch]], L1, L),
           write('Folgende Regel wurde nicht erfuellt :'),
           nl, es_erklaeren(Ri), nl, nl,
           write('Grund :'), nl,
           es_grund(T),
           nl, nl,
           write('Weiter mit < return >'), get0 (_));
          L = L1).

    es_grund([[Ri, Frage, Antw]|T]) :-
                            write('Sie haben die Frage '''), write(Frage),
                            write(''' mit '''), write(Antw),
                            write(''' beantwortet.').

    es_grund([[Ri, Boolsch]|T]) :- write('Die folgende Regel war '),
                           ((Boolsch == w, write('erfuellt :'));
                             (Boolsch == f, write('nicht erfuellt :'))),
                           nl, nl,
                           es_erklaeren(Ri),
                           nl, nl, write('Grund :'), nl,
                           es_grund(T).

    es_grund([ ]).

% Komponente : warum bestimmte Loesung nicht.
% (benutzt es_grund aus nicht erfuellte Regeln ausgeben)
    es_entfernen([ ], L, L).

    es_entfernen([H|T], L1, L2) :- es_raus(H, L1, Zl),
                                es_entfernen(T, Zl, L2).

    es_raus(_, [ ], [ ]).

    es_raus(X, [[Ri, X]|T], T).

    es_raus(X, [H|T1], [H|T2]) :- es_raus(X, T1, T2).

```
es_anbiet([ ], 0) :- es_bildfrei,
                    write('Alle moeglichen Loesungen sind Loesungen!'),
                    nl, nl,
                    write('Weiter mit < return >'), get0(_).
es_anbiet(Nichtlist, Auswahl) :-
                    es_bildfrei,
                    write('Bitte geben Sie die entsprechende Nummer an :'),
                    nl, nl,
                    es_nili_aus(1, Nichtlist),
                    repeat,
                    nl, nl,
                    write('Ihre Antwort ? '),
                    es_einlesestring(X),
                    integer(X), X > 0,
                    length(Nichtlist, N),
                    X =< N,
                    Auswahl = X.
es_nili_aus(_, [ ]).
es_nili_aus(N, [[_, Loe]|T]) :- write(N), tab(10),
                                write(Loe), nl,
                                M is N + 1,
                                es_nili_aus(M, T).
es_elem(1, [Elem|_], Elem).
es_elem(N, [H|T], Elem) :- M is N - 1,
                           es_elem(M, T, Elem).
es_begruende([Ri, _]) :- recorded(key_loesung, List, _),
                         append(_, [[Ri, f]|T], List),
                         write('Grund :'), nl, nl,
                         es_grund(T),
                         nl, nl, write('Weiter mit < return >'), get0(_).
```

% Mit es_loeschen werden die Antworten aus der Datensammlung geloescht
% und die 'globalen Variablen' aus der internen Datensammlung entfernt.
% Damit sind alle spezifischen Daten eines Durchlaufs des Systems
% geloescht und es kann erneut begonnen werden.

```
es_loeschen :- retract((es_frage(_, _, _, _):- (es_merke(_, _), Rest))),
               fail.
es_loeschen :- recorded(key_antworten, _, Ref1), erase(Ref1),
               recorded(key_zur, _, Ref2), erase(Ref2),
               recorded(key_loesung, _, Ref3), erase(Ref3),
               recorded(key_regel, _, Ref4), erase(Ref4).
```

% Die folgenden Programmstuecke dienen der Realisation der improvisierten
% Benutzerschnittstelle. Dabei stellt es_eingabe/2 schon eine Schnittstelle
% zu einem entsprechenden Programmpaket fuer den input fuer es_frage/4
% dar. Es fordert fuer eine bestimmte Frage eine Antwort an.
% Die restlichen Praedikate dienen dem Einlesen von Eingaben sowie dem
% Test auf Zulaessigkeit der Antworten.
     es_eingabe(Frage, Antwort) :- nl, nl,
                           write(Frage), write(' ? '),
                           es_einlesen(Frage, Antwort).

     es_einlesen(Frage, Antwort) :- es_einlesestring(Eingabe),
                           es_stdanttest(Frage, Eingabe, Antwort).

     es_einlesestring(X) :- es_lese_codes(List), !, name(X, List).

     es_lese_codes(List) :- get0(Next),
                  ((Next =:= 10, !, List = [ ]);
                (List = [Next|Rest], es_lese_codes(Rest))).

% Test der Antwort auf zulaessige Standardantwort oder zulaessige Eingabe
% auf die gestellte Frage.
     es_stdanttest(_, Eingabe, Antwort) :-
              (member(Eingabe, [warum, 'warum ?', 'Warum ?', 'Warum']),
               Antwort = warum);
              (member(Eingabe, ['wie bitte', 'wie bitte ?', wie, 'wie ?',
                            'Wie bitte', 'Wie bitte ?', 'Wie', 'Wie ?']),
               Antwort = wie);
              (member(Eingabe, ['zurueck!', 'zurueck !', zurueck, 'Zurueck',
                            'Zurueck!', 'Zurueck !']),
               Antwort = zurueck).

     es_stdanttest(Frage, Eingabe, Antwort) :-
                           es_antworttest(Frage, Eingabe, Antwort).

C.2 Beispiel "Autosuche"

In Kapitel 8 wurden die problemspezifischen Programmteile an einem Expertensystem zur Autosuche erläutert. Diese Teile, die in zwei Dateien (Wissensdatei und Erklärungsdatei) gehalten werden, sind hier noch einmal im Zusammenhang angegeben.

Das zugehörige Regelsystem ist im Abschnitt 14.3.1 enthalten.

Die Datei mit dem allgemeinen Wissen

```
% Verweis auf die Datei mit den erklaerenden Texten :
    es_erkl_dat(auto_erkl).

% Aufzaehlung der moeglichen Loesungen :
    es_moegl_loes([[r1,'Golf Turbodiesel'], [r2, 'Passat Turbodiesel'],
                   [r3, 'Mercedes 560 SEL'], [r4, 'Porsche 911 turbo']] ).

% Regeln fuer die moeglichen Loesungen :
    rules(loesung, 'Golf Turbodiesel') :-
            es_merke(key_regel, r1),
            es_teste('Preisobergrenze', P, r1, _),
            P >= 20000,
            es_teste('Diesel', ja, r1, _),
            es_teste('Motor mit Turbolader', ja, r1, _),
            es_teste('Wieviele Tueren', X, r1, _),
            member(X, [3, 5]),
            es_regelende([r1, w]).

    rules(loesung, 'Golf Turbodiesel') :-
            (es_zuruecktest, !, fail);
            (not es_wahr_test(r1),
              es_regelende([r1, f]), fail).

    rules(loesung, 'Passat Turbodiesel') :-
            es_merke(key_regel, r2),
            es_teste('Preisobergrenze', P, r2, _),
            P >= 25000,
            es_teste('Diesel', ja, r2, _),
            es_teste('Motor mit Turbolader', ja, r2, _),
            es_teste('Wieviele Tueren', 5, r2, _),
            es_teste('Geraeumiger Wagen', ja, r2, _),
            es_teste('Variant', ja, r2, _),
            es_regelende([r2, w]).
```

rules(loesung, 'Passat Turbodiesel') :-
        (es_zuruecktest, !, fail);
        (not es_wahr_test(r2),
            es_regelende([r2, f]), fail).

rules(loesung, 'Mercedes 560 SEL') :-
        es_merke(key_regel, r3),
        es_teste('Preisobergrenze', P, r3, _),
        P >= 100000,
        es_teste(typ, limousine, r3, _),
        not es_teste('Diesel', ja, r3, _),
        es_teste('Deutsches Fabrikat', ja, r3, _),
        es_teste('Motor mit Turbolader', nein, r3, _),
        es_regelende([r3, w]).

rules(loesung, 'Mercedes 560 SEL') :-
        (es_zuruecktest, !, fail);
        (not es_wahr_test(r3),
            es_regelende([r3, f]), fail).

rules(loesung, 'Porsche 911 turbo') :-
        es_merke(key_regel, r4),
        es_teste('Preisobergrenze', P, r4, _),
        P >= 90000,
        es_teste(typ, sportwagen, r4, _),
        es_teste('Motor mit Turbolader', ja, r4, _),
        es_regelende([r4, w]).

rules(loesung, 'Porsche 911 turbo') :-
        (es_zuruecktest, !, fail);
        (not es_wahr_test(r4),
            es_regelende([r4, f]), fail).

% Defaultloesung
    rules(loesung, default).

% Weitere Regeln :
    ('Diesel', ja) :-
            es_merke(key_regel, r1_1),
            es_teste('Geringer Spritverbrauch', ja, r1_1, _),
            es_teste('Selbstzuender', ja, r1_1, _),
            es_regelende([r1_1, w]).

    ('Diesel', ja) :-
            (es_zuruecktest, !, fail);
            (not es_wahr_test(r1_1),
            es_regelende([r1_1, f]), fail).

```
rules(typ, limousine) :-
        es_merke(key_regel, r1_2),
        es_teste('Wieviele Tueren', 4, r1_2, _),
        es_teste('Geraeumiger Wagen', ja, r1_2, _),
        es_regelende([r1_2, w]).

rules(typ, limousine) :-
        (es_zuruecktest, !, fail);
        (not es_wahr_test(r1_2),
            es_regelende([r1_2, f]), fail).

rules(typ, sportwagen) :-
        es_merke(key_regel, r1_3),
        not es_teste('Diesel' ja, r1_3, _),
        es_teste('Wieviele Tueren', 2, r1_3, _),
        es_teste('Zweisitzer', ja, r1_3, _),
        es_teste('Schneller als 200 km/h', ja, r1_3, _),
        es_regelende([r1_3, w]).

rules(typ, sportwagen) :-
        (es_zuruecktest, !, fail);
        (not es_wahr_test(r1_3),
            es_regelende([r1_3, f]), fail).

% Abtesten der gegebenen Antworten auf Zulaessigkeit
es_antworttest(Frage, Eingabe, Antwort) :-
        es_jn_antw(Frage),
        ( (member(Eingabe, [ja, j, yes, y]), Antwort = ja);
          (member(Eingabe, [nein, n, no]), Antwort = nein) ).

es_jn_antw(Frage) :- member(Frage, ['Motor mit Turbolader',
                                    'Deutsches Fabrikat',
                                    'Geringer Spritverbrauch',
                                    'Selbstzuender',
                                    'Geraeumiger Wagen',
                                    'Zweisitzer',
                                    'Variant',
                                    'Schneller als 200 km/h']).

es_antworttest('Wieviele Tueren', Eingabe, Eingabe) :-
        member(Eingabe, [2, 3, 4, 5]).

es_antworttest('Preisobergrenze', Eingabe, Eingabe) :- number(Eingabe),
                                                      Eingabe > 0.

% Verarbeiten der gefundenen Loesungen
action([ ]) :- nl, nl,
        write('Leider kenne ich kein entsprechendes Auto !').
```

```
action(List) :- nl, nl,
                write('Folgende Fahrzeuge wuerden Ihnen gefallen :'),
                nl,
                nl,
                action_schreib(List).

action_schreib([ ]).

action_schreib([K|R]) :- nl, write(K),
                         action_schreib(R).
```

Die Datei mit den Erklärungen

```
[r1, 'Das gesuchte Fahrzeug ist ein Golf Turbodiesel, falls',
 ',
 ',   - der Preis maximal 20 000 DM betragen soll',
 ',   - es ein Diesel sein soll',
 ',   - der Motor einen Turbolader haben soll',
 ',   - es ein drei- oder ein fuenftueriges Fahrzeug sein soll.'].

[r2, 'Das gesuchte Fahrzeug ist ein Passat Turbodiesel, falls',
 ',
 ',   - der Preis maximal 25 000 DM betragen soll',
 ',   - es ein Diesel sein soll',
 ',   - der Motor einen Turbolader haben soll',
 ',   - es ein fuenftueriges Fahrzeug sein soll',
 ',   - der Wagen geraeumig sein soll',
 ',   - es ein Variant sein soll.'].

[r3, 'Das gesuchte Fahrzeug ist ein Mercedes 560 SEL, falls',
 ',
 ',   - der Preis maximal 100 000 DM betragen soll',
 ',   - es eine Limousine sein soll',
 ',   - es kein Diesel sein soll',
 ',   - es ein Fahrzeug eines deutschen Herstellers sein soll',
 ',   - das Fahrzeug keinen Motor mit Turbolader haben soll.'].

[r4, ' 'Das gesuchte Fahrzeug ist ein Porsche 911 turbo, falls',
 ',
 ',   - der Preis maximal 90 000 DM betragen soll',
 ',   - es ein Sportwagen sein soll',
 ',   - das Fahrzeug einen Motor mit Turbolader haben soll.'].
```

[r1_1, 'Das Fahrzeug soll einen Dieselmotor haben, falls',
    ,   ,
    ,   - es wenig Sprit verbraucht',
    ,   - es ein Motor mit Selbstzuendung hat'].
[r1_2, 'Das Fahrzeug ist eine Limousine, falls',
    ,   ,
    ,   - es ein viertueriges Fahrzeug ist',
    ,   - es geraeumig ist'].
[r1_3, 'das Fahrzeug ist ein Sportwagen, falls',
    ,   ,
    ,   - es ein zweitueriges Fahrzeug ist',
    ,   - es ein Zweisitzer ist',
    ,   - man damit schneller als 200 km/h fahren kann'].

['Motor mit Turbolader',
'Unter einem Motor mit Turbolader versteht man einen Motor, bei dem der',
'Druck des Abgases zum Antrieb einer "Pumpe" (dem Turbolader) genutzt wird.',
'Auf diese Weise kann das Treibstoff-Luft-Gemisch unter Druck in die Brenn-',
'kammern geleitet werden. Dadurch werden diese besser ausgefuellt und die',
'Leistung des Motors erhoeht. Durch die Eingabe von ja oder nein koennen sie',
'entscheiden ob Ihr Fahrzeug eine solche Aufladung haben soll'].

['Wieviele Tueren',
'Bei dieser Frage koennen sie eine Zahl zwischen 2 und 5 eingeben. Als Tueren',
'werden dabei die "normalen" Tueren und die Heckklappe bezeichnet. Ein Auto',
'mit vier Tueren und Heckklappe ist demnach z.B. ein Fahrzeug mit 5 Tueren.']

['Geraeumiger Wagen',
'Darunter wird ein Fahrzeug verstanden, mit dem groessere Gegenstaende',
'transportiert werden koennen, bzw. bei dem das Platzangebot so reichlich',
'ist, dass fuenf Personen bequem Platz finden. Sie koennen mit ja oder nein',
'antworten.'].

['Variant',
'Unter einem Variant versteht man ein Fahrzeug, bei dem der Kofferraum nicht',
'direkt vom Fahrgastraum getrennt ist. Solche Fahrzeuge haben ein Steilheck, ',
'wodurch sich die Zulademoeglichkeiten erheblich vergroessern. Sie koennen',
'mit ja oder nein antworten.'].

['Deutsches Fabrikat',
'Wenn Sie diese Frage mit ja beantworten, wird nach Fahrzeugen deutscher',
'Hersteller gesucht.'].

['Preisobergrenze',
'Mit der Eingabe einer Zahl (>0) geben Sie eine Grenze an, die der Preis',
'des Wagens in DM nicht uebersteigen darf.'].

['Geringer Spritverbrauch',
'Als gering wird ein Spritverbrauch unter 7 1/100 km im Drittelmix nach DIN',
'verstanden. Falls Ihr Wagen weniger verbrauchen soll, antworten Sie mit ja, ',
'ansonsten mit nein.'].

['Selbstzuender',
'Wenn Sie hier mit ja antworten, wollen sie ein Fahrzeug, dessen Motor schon',
'durch die hohe Kompression zuendet. Der Wagen benoetigt also keine Zuend-',
'kerzen. Dies ist bei Dieselmotoren der Fall.'].

['Zweisitzer',
'Unter einem Zweisitzer versteht man ein Fahrzeug mit nur zwei vollwertigen',
'Sitzplaetzen. Die uebrigen Sitzplaetze werden als Notsitze bezeichnet. Sie',
'koennen mit ja oder nein antworten.'].

['Schneller als 200 km/h',
'Wenn sie hier mit ja antworten, suche ich nach einem Fahrzeug, mit dem Sie',
'schneller als 200 km/h fahren koennen (falls es die Verkehrsverhaeltnisse',
'zulassen !!!).'].

D Anpassung von Regeln an die Schale des Expertensystems

Hier wollen wir noch einmal an einem Beispiel zeigen, wie man vorgehen muß, um ein Regelsystem so aufzubereiten, daß die in Kapitel 8 erläuterte und im Anhang Teil C.1 komplett abgedruckte Schale für ein Expertensystem zur Implementierung des Systems verwendet werden kann.

Als Beispiel diene das folgende Regelsystem zur Bestimmung von Fabelwesen :

Regel 1 : Das zu bestimmende Fabelwesen ist ein Greif, falls
- es vogelähnlich ist
- es einen Vogelkopf besitzt
- es einen Löwenkörper besitzt.

Regel 2 : Das zu bestimmende Fabelwesen ist ein Roch, falls
- es vogelähnlich ist
- es riesengroß ist.

Regel 3 : Das zu bestimmende Fabelwesen ist ein Mantichora, falls
- es einen Löwenkörper besitzt
- es einen Skorpionsschwanz besitzt.

Unterregel 1 : Das Fabelwesen ist vogelähnlich, falls es Flügel hat.

Es müssen nun zwei Dateien erstellt werden, eine Datei mit den Regeln, die das allgemeine Wissen darstellen, und eine Datei mit den Erklärungen.

Die Regeldatei besteht aus :

a) Einem Verweis auf die Datei mit den Erklärungen. Dieser Verweis erfolgt mittels **es_erkl_dat/1**.

b) Der Aufzählung der möglichen Lösungen mit ihren Regelnummern. Dies erfolgt mittels **es_mögl_loes/1**.

c) Den Regeln für die möglichen Lösungen, wobei für jede Regel unseres Systems zwei Regeln für das Prädikat **rules/2** eingefügt werden, je eine für den erfolgreichen und eine für den nicht erfolgreichen Fall.

d) Der Defaultlösung : **rules(loesung, default)**.

e) Den weiteren Regeln, die zwar von den Regeln aufgerufen werden, aber keine Lösungen des Expertensystems produzieren. In unserem Fall also nur die Regel für vogelähnlich. Wie schon unter c) beschrieben, werden auch hier ein Zweig für den positiven und einer für den negativen Fall benötigt.

f) Den Zulässigkeitstests für die Antworten auf die gestellten Fragen. Hierzu muß **es_antworttest/3** angepaßt werden.

Da in unserem Beispiel nur ja/nein-Fragen vorkommen, ist dafür nur eine einzige Regel nötig, im allgemeinen Fall werden es mehrere sein.

g) Den Anweisungen für die Verarbeitung der gefundenen Lösungen mittels **action/1**. Im einfachsten Fall ist das, wie in unserem Beispiel, das Ausgeben der gefundenen Lösungen.

Die Datei für die Erklärungen besteht aus :

a) Den Regelerklärungen, die bei *warum*-Fragen des Benutzers ausgegeben werden. Dies sind Listen deren Kopf die Regelnummer und deren Rumpf den auszugebenden Text darstellt.

b) Den Frageerklärungen, die bei *wie*-Fragen des Benutzers ausgegeben werden. Hier stellt der Fragetext den Kopf der Liste dar.

Das Expertensystem wird dann mit

   ?- **es_start(<Name der Regeldatei>)**.

gestartet, nachdem zuvor die Prädikate der Schale in die Datensammlung geladen worden sind.

D.1 Die Regeldatei

```
% Verweis auf die Datei mit den erklaerenden Texten :
    es_erkl_dat(fabel_erkl).

% Aufzaehlung der moeglichen Loesungen :
    es_moegl_loes([[r1,'Greif'], [r2, 'Roch'], [r3, 'Mantichora']]).

% Regeln fuer die moeglichen Loesungen :
    rules(loesung, 'Greif') :- es_merke(key_regel, r1),
                               es_teste(vogelaehnlich, ja, r1, _),
                               es_teste('Vogelkopf', ja, r1, _),
                               es_teste('Loewenkoerper', ja, r1, _),
                               es_regelende([r1, w]).

    rules(loesung, 'Greif') :- (es_zuruecktest, !, fail) ;
                               (not es_wahr_test(r1),
                               es_regelende([r1, f]), fail).

    rules(loesung, 'Roch') :- es_merke(key_regel, r2),
                              es_teste(vogelaehnlich, ja, r2, _),
                              es_teste('riesengross', ja, r2, _),
                              es_regelende([r2, w]).

    rules(loesung, 'Roch') :- (es_zuruecktest, !, fail);
                              (not es_wahr_test(r2),
                              es_regelende([r2, f]), fail).
```

```
rules(loesung, 'Mantichora') :- es_merke(key_regel, r3),
                                es_teste('Loewenkoerper', ja, r3, _),
                                es_teste('Skorpionsschwanz', ja, r3, _),
                                es_regelende([r3, w]).
rules(loesung, 'Mantichora') :- (es_zuruecktest, !, fail);
                                (not es_wahr_test(r3),
                                    es_regelende([r3, f]), fail).
```

% Defaultloesung :
```
    rules(default).
```

% Weitere Regeln :
```
    rules(vogelaehnlich, ja) :- es_merke(key_regel, r1_1),
                                es_teste('Fluegel', ja, r1_1, _),
                                es_regelende([r1_1, w]).
    rules(vogelaehnlich, ja) :- (es_zuruecktest, !, fail);
                                (not es_wahr_test(r1_1),
                                    es_regelende([r1_1, f]), fail).
```

% Zulaessigkeitstest fuer die Antworten :
```
    es_antworttest(Frage, Eingabe, Antwort) :-
                ( (member(Eingabe, [ja, j, yes, y]), Antwort = ja);
                  (member(Eingabe, [nein, n, no]), Antwort = nein) ).
```

% Verarbeiten der gefundenen Loesungen :
```
    action([ ]) :- nl, nl,
                   write('Leider kann ich das Fabelwesen nicht bestimmen!').
    action(List) :- nl, nl,
                    write('Es handelt sich um eines der folgenden '),
                    write('Fabelwesen :'),
                    nl,
                    nl,
                    action_schreib(List).
    action_schreib([ ]).
    action_schreib([K|R]) :- nl, write(K),
                             action_schreib(R).
```

D.2 Die Datei mit den Erklärungen

[r1, 'Das zu bestimmende Fabelwesen ist ein Greif, falls',
 ',   ',
 '   - es vogelaehnlich ist',
 '   - es einen Vogelkopf besitzt',
 '   - es einen Loewenkoerper besitzt.'].
[r2, 'Das zu bestimmende Fabelwesen ist ein Roch, falls',
 ',   ',
 '   - es vogelaehnlich ist',
 '   - es riesengross ist.'].
[r3, 'Das zu bestimmende Fabelwesen ist ein Mantichora, falls',
 ',   ',
 '   - es einen Loewenkoerper besitzt',
 '   - es einen Skorpionsschwanz besitzt.'].
[r1_1, 'Das Fabelwesen ist vogelaehnlich, falls es Fluegel hat.'].

['Vogelkopf',
'Falls der Kopf und der Hals des Wesens gefiedert ist und es einen',
'Schnabel hat, antworten Sie bitte mit ja, sonst mit nein.'].

['Loewenkoerper',
'Falls das Wesen auf vier Beinen geht und ein gelbbraunes Fell',
'hat, anworten Sie bitte mit ja, sonst mit nein.'].

['riesengross',
'Als riesengross wollen wir ein Wesen bezeichen, das groesser',
'als ein Elefant ist.'].

['Skorpionsschwanz',
'Falls das Wesen einen schwarzen, gegliederten Schwanz mit',
'einem giftigen Stachel am Ende besitzt, antworten Sie bitte',
'mit ja, sonst mit nein.'].

['Fluegel',
'Falls das Wesen fluegelartige Auswuechse hat, wobei es egal ist, ',
'ob diese aus Federn oder aus Haut bestehen, antworten Sie bitte',
'mit ja, sonst mit nein.'].

Literaturverzeichnis

[1]   Börger, E., Berechenbarkeit, Komplexität, Logik,
        Vieweg-Verlag, Braunschweig, 1985

[2]   Clark, K.L. / McCabe, F.G., Micro-PROLOG : Programming in Logic,
        Prentice-Hall International Series in Computer Science, 1984

[3]   Clark, K.L. / Tärnlund, S.A., Logic Programming,
        Academic Press, London, 1982

[4]   Clocksin, W.F. / Mellish, C.S., Programming in Prolog,
        Springer-Verlag, Berlin – Heidelberg – New York, 1984

[5]   Kowalski, R., Logic for Problem Solving,
        North Holland, New York, 1979

[6]   Lloyd, J.W., Foundations of Logic Programming,
        Springer-Verlag, Berlin – Heidelberg – New York, 1984

[7]   Shoenfield, J.R., Mathematical Logic,
        Addison-Wesley, Reading, Mass., 1967

[8]   The Arity/Prolog Programming Language,
        Manual zu Arity-Prolog, Arity Corporation,
        Concord, Mass., 1986

[9]   C-Prolog User's Manual, EdCAAD,
        University of Edinburgh, Edinburgh, 1984

Stichwortverzeichnis

,	165
!	120, 166
-->	208
;	165
=..	155
Ablaufsteuerung	165
abolish	*183*
abort	*167*
Algebra	59
allgemeingültig	61
append	*132, 174*
äquivalent	38
arg	*153*
Argument	76
Arithmetik	89
Arithmetischer Ausdruck	89
ASCII-Liste	80, 145
assert	*179*
asserta	*179*
assertz	*179*
Assoziativität (Operator)	158
Atom	74
atom	*149*
Atom (Logik)	36
atomic	75
atomic	*149*
Ausgabekanal	172
Aussagenlogik	36
Backtracking	24, 50, 104
Backus-Naur-Form	72, 207
bagof	*195*
Benutzerschnittstelle	242
Betriebssystembefehle	201
Bewertung	37
Boxenmodell	108, 168
break	*166*
Bubble-Sort	142
Built-in-Operator	
-arithmetischer	90

Stichwortverzeichnis 305

Built-in-Prädikat	32, 72, 81
call	**166**
CALL	109
clause	**185**
close	**176**
compare	**98**
consult	**32, 178**
Cut	**120**
Cut/Fail-Kombination	123
Database Reference Number	75, 187
Datei	172
Datensammlung	20
-interne	187
-Programm	178
Datentypen	73
db_reference	**149**
debug	**170**
Debugger	167
debugging	**171**
Deduktionstheorem	41, 58
Depth-first-search	30, 50, 104
digit	73
Disjunktion	165
display	**83**
Eingabekanal	174
Einheits-Klausel	66
end_of_file	174
end-of-input - Sequenz	174
end-of-input - Zeichen	174
Entscheidungsbaum	50
erase	**190**
erfüllbar	38, 61
Erfüllbarkeitsproblem	62
Erklärungskomponente	242, 247, 261
Existenzquantor (bagof, setof)	197
exists	**176**
EXIT	109
Expertensystem	240
-Struktur	241

fact	78
fail	**116, 166**
FAIL	109
Faktum	17
Fehlersuche	167
Fibonacci	111, 186
Folgerungsbegriff	
−semantischer	39
folgt	39, 61
Formel	37, 58
−geschlossene	58
Frage	20, 78
Frage (Logik)	66
Fragekomponente	242, 249
−Hilfefunktion	251
freeze_predicates	**185, 234**
functor	**151**
Funktionssymbol	57
Funktor	76
get	**86**
get0	**86**
Gleichheit (Logik)	64
Grammatik	207
−kontextfreie	207
Graph	235
größter gemeinsamer Teiler	93
Grund-Substitution	67
halt	35, 167
herleitbar	41
Herleitungsbegriff	40, 58
−syntaktischer	40
Horn-Form	45, 65
Horn-Klausel	
−definite	45, 65
Horner-Schema	238
hybride Werkzeuge	243
identisch	96
Individuenkonstante	57

Individuenvariable	57
Inferenzmechanismus	241, 247
Input	84
Insert	232
integer	75
integer	*149*
Interpretation	59
is	*91*
Kettenschluß	41
Klausel	29
Klausel (Logik)	44, 65
Konjunktion	165
kontradiktorisch	43
Kopf (Regel)	28
Kopf (Liste)	126
Kopf-Rest-Separator	128
Korrektheitssatz	43, 62
leash	*171*
length	*135*
Liste	79, 126
–leere	126
listing	*34, 184, 185*
Literal	44, 65
Logik (Programme)	220
Lösungen	106
Lösungsraum	247
Lösungsverfahren	102
Lösungsweg	106
lower case letter	73
Mathematik	237
member	*130*
Menge	204
–Differenz	206
–Durchschnitt	206
–Gleichheit	205
–Teilmenge	205
–Vereinigung	206
Mengenprädikat	204
Metasprache	72

Modell	61
MODUS PONENS	40
monadisch	162
name	*145*
Nichtterminalsymbole	207
Nimm	212
nl	*83*
nodebug	*170*
nonvar	*149*
Normalform	44, 63
−disjunktive	45
−konjunktive	44, 226
−pränexe	63, 224
−Skolem	63, 224
−zweidisjunktive	211
−zweikonjunktive	161
nospy	*171*
not	*118, 166*
number	75
number	*149*
op	*158*
Operation	77
Operator	77, 157
−selbstdefiniert	157
Ordnung	95
Output	82
Parser	207
Permutation	140
Position	158
Prädikat	18
Prädikatenlogik	57
Prädikatsname	18
Prädikatssymbol	57
Primformel	57
primitive	75
primitive	*149*
Problemlösungskomponente	241
Programm	79
Programm−Datensammlung	178

Programm-Klausel	45, 65
Programmstatus	192
Prolog-Algorithmus	50, 69
Prolog-Interpreter	53
Prolog-Klausel	29
Prolog-Programm	78
Prolog-Programm (Logik)	65
Punkt-Operator	127
put	*84*
Quantoren	
-beschränkte	230
Query	232
Question	78
Quick-Sort	143
read	*84, 113*
real	75
reconsult	*32, 178*
recorda	*188*
recorded	*189*
recordz	*189*
REDO	109
Regel	28, 78
Registermaschine	220
Rekursion	111
Rekursionsanfang	113
repeat	*117, 165*
Resolution	46, 66, 103
-SLD	49
-Unit	48
Resolvente	46, 103
Rest einer Liste	126
retract	*181*
Rückgängigmachen einer Antwort	254
Rückwärtsverkettung	247
Rumpf einer Regel	28
save	*192*
see	*174*
seeing	*175*
seen	*175*

setof	*199*
Shell	243
Siebzehn und Vier	214
skip	*87*
sort	*142*
Sortieren	142
Spiele	212
spy	*171*
spy–point	169
Stelligkeit	18
String	145
Struktur	76
–user defined	78
Substitution	66
succ	*94*
Symbol	73
Syntax	72
system	*201*
tab	*83*
Tautologie	38
tell	*172*
telling	*173*
Term	79
Term (Logik)	57
Terminalsymbol	207
Termklassifizierung	149
told	*173*
Tools (für wissensbasierte Systeme)	243
trace	*171*
true	*116, 165*
Türme von Hanoi	93
underline	76
Unifikation	67, 103
Unifikationsalgorithmus	67
Unifikator	67
–allgemeinster	67
univ	156
upper case letter	73
user (I/O–Kanal)	172

var	**149**
Variable	21, 76
–anonyme	76
–gebundene	22
–Gültigkeitsbereich	21
–ungebundene	22
Vergleich	95
–Terme	95
–Zahlen	99
Vergleichsprädikat	
–Terme	96
–Zahlen	99
Vollständigkeitssatz	43, 62
Vorrang (Operator)	158
Wahrheitswert	37
widerspruchsvoll	38, 61
Wissen	
–allgemeines	241
–aufbereitetes	242
–erfragtes	242
–externes	242
wissensbasiertes System	240
Wissenserwerbskomponente	243
Wissensrepräsentation	241, 256
write	**82, 115**
writeq	**82**
Zahlen	75
Zeichensatz	73
Ziel–Klausel	46
Zufallszahl	215
Zyklus	235

Teubner Studienbücher

Informatik

Berstel: **Transductions and Context-Free Languages**
278 Seiten. DM 42,— (LAMM)

Beth: **Verfahren der schnellen Fourier-Transformation**
316 Seiten. DM 36,— (LAMM)

Bolch/Akyildiz: **Analyse von Rechensystemen**
Analytische Methoden zur Leistungsbewertung und Leistungsvorhersage
269 Seiten. DM 32,—

Dal Cin: **Fehlertolerante Systeme**
206 Seiten. DM 26,80 (LAMM)

Ehrig et al.: **Universal Theory of Automata**
A Categorical Approach. 240 Seiten. DM 29,80

Giloi: **Principles of Continuous System Simulation**
Analog, Digital and Hybrid Simulation in a Computer Science Perspective
172 Seiten. DM 27,80 (LAMM)

Kupka/Wilsing: **Dialogsprachen**
168 Seiten. DM 26,80 (LAMM)

Maurer: **Datenstrukturen und Programmierverfahren**
222 Seiten. DM 28,80 (LAMM)

Oberschelp/Wille: **Mathematischer Einführungskurs für Informatiker**
Diskrete Strukturen. 236 Seiten. DM 26,80 (LAMM)

Paul: **Komplexitätstheorie**
247 Seiten. DM 29,80 (LAMM)

Richter: **Logikkalküle**
232 Seiten. DM 26,80 (LAMM)

Schlageter/Stucky: **Datenbanksysteme: Konzepte und Modelle**
2. Aufl. 368 Seiten. DM 38,— (LAMM)

Schnorr: **Rekursive Funktionen und ihre Komplexität**
191 Seiten. DM 26,80 (LAMM)

Spaniol: **Arithmetik in Rechenanlagen**
Logik und Entwurf. 208 Seiten. DM 26,80 (LAMM)

Vollmar: **Algorithmen in Zellularautomaten**
Eine Einführung. 192 Seiten. DM 26,80 (LAMM)

Weck: **Prinzipien und Realisierung von Betriebssystemen**
2. Aufl. 299 Seiten. DM 38,— (LAMM)

Wirth: **Compilerbau**
Eine Einführung. 4. Aufl. 117 Seiten. DM 20,80 (LAMM)

Wirth: **Systematisches Programmieren**
Eine Einführung. 5. Aufl. 160 Seiten. DM 26,80 (LAMM)

Preisänderungen vorbehalten

Leitfäden der angewandten Informatik

Fortsetzung

Singer: **Programmieren in der Praxis**
2. Aufl. 176 Seiten. Kart. DM 28,80

Specht: **APL-Praxis**
192 Seiten. Kart. DM 26,80

Vetter: **Aufbau betrieblicher Informationssysteme mittels konzeptioneller Datenmodellierung**
4. Aufl. 455 Seiten. Kart. DM 54,—

Vetter: **Strategie der Anwendungssoftware-Entwicklung**
400 Seiten. Kart. DM 52,—

Weck: **Datensicherheit**
326 Seiten. Geb. DM 44,—

Wingert: **Medizinische Informatik**
272 Seiten. Kart. DM 28,80

Wißkirchen et al.: **Informationstechnik und Bürosysteme**
255 Seiten. Kart. DM 32,—

Wolf/Unkelbach: **Informationsmanagement in Chemie und Pharma**
244 Seiten. Kart. DM 36,—

Zehnder: **Informationssysteme und Datenbanken**
4. Aufl. 276 Seiten. Kart. DM 38,—

Zehnder: **Informatik-Projektentwicklung**
223 Seiten. Kart. DM 36,—

Zöbel/Hogenkamp: **Konzepte der parallelen Programmierung**
235 Seiten. Kart. DM 36,—

Leitfäden und Monographien der Informatik

Brauer: **Automatentheorie**
493 Seiten. Geb. DM 58,—

Engeler/Läuchli: **Berechnungstheorie für Informatiker**
120 Seiten. DM 24,—

Loeckx/Mehlhorn/Wilhelm: **Grundlagen der Programmiersprachen**
448 Seiten. Kart. DM 44,—

Mehlhorn: **Datenstrukturen und effiziente Algorithmen**
Band 1: Sortieren und Suchen
2. Aufl. 317 Seiten. Geb. DM 48,—

Messerschmidt: **Linguistische Datenverarbeitung mit Comskee**
207 Seiten. Kart. DM 36,—

Niemann/Bunke: **Künstliche Intelligenz in Bild- und Sprachanalyse**
256 Seiten. Kart. DM 38,—

Pflug: **Stochastische Modelle in der Informatik**
272 Seiten. Kart. DM 38,—

Richter: **Betriebssysteme**
2. Aufl. 303 Seiten. Kart. DM 38,—

Wirth: **Algorithmen und Datenstrukturen**
Pascal-Version
3. Aufl. 320 Seiten. Kart. DM 39,—

Wirth: **Algorithmen und Datenstrukturen mit Modula - 2**
4. Aufl. 299 Seiten. Kart. DM 39,—

Preisänderungen vorbehalten

 B. G. Teubner Stuttgart

MIX
Papier aus verantwortungsvollen Quellen
Paper from responsible sources
FSC® C105338

If you have any concerns about our products,
you can contact us on
ProductSafety@springernature.com

In case Publisher is established outside the EU,
the EU authorized representative is:
**Springer Nature Customer Service Center GmbH
Europaplatz 3, 69115 Heidelberg, Germany**

Printed by Libri Plureos GmbH
in Hamburg, Germany